LA QUESTION COSMOLOGIQUE

Platon, Lemaître et l'origine de l'Univers

Collection « Ouverture philosophique »
Série « Bibliothèque »
dirigée par Jean-Marc Lachaud et Bruno Péquignot

Une collection d'ouvrages qui se propose d'accueillir des travaux originaux sans exclusive d'écoles ou de thématiques.
Il s'agit de favoriser la confrontation de recherches et des réflexions, qu'elles soient le fait de philosophes « professionnels » ou non. On n'y confondra donc pas la philosophie avec une discipline académique ; elle est réputée être le fait de tous ceux qu'habite la passion de penser, qu'ils soient professeurs de philosophie, spécialistes des sciences humaines, sociales ou naturelles, ou... polisseurs de verres de lunettes astronomiques.
La série « Bibliothèque » comporte des ouvrages qui inaugurent ou complètent la connaissance des philosophes en explorant leur problématique, leur argumentation et leur héritage.

Dernières parutions

Nikos FOUFAS, *Les antinomies de la pensée bourgeoise chez Lukács*, 2020.
Joël BALAZUT, *Le fondement métaphysique de la civilisation technicienne*, 2020.
Francesco CADDEO, *Sartre antihumaniste, Antisubjectivisme, marxisme critique, postcolonialisme*, 2020
Patrick MOULIN, *Fidel Castro est-il Socrate ?*, 2020.
Paul DUBOUCHET, *Théologie et épistémologie négatives chez Villey, Girard et Tresmontant,* 2020.
Nikos FOUFAS, *La critique de la réification chez Lukács*, 2020.
Pascal GAUDET, *Kant et le sens de l'existence. Une éthique de l'illusion*, 2020.
Nikos FOUFAS, *Friedrich Engels et la Guerre des paysans allemands*, 2020.
Martin MEULIN, *La raison de la tradition. De l'éthique à la politique par l'entrelacement de la culture et des vertus. Aristote et MacIntyre*, 2020.
Pascal GAUDET, *La fondation de l'humain, Recherche kantienne,* 2019.
Daniel HOROWITZ, *Leibowitz ou l'absence de Dieu*, 2019.
Arno MÜNSTER (en collaboration avec Fabio Mascaro Querido), *Le marxisme « ouvert » et écologique de Michael Löwy. Hommage à un intellectuel « nomade »*, 2019.
Paul DUBOUCHET, *Girard et Tresmontant, balayeurs et constructeurs. Pour le monothéisme*, 2019.
Pascal GAUDET, *Le projet démocratique. Recherche kantienne*, 2018.

Ange Bergson LENDJA NGNEMZUE

LA QUESTION COSMOLOGIQUE

Platon, Lemaître et l'origine de l'Univers

Préface de Luc Brisson

L'Harmattan

5-7, rue de l'Ecole-Polytechnique, 75005 Paris
http://www.editions-harmattan.fr
ISBN : 978-2-343-22473-2
EAN : 9782343224732

D'illustres devanciers, désormais partis pour un repos éternel, m'ont appris à marcher dans les sentiers de la métaphysique et de la philosophie des sciences : Jacques Merleau-Ponty, Joseph Ngoué, Meinrad Hebga et Fabien Eboussi Boulaga. Ce livre en hommage aux enseignements et encouragements reçus.

REMERCIEMENTS

Ce travail d'élucidation et d'initiation aux cosmologies de Platon et de Lemaître a bénéficié des contributions décisives de hautes personnalités scientifiques généreuses, pédagogues et très indulgentes à l'égard de mon ignorance. Je remercie en premier Monsieur le professeur Luc Brisson, haute autorité scientifique en questions platoniciennes, pour sa grande finesse, sa gentillesse, son humanisme et ses encouragements tout au long des années où il aura patiemment assuré, à l'université Paris I Panthéon-Sorbonne, la direction de la thèse de doctorat en métaphysique et philosophie des sciences qui voit ici son entrée en librairie. L'aimable préface qu'il apporte à cette étude renforce le souvenir des moments exceptionnels que mon esprit aura mis à se former à la cosmologie sous sa lumière vive et éclairante. Je remercie aussi le professeur Pierre Kerszberg, pour le pré-rapport favorable et la présidence du jury de soutenance de cette thèse[1]. M. Arnaud Macé, pré-rapporteur et membre de ce jury de soutenance sait, en dépit de notre accord sur nos désaccords au sujet des continuités et discontinuités des présocratiques à Platon, combien je dois à sa disponibilité et à ses critiques fermes et constructives.

Ma reconnaissance et mon souvenir vont à feu le professeur Jacques Merleau-Ponty que m'a présenté, en 2001 au Collège de France à Paris, un érudit de la philosophie de la physique de la relativité, le professeur Michel Paty, que je remercie pour cela même. La trace des éclairages théoriques reçus au cours des conversations dont le professeur Jacques Merleau-Ponty m'a gratifié traverse certaines intuitions et certains développements de l'étude qui va suivre. Le professeur Anne Fagot-Largeault du Collège de France doit être remercié pour avoir soutenu ma candidature au Diplôme d'Études Approfondies (D.E.A.) en histoire et philosophie des sciences à l'université Paris I Panthéon Sorbonne, alors même que j'étais encore au Cameroun et que je ne venais pas d'une filière de sciences dures comme tous mes condisciples. En dirigeant mes recherches du mémoire dudit D.E.A. sur l'exégèse de la singularité cosmique, Michel Bitbol, spécialiste de la physique quantique, m'a ouvert à la cosmologie de Lemaître, et j'apprécie l'importance de cet encadrement nourri de sa double compétence de philosophe et de physicien. Par sa patience et son indulgence à l'égard d'un fils lointain, ma mère, Anne Ngueke, a été d'un soutien majeur pendant ces longues années de recherches.

---

[1] Lendja Ngnemzué Ange Bergson, *Platon, Lemaître et la question cosmologique,* thèse de doctorat en philosophie de l'université de Paris I Panthéon Sorbonne, sous la direction de Luc Brisson, Directeur de recherches au CNRS, soutenue publiquement le mercredi 7 mai 2008.

Mille mercis pour cette patience. Mon père, Jacob Ngnemzué, décédé en juin 2007, acceptera sans doute de là-haut l'hommage et la fierté d'un fils reconnaissant… À tous ceux que j'oublie, *mea culpa, mea maxima culpa…*

ANGE BERGSON LENDJA NGNEMZUE
Paris, 11 décembre 2020.

PREFACE
PAR LUC BRISSON

Ce travail se donne pour but de répondre à l'interrogation de l'historien de la cosmologie, Jacques Merleau-Ponty qui s'étonnait du peu d'intérêt que les philosophes contemporains portaient à la cosmologie scientifique, alors même que cette discipline se situe au cœur de la problématique classique du tout et de l'être. Il faut donc féliciter Ange Bergson Lendja Ngnemzué d'avoir eu le courage d'affronter avec compétence aussi bien la cosmologie scientifique contemporaine que l'histoire de la philosophie ancienne.

La méthode retenue consiste à suivre un développement historique pour en tirer les analyses appropriées à la problématique. Pour arriver à relever ce défi, Ange Bergson Lendja Ngnemzué examine les ressemblances et les divergences dans l'œuvre de deux grands témoins de la cosmologie situés aux deux extrémités de son histoire : Platon, père de notre cosmologie rationnelle, et Lemaître, père de ce qu'il est convenu d'appeler désormais cosmologie du Big Bang. *Si les outils à leur disposition ne sont guère comparables, Platon et Lemaître se retrouvent, selon Ange Bergson Lendja Ngnemzué, autour d'un engagement philosophique commun qui traverse et dépasse leurs théories respectives. Ce rappel est important, puisque notre cosmologie semble être devenue exclusivement une discipline qui s'apparente à la mathématique pure et occulter ainsi les enjeux philosophiques de sa démarche. En effet, la construction théorique des modèles d'univers dépasse si largement les moyens de vérification empirique qu'on en vient à oublier le problème général du rapport de l'activité rationnelle vis-à-vis de l'expérience.*

Platon et Lemaître font œuvre de cosmologues, la cosmologie étant définie comme la constitution de modèles qui permettent d'expliquer l'univers. L'un et l'autre de surcroît respectent trois conditions essentielles dans la construction d'un tel modèle. Ils admettent d'abord que la constitution de ce modèle doit présenter un caractère d'idéalité et de nécessité qui ne peut être tiré de la perception sensible: et cela, même si, à la différence de Platon, Lemaître fonde ses réflexions sur l'observation et tente d'en démontrer la pertinence par un recours à la vérification expérimentale. Les deux auteurs considèrent par ailleurs que la construction de ce modèle doit obéir à une méthode plus ou moins bien définie : à partir d'axiomes, on déduit, en utilisant des règles d'inférence admises par tout le monde, des propositions vraies qui sont des théorèmes, lesquels devraient être confirmés par la vérification expérimentale. Enfin, chez les deux, le recours aux mathématiques de leur époque est déterminant. Platon et Lemaître admettent qu'une cosmologie doit se présenter comme un modèle, construit de façon systématique et faisant intervenir les mathématiques comme instrument privilégié.

Mais une divergence massive apparaît rapidement. Les Grecs anciens considéraient que le changement ne pouvait se trouver du côté du réel et étaient dès lors rebelles à la science. Lemaître, lui, rompt avec ce préjugé tenace depuis Platon et Aristote, et que la physique moderne n'avait pas osé remettre en question, à savoir le caractère globalement statique de l'univers, et cela sans pourtant tomber dans le créationnisme. La constitution d'un tel modèle non créationniste exige une condition préalable : le principe d'éternité de l'univers. En d'autres termes, on doit prendre pour acquis que l'univers n'est pas la conséquence d'un acte de volonté posé dans le temps par un dieu tout puissant; dans ce cas, il faut parler de création, et plus n'est besoin de proposer un modèle d'explication de l'univers. Mais, selon Ange Bergson Lendja Ngnemzué, une fois accepté ce principe d'éternité de l'univers, deux nouvelles options se présentent, celle du réalisme et celle de l'artificialisme.

En cosmologie, le réalisme consiste à penser que les lois physiques suffisent à expliquer la formation de l'univers. Aristote d'une part et Kant de l'autre, sont les meilleurs représentants de cette position, selon laquelle les concepts et les lois de la science du réel, la physique, fournissent ici le seul cadre de raisonnement. Cela revient à dire que les propositions que produit la cosmologie doivent résulter d'une synthèse entre un concept et une intuition sensible. À la différence des réalistes, les artificialistes introduisent en plus des lois de la matière, des artifices théoriques qui permettent de prendre en compte l'évolution de l'univers, c'est-à-dire sa mise en ordre et son évolution. Le problème est que ces artifices, le démiurge pour Platon et l'atome primordial pour Lemaître, résultent non plus d'un jugement qui a son siège dans l'entendement et qui associe un concept à une intuition sensible, mais d'un jugement qui a son siège dans la raison pure et qui donc ne peut s'appuyer sur les faits. On se heurte alors à une antinomie cosmologique qui envisage l'univers du point de vue de la quantité : 1) L'univers a un commencement dans le temps et il est aussi limité dans l'espace; 2) L'univers n'a ni commencement dans le temps ni limites dans l'espace. Pour Ange Bergson Lendja Ngnemzué, la démarche de Platon, qui fait appel à un démiurge, correspond à la seconde branche, alors que celle de Lemaître, qui pose un atome originel, correspond à la première branche. En fait, tout le reste du livre développe ce point de vue.

Platon est le successeur de ces penseurs qualifiés jusqu'ici de «présocratiques» et dont on peut dire, même s'il n'en subsiste que de maigres fragments peu nombreux, qu'ils ont assuré à l'univers une véritable unité et une véritable autonomie. En affranchissant l'univers de toute intervention extérieure et en le faisant dériver d'un élément unique, les «présocratiques» ont préparé la voie à Platon dont on peut dire que, le premier, il proposa une véritable cosmologie. Si, comme le croit Platon, les choses sensibles, qui ne cessent de changer, ne sont que les images des réalités intelligibles qui, elles, ne changent pas, il faut expliquer pourquoi les choses sensibles ressemblent à leur modèle et en sont différentes tout à la fois. La khóra, *qui deviendra la matière chez Aristote, explique comment les choses sensibles, qui dans l'espace se retrouvent séparées les unes des autres, sont différentes des réalités véritables, tandis que le démiurge explique de quelle façon elles leur ressemblent; parce que les choses qui nous entourent peuvent être expliquées ultimement par leurs constituants géométriques qui sont dans le sensible les traces de l'intelligible. Le démiurge, qui dépend et des formes intelligibles qu'il doit contempler et de la* khóra *qui lui impose un certain nombre de contraintes, ne peut être considéré comme un être tout-puissant; de surcroît, après un moment, il se retire de la scène du monde. On notera enfin que Platon est le premier à utiliser les mathématiques comme le langage dans lequel peut être traduite toute sa cosmologie; dès lors, les limites de cette cosmologie, comme celles de toutes les cosmologies contemporaines, correspondent aux limites des mathématiques de son époque.*

Lemaître, lui aussi, se trouve au croisement de la philosophie et de la science physique. Alors qu'il dépend d'Aristote pour ce qui est de l'unité cosmique, il s'en sépare sur la question du mouvement qui n'est plus considéré comme une négation de l'être. Par-là, il s'insère dans l'histoire de la science moderne:

> «Le problème cosmogonique ne s'est posé d'une façon un peu précise que lorsque Newton eut découvert la loi de l'attraction universelle. La loi d'attraction étant connue, la mécanique permet de calculer l'état d'un système à un instant quelconque, pourvu qu'on connaisse les conditions initiales, c'est-à-dire les positions et les vitesses de tous les points du système à un instant considéré comme initial.»[2].

Telle est la manière dont Lemaître pose la question de l'origine du monde. Grâce à cette singularité, il parvient à donner une histoire à l'univers en accordant un sens « à la création simultanée du temps et de l'espace par suite de l'explosion primordiale d'un atome »[3], et cela grâce à la physique quantique. Car Lemaître doit aller plus loin qu'Einstein et De Sitter qui peuvent être considérés comme de lointains héritiers d'Aristote, dans la mesure où ils ne peuvent admettre un univers en expansion. Voilà pourquoi Lemaître doit proposer un modèle cosmologique fondé sur la physique quantique, qui seule rend possible de penser une singularité cosmique, et donc

---

[2] Georges Lemaître, *L'hypothèse de l'atome primitif, essai de cosmogonie*, Neuchâtel, Éditions du Griffon, 1946, p. 119.
[3] *Ibid.*, p.280.

de proposer le modèle d'un univers issu de l'explosion (Big bang) *d'un atome primitif.*

Depuis, un certain nombre d'observations expérimentales semblent fonder cette hypothèse. 1) La température de l'univers qui indique qu'il devait être très chaud à l'origine. 2) Le fait que l'univers est isotrope et homogène; isotrope (elle présente les mêmes qualités physiques dans toutes les directions) parce que la densité de l'univers est partout identique, et homogène parce que la distribution des galaxies répond à une proportion entre distance et vitesse. 3) Et le fait que l'univers, plat à l'origine, est maintenant en expansion.

Mais ces vérifications sont peu de choses au regard de la complexité de l'univers que doit expliquer le modèle cosmologique du Big Bang. *Aussi peut-on dire à propos de Lemaître ce que l'on dit de Platon, qu'il invente l'univers. Comme on le voit là, il s'agit d'un livre original qui relance, sur des bases rigoureuses, mais accessibles au grand nombre, le dialogue entre science et philosophie.*

LUC BRISSON,
Directeur de recherches émérite,
CNRS – Paris (Villejuif),
Ecole Normale Supérieure (Rue d'Ulm, Paris 5) et
Université Paris I Panthéon-Sorbonne.

AVANT-PROPOS :
SUR L'AFFAIRE SOKAL

La cosmologie commence et finit par la physique. Elle est, aujourd'hui plus qu'hier, la dérivée ou, si l'on veut dire les choses autrement, l'un des domaines d'application de la physique. Et cela pour cette raison, simple, qu'on retrouve au début d'une réflexion épistémologique sur la science : « [Il faut] *voir dans la physique contemporaine une sorte de dénominateur commun à beaucoup de questions très fondamentales de la science* »[4].

Réfléchir les fondements, les comportements et les possibilités théoriques de la physique contemporaine, c'est donc véritablement réfléchir la science. Or le comportement de la raison en physique contemporaine conduit à une invalidation parfois radicale des habitudes et des certitudes établies. Dans ce registre, l'une des conséquences majeures est l'inaccessibilité au Réel, si brillamment illustrée par la célèbre expérience du chat de Schrödinger[5].

---

[4] Espagnat, B.D' (1990) *Penser la science ou les enjeux du savoir,* Paris, La Bibliothèque Gauthier-Villars, p.7.

[5] Le « chat de Schrödinger », c'est le nom donné à une expérience paradoxale et troublante menée en 1935 par le physicien autrichien Erwin Schrödinger (1887-1961). Le chat, enfermé dans une boîte équipée d'un hublot, en occupe un coin. Dans un autre coin, on dispose un atome d'uranium radioactif et un détecteur qui ne doit fonctionner que pendant une durée limitée (une minute par exemple). En cas de fonctionnement, il y a 50% de chance pour que l'atome U se désintègre en éjectant un électron. Or, ce fonctionnement va déclencher une réaction en chaîne : l'électron frappe le détecteur, qui actionne à son tour un marteau. Ce marteau brise une fiole de poison mortel placée dans la boîte du chat. Contrairement au bon sens qui donnerait 50% de chance pour avoir un chat mort ou vivant suite au déferlement du poison, Schrödinger montre que si on déclenche l'expérience, on ne peut pas savoir, AVANT d'avoir regardé par le hublot, si le chat est vivant ou mort. Le but de l'expérience est alors de montrer l'absurdité de la physique quantique à l'échelle des objets macroscopiques, qui structurent justement notre conception traditionnelle du Réel. Une perception quantique de l'expérience affirme plutôt que, avant d'ouvrir le hublot pour toute observation, le chat est à la fois vivant ET mort. L'explication en est que l'état (vivant ou mort) du chat est tributaire de celui de l'électron, selon qu'il est émis ou non par l'atome d'Uranium. Or, l'interprétation quantique soutient que l'atome U est assujetti au principe de superposition, qui indique que les particules atomiques sont susceptibles d'exister sous plusieurs états superposés et simultanés. Cette superposition marque la fin des déterminismes et des cadres de prédictibilité et de réversibilité jusque-là pertinents dans l'approche philosophique et scientifique du Réel. Ce qui veut dire que désormais, le Réel est inaccessible. Voir, sur les enjeux de cette expérience, la contribution de John Gribbin, *Le chat de Schrödinger, physique quantique et réalité,* Monaco, Édition du Rocher, coll. Esprit/Matière, 1988.

Le physicien et philosophe Basarab Nicolescu[6] a indiqué que l'une des conséquences du développement révolutionnaire de la mécanique quantique et de la physique des particules est que les nouveaux concepts, et à leur suite la nouvelle vision du monde par les organes de sens, naissent du rapport entre la « Réalité » et le « Réel », tel qu'il s'établit à la suite de l'étude expérimentale des phénomènes invisibles.

L'évolution des idées en physique nous impose donc de nouveaux filtres qui transforment notre regard : la place de l'Homme dans le monde est ainsi questionnée. Certes, le vieux débat sur le Réel et la science[7], et notamment sur la capacité de celle-ci à prouver que le Réel est réellement et ultimement pensable, garde tout son sens. Il est pertinent pour comprendre par exemple les régimes de significations et d'interprétations de la physique quantique[8]. Un tel débat aide aussi à savoir jusqu'où la description du monde en physique quantique au-delà du visible[9] est encore de l'ordre de la saisie du Réel et de la cognition[10]. Une telle démarche aiderait aussi à comprendre ce que c'est que « l'impossible » pour la physique, autrement dit ce qui peut, en tant qu'objet de connaissance, être encore hors-champ-physicien, hors de portée de l'argumentation mathématisée et soumise aux lois de la matière. Et, questionnant ainsi la science physique, on pourrait parvenir enfin à saisir en quoi elle peut rentrer en débat avec les autres sciences, notamment la psychanalyse[11].

Mais avec l'évolution des idées scientifiques, il faut se demander si, après avoir résisté, le *cogito,* transcendant et en-face du monde, qui décidait jusque-là des critères d'existence et de validation du Réel, ne serait pas en train de capituler devant le raz-de-marée des implications épistémologiques et philosophiques de la nouvelle physique. En tout cas, tout ce chamboulement fait dire à d'Espagnat qu'il faut penser la science si nous voulons réactiver et comprendre notre « lien spirituel » au monde[12].

---

[6] Nicolescu, B. (2012). *Nous, la particule et le monde*. EME.

[7] Ullmo, J. (1936). Le réel et la science. *Revue Philosophique de la France et de l'Étranger*, *122*(11/12), 333-363.

[8] Paty, M. (2000). Interprétations et significations en physique quantique. *Revue Internationale de philosophie*, 199-242.

[9] Rovelli, C. (2015). *Par-delà le visible: La réalité du monde physique et la gravité quantique*. Odile Jacob.

[10] Voir d'Espagnat, B. (2012). Physique quantique et réalité, la réalité c'est quoi. *Lecture given on May*, *22*, 2012 ; Bitbol, M. (2000). Physique quantique et cognition. *Revue internationale de philosophie*, 299-328 ; Mazwell, N. (1999). Has science established that the universe is comprehensible? *Cogito*, *13*(2), 139-145.

[11] Abibon, R. (2015). L'impossible: réel de la physique ou Réel de la psychanalyse?. *Chimeres*, (2), 127-136.

[12] Bernard d'Espagnat, *Penser la science ou les enjeux du savoir, op.cit.* Voir aussi, du même auteur (1981). A la recherche du réel. *Le Journal de Physique Colloques*, *42*(C2), C2-99.

L'importance de la physique serait telle qu'elle refonderait en raison toute la philosophie de la connaissance, y compris le questionnement métaphysique de l'homme sur son propre *être-au-monde.* Or, penser philosophiquement cette refondation, c'est partir des notions en usage dans la physique elle-même. Et cela est encore plus exigible lorsque le but est d'élucider, comme le fera cette étude, la question cosmologique. L'enjeu est de comprendre la science pour valider ou tout au moins légitimer l'énonciation philosophique la concernant. Là se pose, pour la philosophie, la question de la maîtrise des énoncés scientifiques.

La conversion épistémologique semble la condition nécessaire de l'exploration philosophique de la science physique et de ses domaines d'expansion. Mais jusqu'où aller dans cette nécessaire empathie cognitive pour faire la philosophie des sciences et de l'homme ? La maîtrise de l'appareillage conceptuel de la science laisse toujours ouverte la possibilité d'un mauvais usage, voire d'un mésusage philosophique des énoncés scientifiques. Ce qui rend d'autant plus délicate l'entreprise ici engagée d'explorer les modèles cosmologiques du grec Platon (environ 428/427 à 347/346 avant J.C.) et du Belge Georges Lemaître (Charleroi, 17 juillet 1894 – Louvain, 20 juin 1966). Autrement dit, de produire une énonciation philosophique de la question cosmologique à partir et à travers les énoncés que ces deux savants, pour ainsi dire, ont produits à bord d'un système d'énonciation scientifique. Peut-on mener une telle opération philosophique sans abus ?

En 1996, cette question avait tourné carrément à une polémique qui sera qualifiée, trois ans plus tard, de « querelle des impostures »[13], après avoir fait grand bruit dans le microcosme de la philosophie des sciences, sous le nom de « l'affaire Sokal ». En effet, le physicien américain Alan Sokal avait fait publier dans la revue américaine *Social text* un pastiche épistémologique où il exploitait de manière infidèle les extraits de textes et de paragraphes de certains intellectuels français connus du grand public américain[14]. Avec la collaboration du physicien Jean Bricmont, Sokal révéla plus tard la supercherie et publia un ouvrage sur le thème général des mauvais usages littéraires et philosophiques des concepts scientifiques dans le contexte du relativisme absolu qu'induit le « postmodernisme »[15]. Les auteurs ont été

---

[13] Jeanneret, Y. (1999). *L'affaire Sokal : Ou La querelle des impostures*. FeniXX. Sur un bilan des positions et enjeux de cette polémique, voir Roux, S. (2007). *Retours sur l'affaire Sokal,* L'harmattan.

[14] Sokal, A. D. (1996). Transgressing the boundaries: Toward a transformative hermeneutics of quantum gravity. *Social text*, (46/47), 217-252.

[15] Sokal, A. et Bricmont, J. (1999) *Impostures intellectuelles,* Paris, Odile Jacob, deuxième édition.

satisfaits d'avoir analysé « certaines confusions intellectuelles, fort répandues dans les récits postmodernes, qui portent à la fois sur le contenu du discours scientifique et sur sa philosophie »[16]. Tant d'abus, qui conduisent à des non-sens parfois fulgurants, devraient convaincre les philosophes sinon de leur incompétence, du moins de l'impertinence plausible de leurs tentatives d'appréhender la science.

Jacques Bouveresse s'est penché sur cette « affaire Sokal » dans l'avant-propos d'un ouvrage paru dans la foulée de cette polémique[17]. S'il reconnaît que ces égarements sont possibles, il s'interroge sur la légitimité des physiciens à trouver confus ce que les philosophes trouvent clair et distinct. Bouveresse trouve aussi inutile d'avoir à comprendre comme il le faut les textes scientifiques pour pouvoir ensuite en parler : la myopie est alors un avantage et la sagacité déraison. L'analyse philosophique de la science reste de bonne intention tant qu'elle cherche dans des concepts scientifiques à

> *« se laisser porter simplement par le mouvement du texte et éviter de se poser des questions trop précises sur son sens. Vouloir comprendre, au sens auquel Sokal et Bricmont cherchent à le faire, est même presque une bizarrerie ou un manque de tact »*[18].

On peut apprécier la place qu'une telle énonciation philosophique accorde implicitement à l'intuition libre et à l'approche sympathique des textes scientifiques. Cette orientation, qui me séduit, a le mérite de briser l'intangibilité des frontières entre science et philosophie, sous-entendue par la perspective sokalienne. Au fond, cette intangibilité, qui suppose une autonomie de la science à l'égard de la philosophie et réciproquement, n'est pas épistémologiquement fondée. Science et philosophie se sont historiquement nourries, non en construisant des concepts séparés ou en extension comme le pensent Sokal et Bricmont, mais en tissant chacune sa toile sur les ruines de l'autre.

Dans une approche très pédagogique, James T. Cushing, professeur à l'université Notre Dame (États-Unis), propose une théorie de l'intervention des concepts philosophiques en physique[19]. En partant d'un panel de questions philosophiques, Cushing montre au travers des neuf parties de son ouvrage que la science s'est développée en incorporant des concepts philosophiques. Il établit ce que la science doit à la philosophie en faisant le tour de l'esprit

---

[16] *Ibid.*, p. 37.

[17] Voir Bouveresse, J. (1999) *Prodiges et vertiges de l'analogie,* Paris, Raisons d'agir, avant-propos.

[18] *Idem.*

[19] Cushing, J.T. (1997) *Philosophical concepts in physics. The historical relation between philosophy and scientifics theories,* edited by Cambridge University, 560 p.

scientifique, des modèles d'univers, de la mécanique et de la lecture à faire des conséquences de la théorie quantique.

Inversement, Michel Redhead de l'université de Cambridge s'appuie sur les cours de son collègue Tarner dispensés en 1993 pour publier un travail où il est question de sonder la nature intime de la réalité à partir de ce qu'en disent la relativité et la théorie quantique[20]. Contre l'opacité du réel, Readhead tente de défendre l'objectivité et la rationalité de la physique. Cette approche orthodoxe -et à la limite classique- de la nouvelle théorie rejette le rôle de la subjectivité et de la probabilité. En écartant la conscience que l'indéterminisme et la complétude quantique -on le verra dans la présente étude- introduisent dans la nouvelle physique, Readhead réserve à la philosophie le rôle final et le dernier mot de la réflexion sur l'ultimement étant.

La ligne directrice de la présente étude est de suivre le travail de construction de l'idée et du modèle cosmologique chez Platon et chez Georges Lemaître, en restant fidèle au sens qu'ils donnent à leurs énoncés, à l'orthodoxie des paradigmes qu'ils mobilisent, ou qui sont mobilisables pour comprendre lesdits énoncés. Cette fidélité aux énoncés est une prise en compte et en même temps une infidélité aux frontières sokaliennes.

Dans cette étude, ce paradoxe s'explique par la nature de la question philosophique directrice : comment Platon et Lemaître en sont-ils venus à thématiser et à résoudre la question cosmologique comme problème de la connaissance ? Il est clair que, si elle est nécessaire, l'orthodoxie sokalienne ne suffirait pas à résoudre cette difficulté, qui est une question que la philosophie pose à la science, ou que la science peut attendre de la philosophie. Et cela d'autant plus que, comme on le verra au fil des pages, Platon et Lemaître, et surtout Platon, se sont très peu soucié de telles délimitations, et pour une raison simple : dans la cosmologie de Platon, il n'y a pas de distinction entre science et philosophie. De même, c'est en marchant sur l'orthodoxie et en se posant des questions quasi-philosophiques que Lemaître parvient à son hypothèse folle de la singularité cosmique.

Les railleries de Sokal et de Bricmont sont celles d'une science sans mémoire, qui fait l'apologie d'une autonomie des énoncés dits de « sciences dures » uniquement en les prenant à l'horizon de la très forte spécialisation, qui est récente. En tant que refus d'un paralogisme, mon infidélité à Sokal serait la condition non pas d'une compréhension authentique de ce que Platon et Lemaître ont voulu dire ; non pas le moyen de me situer à la hauteur de leur monde sans en être, ni dans l'époque, ni dans la formation, et encore moins

---

[20] Redhead, M. (1996) *From physics to metaphysics*, edited by Cambridge University Press, 112 p.

dans l'érudition. Cette infidélité est, *in fine,* la condition même d'un cheminement avec Platon et Lemaître, afin de produire une énonciation à partir de leurs propres énoncés, et de dire justement ce que j'ai cru entendre de ces modèles théoriques pour le moins arides.

A.B. LENDJA NGNEMZUE (PHD, HDR).

INTRODUCTION GENERALE

« Au fond, ce que nous connaissons le moins bien dans la science, c'est la science elle-même »[21]

L'univers a toujours été : la tâche de la cosmologie est d'en trouver les lois et l'unité, d'en dégager l'ordre par les seules lumières de la raison. L'objet de cette étude est de montrer comment Platon et Lemaître s'attèlent à ce travail d'élucidation de l'ordre et de l'unité de l'univers qui traverse toute l'histoire de la cosmologie. Certes, tout sépare les savants ainsi rapprochés, au-delà même des siècles de distance. À commencer par l'essentiel : le concept de mouvement, décisif en cosmologie. En effet, chez Platon, ce qui est en mouvement et changeant ne pouvant faire l'objet d'aucune science, c'est à partir de ce qui est immobile, l'Idée ou la Forme, que se pensent le phénomène et l'ordre cosmiques. Lemaître, qui mise au contraire sur la fiabilité même du mouvement, écarte d'office le poids de cette métaphysique idéaliste en reposant l'essentiel de sa cosmologie sur les lois physiques.

La présente étude s'attachera ce point de méthode et d'interprétation. Mais si elle s'attelle à penser la cosmologie de Platon et celle de Lemaître dans un même mouvement, c'est pour deux raisons. D'abord, il s'agit bien de cosmologies, c'est-à-dire de modèles explicatifs de l'univers. Même en étant éloignés par leurs époques, leurs outils et les savoirs qu'ils mobilisent, Platon et Lemaître sont proches pour avoir rempli les trois conditions philosophiques ou « normes » applicables à toute cosmologie. La première de ces trois conditions, que Luc Brisson énonce dans une introduction au *Timée*[22], c'est de poser la question de l'origine de l'univers en termes de problème de connaissance scientifique, étant donné qu' « *une explication scientifique doit présenter un caractère de nécessité et d'idéalité, qui ne peut être déduit de façon immédiate des données fournies par la perception sensible* »[23].

[21] Levy-Leblond, J.-M. (1998), « La nouvelle Méduse ou la science en son miroir », contribution à Michel Cazenave (dir.), *Dictionnaire de l'ignorance, aux frontières de la science,* Paris, Albin Michel, p. 15-29 ; p.15 pour la citation.

[22] Brisson, L. (2001), introduction à : Platon, *Timée/Critias*, présentation et traduction par Luc Brisson, Paris, GF Flammarion [1992], 5e édition, corrigée et mise à jour, p. 13. Les références de *Timée* que nous citerons dans cette étude seront tirées de ce livre, toute autre source devant être systématiquement indiquée et référencée.

[23] *Idem.*

De ce point de vue, Platon et Lemaître sont sur la même voie : aller à la connaissance de l'univers en contournant l'expérience sensible ou en la laissant carrément derrière eux.

Historiquement, la deuxième condition est, comme la première, une invention de Platon. Elle stipule que la cosmologie est une recherche scientifique. Et toute recherche scientifique doit obéir à une méthode qui fixe ses présupposés et ses axiomes, ainsi que des règles d'inférence dont la vérification, expérimentale ou non, devrait se charger de rendre probantes. La troisième condition, à laquelle satisfont Platon et Lemaître, c'est le recours aux mathématiques comme à un instrument d'explication des conséquences tirées desdits axiomes. Tout cela nous conduit à admettre que le travail de Platon et de Lemaître renvoie, sur ce plan général, à un principe identique : celui de la définition de la cosmologie comme *« une représentation cohérente et rigoureuse de l'univers physique, qui se fonde sur un ensemble limité de présupposés axiomatiques, dont les propriétés du cosmos apparaissent comme des conséquences déduites logiquement »*[24].

Platon est dans cette perspective le père de toutes les cosmologies, son texte du *Timée* que nous parcourons ici étant historiquement le premier à répondre de manière presque complète aux « normes » fixées par cette définition stricte de la cosmologie. Cette communauté de principe, qui présage de l'importance que prendra dans cette étude la construction des axiomes et des théories de la matière cosmique à l'intérieur desquelles les cosmologies abordées évoluent, est complétée par une autre relation de convergence. Cette relation, qui constitue la seconde et la plus décisive des raisons de penser Platon et Lemaître dans un même mouvement, c'est une communauté philosophique plus ancrée : leur opposition commune au réalisme des cosmologues[25], qui pensent que les lois physiques suffisent à expliquer la formation, voire l'autoformation de l'univers. Platon et Lemaître introduisent deux artifices qui vont modifier l'ordre des idées et la trajectoire de la recherche cosmologique : le démiurge et la singularité cosmique. Il faut fixer ces deux points d'emblée : le principe d'éternité de l'univers et l'enjeu cosmologique de l'introduction des artifices par Platon et Lemaître.

---

[24] *Idem.*

[25] Ce débat est aujourd'hui mené en résonnance à la philosophie réaliste, qui revendique une ambition voisine à celle de la cosmologie réaliste, à savoir rendre compte des origines, de l'ordre et des propriétés de la totalité de l'univers sensible. Sur ce point, vor Bastit, M. (2013). *Études de cosmologie philosophique*, L'Harmattan.

1. Le principe d'éternité de l'univers et ses enjeux épistémologiques

Le principe d'éternité affirme que l'univers n'a pas été créé. Par ce principe *(arkhè),* on pose d'emblée l'éternité de l'univers, reléguant au rang de spéculation oiseuse l'idée de la création du monde par Dieu. De même, ce principe écarte l'enthousiasme débordant des scientifiques et autres cosmologues doctrinaires qui, s'appuyant sur les révolutions théoriques en physique et en astrophysique, veulent voir dans l'évolution de la matière dans le temps le processus d'autocréation de l'univers à partir du vide[26]. Si la physique pare le vide de ce que Michel Cassé appelle les « vertus invisibles », ainsi miser sur les lois de la nature pour expliquer l'univers en s'appuyant sur le « vacuel »[27] est peut-être sophistiqué, complexe et esthétiquement abouti. Pour autant, sur le plan épistémologique, cela ne fait pas avancer davantage.

Au fond, c'est à la fois la démarche cosmo-théologique et l'approche chronologique, c'est-à-dire la double idée du Dieu créateur de l'univers et du temps comme milieu de l'autocréation du monde qui sont invalidées dans un même mouvement par le principe d'éternité.

Qu'est-ce à dire ? Qu'il faut, pour préparer l'énonciation des termes et des attentes du rapprochement inédit et serré entre Platon et Lemaître que mène cette étude, présenter la démarche et les arguments de ce renvoi du Dieu et du temps créateurs par la cosmologie. Une incursion dans les problématiques cosmologiques d'Aristote (vers 384 à 322 av. J-C.) et de Kant (1724-1804), qui sont deux moments décisifs de l'épistémologie de la cosmologie, permettra de clarifier davantage cette récusation héritée de l'antiquité grecque païenne.

1.1. Principe d'éternité et Dieu créateur

Le principe d'éternité de l'univers n'est pas le résultat de l'évolution des idées philosophiques, encore moins la conséquence du progrès des sciences.

---

[26] Cassé, M. (2014). *Du vide et de l'éternité.* Odile Jacob.

[27] Sur un ton poétique, Thibault Damour explique à la fois le « vacuel » et son attachement de physicien à « chanter les métaphores » du vide : « J'appellerai « vacuel » tout ce que nous devons au vide, au vrai vide, le plus bas de tous, et au faux vide, celui qui est au-dessus du plus bas. Qui chantera les métamorphoses de ce beau vide ? Je serai l'aboyeur de sonores nouvelles ni bonnes ni mauvaises mais d'envergure cosmique. Je cèderai parfois à la tendance gasconne à faire passer le verbe dans la donne empirique ; qu'on me pardonne, j'aurai parfois des élans de provincialisme pascalien dans la capitale des équations » (Thibault Damour (2012) *Si Einstein m'était conté,* Le Cherche midi, cité par Cassé, M. (2014). *Du vide et de l'éternité, op.cit,* avant-propos).

Comme principe, il est posé *a priori*, et relève de la raison cosmologique elle-même. Et cela dure depuis l'antiquité grecque païenne. Car déjà, pour aucun cosmologue de la Grèce antique, il ne peut y avoir de création de l'univers, ni dans le temps, ni par Dieu. La Nature (*Physis*), omniprésente et englobante, est principe éternel et incréé depuis les premiers astronomes présocratiques, comme Thalès de Milet (vers 624 à 547 av. J-C), Anaximandre de Milet (vers 610 à 546 av. J-C) ou Pythagore de Samos (environ 580 à 490 av. J-C). Point de Dieu créateur. Platon, qui est le seul philosophe antique à utiliser la métaphore d'un dieu, le dieu-artisan dont nous parlerons longuement dans cette étude, tâche de lui affecter un corps et une âme. Le démiurge ne peut plus alors s'imposer ou s'instituer rationnellement comme premier dans l'être. La divinité du démiurge est comprise dans l'être cosmique auquel il apporte juste un ordre, en tant qu'artisan pourvu d'intelligence.

Aristote garantira ce principe d'éternité sans suivre le tracé platonicien. Ce qui est nommé « métaphysique aristotélicienne » -pour suivre en cela Andronicos de Rhodes qui désignait ainsi la partie de l'œuvre d'Aristote qui ne rentrait pas canoniquement dans le champ des recherches physiciennes- est un ensemble d'enquêtes sur l'étant par où il vient[28]. Au cœur de cet ensemble, trône l'idée d'un premier moteur. Si nous retenons ce point ici, c'est que l'interprétation philosophique de ce premier moteur, toit du monde, ouvre la voie à toutes les hérésies, sa christianisation thomiste restant la plus spectaculaire de toutes. Mais remontons rapidement le cours de cette supposée cosmo-théologie aristotélicienne pour voir comment, même avec un premier moteur, le principe de l'éternité de l'univers reste sauf.

Les spécialistes d'Aristote, qui ne s'entendent pas toujours, seront d'accord pour dire que chez Aristote,

---

[28] Ce découpage est purement descriptif, au sens où « métaphysique », ainsi entendue, indique simplement les livres ou écrits aristotéliciens qui viennent après ceux consacrés à la physique, sans qu'on n'en sache davantage ni sur le contenu, ni sur les objectifs desdits écrits. Au début de sa traduction des textes ainsi désignés, Jean Tricot tente de combler cette lacune, en soulignant que *« La* Métaphysique *rentre dans la classe des écrits acroamatiques (ἀκροαματικά) ou, pour employer une expression synonyme, mais qui n'est pas d'Aristote lui-même, ésotériques (ἐσωτερικά). Aristote appelle ἀκροαματικά les leçons destinées à ses élèves, et qui, par opposition aux recherches exotériques (ἐξωτερικά), partent des principes propres de la chose (έκ των οίίκείων άρχων) et sont l'objet d'un enseignement démonstratif. C'est là un caractère d'ordre interne, qui en entraîne d'autres. Au point de vue du fond lui-même, il est clair qu'une recherche qualifiée d'acroamatique porte sur des matières auxquelles la spéculation ou la pratique attachent un intérêt véritablement scientifique, tels que les problèmes de Physique ou de Philosophie première. »* (Jean Tricot, introduction à la traduction et au commentaire de *La Métaphysique*, Paris, librairie philosophie J. Vrin, Tome I, nouvelle édition entièrement refondue, 1991, p.III).

« Le vrai nom de la philosophie première, c'est Théologie. En un mot, l'objet de la philosophie première est un individu. Or cet individu, comme Aristote le répète sans cesse avec des expressions diverses, est une pure forme. Il est une pure forme, parce que sa fonction est d'expliquer les autres êtres et que la véritable explication consiste à invoquer la fin et, en dernière analyse, la forme. La forme explique tout le reste et se suffit à elle-même»[29].

Dans son célèbre essai sur l'ontologie aristotélicienne[30], Pierre Aubenque confirme cette lecture d'Octave Hamelin, en nous indiquant l'existence d'un Être individuel « transcendant » et clairement affirmé comme Dieu séparé dans la *Métaphysique.* En suivant Aristote tel qu'il s'exprime en *Métaphysique* E, I, 1026a, 18, les commentateurs semblent accorder un rôle décisif et structurant à la théologie du livre Λ de la *Métaphysique* dans la constitution qu'ils font du monde aristotélicien. Mais cette position est-elle évidente, du strict point de vue du texte d'Aristote lui-même ? Et si elle l'était, aurait-elle d'ailleurs un sens et un poids, du point de vue de la cosmologie aristotélicienne, qui affirme par ailleurs l'éternité de la Nature[31] ? En clair, peut-on articuler sérieusement, comme le font Thomas d'Aquin et ses héritiers de tous bords, métaphysique et création du monde chez Aristote ?

Le chemin d'Aristote semble nous conduire à des conclusions différentes. Aristote mise sur la notion de substance pour développer sa position sur la question cosmologique. En effet, chez Aristote, les substances sont premières dans l'être. Il s'agit donc des réalités incorruptibles, pour la simple raison que la corruption des substances impliquerait la corruption de tous les êtres de la nature. Ce raisonnement, qui est connu dans l'histoire de la philosophie sous le nom d' « argument cosmologique », permet de conclure que si l'univers est une totalité unifiée, il faut bien admettre que les substances sont dans l'univers la réalité ultime : la substance est en tête des catégories, c'est la première

---

[29] Octave Hamelin, *Le système d'Aristote,* publié par Léon Robin, Paris, librairie philosophique J. Vrin, quatrième édition, 1985, p.405. Cette interprétation est assez conforme au texte d'Aristote, qui affirme : *« il y aura trois philosophies théorétiques : la Mathématique, la Physique et la Théologie.[Je l'appelle Théologie] : il n'est pas douteux, en effet, que si le divin est présent quelque part, il est présent dans cette nature immobile et séparée, et que la science la plus haute doit avoir pour objet le genre le plus élevé. Ainsi, les sciences théorétiques sont estimées les plus hautes des sciences, et la Théologie la plus haute des sciences théorétiques »* (Aristote, *Métaphysique,* E, 1, 1026 a, 18, Paris, librairie philosophie J. Vrin, Tome I, nouvelle édition entièrement refondue, avec commentaire par J. Tricot, 1991, p.333). Dans la présente recherche, les références à la *Métaphysique* d'Aristote sont toutes tirées de cette traduction de J. Tricot.

[30] Pierre Aubenque, *Le problème de l'être chez Aristote* [1943], Paris, Quadrige/PUF, 2002, notamment la deuxième partie, « La science introuvable », § 2. Le Dieu transcendant, p.335 et ss.

[31] Pour Aristote, la nature c'est l'infini qui n'a pas d'origine, « car ce serait sa limite » *Physique,* III, 4, 203 b 7.

partie du Tout[32]. Or le livre Λ énumère trois espèces de substances : *« l'une est sensible, et elle se divise en substance éternelle et en substance corruptible (...). L'autre substance est immobile »*[33]. Si les deux premières, subdivisions de la substance sensible, sont l'objet de la physique, la substance immobile et séparée doit être l'objet de la métaphysique. La substance immobile n'a donc aucune communauté de nature avec la substance sensible et ses deux variantes, elle est simple et constitue le « premier moteur éternel ».

Dans les chapitres 6 et 7 du livre Λ où la nécessité de ce premier moteur est établie, Aristote use de deux arguments décisifs. Le premier de ces arguments est le fondement de l'éternité du temps et du mouvement, qui ne peuvent trouver leur détermination que comme substances sensibles. Cette substantialité et cette continuité du mouvement et du temps permettent d'affirmer l'existence d'une substance éternelle, immobile et incorruptible, pour garantir la continuité du temps et du mouvement. Cette substance immobile se meut de manière circulaire et éternelle. En clair, le premier moteur est permanemment en acte, il est cause efficiente (*causa efficiens*) de tout mouvement[34].

Le second argument est celui de l'immatérialité de la cause motrice. Les causes physiques, comme reflets de la substance sensible, tiennent encore du changement, c'est-à-dire de l'être en puissance susceptible de passer en acte. Or tout changement implique la matière[35]. Pour être radicale et expliquer la génération et la corruption, la cause motrice doit être immatérielle. Et la règle est claire chez Aristote : *« ce qui est premier en entéléchie est aussi la cause de toutes choses »*[36].

Conformément à ce parcours, Aristote, au chapitre 7 du livre Λ, déduit que le premier moteur, dans sa nature, doit être non seulement substance, mais aussi « acte pur », complètement distinct et à l'abri de toute contingence. Peut-on pour autant déduire la totalité de l'univers de l'existence de cette substance ou cause motrice ? En clair, Dieu, cet être de pensée dont la « pensée est pensée de pensée », est-il l'auteur de l'univers d'Aristote ? Rien n'est moins sûr. Aristote lui-même n'ignore pas la difficulté. Au chapitre 8 du livre Λ, il n'abandonne certes pas la théologie : *« toutes les substances premières sont*

---

[32] Voir Aristote, *Métaphysique,* Λ, 1, 1069a -19-26; Z, 1.

[33] Aristote, *Métaphysique,* Λ, 1, 1069a, 30, traduction J.Tricot, *op.cit.,* p.643.

[34] *« Le mouvement ne se produira pas, lors même que la cause dût mouvoir actuellement, si la substance de cette cause est une puissance, car alors le mouvement ne sera pas éternel, ce qui est en puissance pouvant ne pas être. Il faudra donc qu'il existe un principe tel que sa substance même soit en acte »* (Aristote, *Métaphysique,* Λ, 6,1071a, 15-20, p.667.)

[35] Aristote, *Métaphysique,* Λ, 2,1069b, 10-30, traduction J. Tricot, Tome II, p. 644-648.

[36] Aristote, *Métaphysique,* Λ, 5,1071a, 35, traduction J.Tricot, Tome II, p. 663.

des dieux »[37]. Mais, il recule devant la radicalisation de la théologie au moment de justifier le mouvement des quarante-sept sphères qu'il énumère. L'idée d'une cause motrice unique est même carrément abandonnée : *« admettons que tel soit le nombre de Sphères : il y a donc un nombre égal de substances et de principes immobiles. C'est là, du moins, ce qu'il est rationnel de penser. »*[38]

L'énoncé d'une pluralité des causes motrices implique une relativisation de la portée cosmologique d'une substance décentrée du monde. Dieu n'est pas l'auteur de l'univers, ou alors il y a plusieurs Dieux créateurs, ce qui est une contradiction dans les termes. Par cette relativisation, on observe que *« l'incursion d'Aristote dans le domaine cosmologique s'accorde assez mal avec ses précédentes conclusions »*[39], celles touchant notamment à la cause motrice. Il reste que la théorie anticréationniste, qui est de fait contenue dans l'affirmation aristotélicienne de l'éternité de l'univers, ne fait pas de celui-ci une réalité décentrée, sujette à une cause motrice qui décide de sa scène. Au contraire, l'ignorance du divin créateur est même affirmée et contenue dans le principe d'éternité de la matière[40].

Thomas d'Aquin (1225-1274) et ses héritiers de la scholastique ont donc christianisé Aristote sur un malentendu, ou tout au moins sur une difficulté peu éclairée, et qui est interne à la dynamique propre de la pensée d'Aristote. Comme cause qui cause sans être causée, le *primum movens* thomiste n'a pas de réelle parenté aristotélicienne, l'auteur de la *Métaphysique* s'étant réinscrit, par la multiplication des causes motrices, dans le polythéisme incroyant et anticréationniste de la Grèce antique. Cette christianisation n'est que pure extrapolation, la lecture de la théologie du livre Λ ne permettant pas, comme nous venons de le voir, de trancher sur ce point en restant fidèle à la démonstration aristotélicienne elle-même. Si bien qu'on devrait suivre les vues de Jean Tricot qui note, parlant justement du destin thomiste du premier moteur aristotélicien :

> *« La position de Saint-Thomas ne coïncide cependant pas de tout point avec celle d'Aristote. Le premier moteur d'Aristote est l'Acte pur de la pensée qui se pense elle-même, l'Acte pur étant, au surplus, le premier intelligible, la* νόησις *objective plutôt que l'Acte éternel d'intellection. Le Dieu de Saint- Thomas*[41] *est l'Acte pur d'exister, l'Être même subsistant* (Ipsum esse subsistens),

[37] Aristote, *Métaphysique,* Λ, 8,1074a, 38-1074b14, traduction J.Tricot, Tome II, p. 699.
[38] Aristote, *Métaphysique,* Λ, 8,1074a, 10-15, traduction J.Tricot, Tome II, p. 695.
[39] Jean Tricot, commentaire, dans Aristote, *Métaphysique,* Tome II, *op.cit.*, p.689.
[40] *« Ni la matière, ni la forme ne sont engendrées »* (Aristote, *Métaphysique,* Λ, 3, 1069b, 35, traduction J.Tricot, Tome II, p. 648.
[41] Voir Saint-Thomas, *Somme théologique*, I a, qu.3, art.4 ; qu.13, art.11.

l'Existence posée en soi identique à l'Essence suprême, en un mot l'Aséité, en laquelle se réalise le plus parfaitement le principe d'identité, A est A »[42].

Aristote n'envisage pas l'être comme un au-delà qui ferait de l'univers son reflet. Il a plutôt formulé une phénoménologie de la présence des choses. Ce que dit Aristote, c'est que chaque étant possède son être propre, son étantité singulière qui, comme une invariance derrière son apparition, maintient l'étant comme étant spécifique. Description des apparitions, la métaphysique aristotélicienne s'avère être aussi souci de l'étant dans son être singulier. Ainsi, Aristote indique clairement qu'il faut partir de l'étant lui-même pour découvrir son être particulier : la métaphysique et l'ontologie présupposent la nature (φυσις). Pour cela même, notre position sur ce point suit celle de Jean Tricot, lorsqu'il affirme :

> « *La Cosmologie aristotélicienne est purement descriptive. Elle ne s'accompagne d'aucune théorie sur la formation de l'Univers ; en d'autres termes, elle n'est pas une cosmogonie. Le mouvement circulaire du Ciel est un mouvement sans commencement ni fin, nécessaire et perpétuel, qui ne requiert quant à son origine et quant à sa durée, aucune explication, ni aucune raison* ».[43]

En cela, Aristote garde sauf le principe cosmologique de l'éternité de l'univers. On verra d'ailleurs, le moment venu, comment ce maintien permet de fonder la physique en elle-même, sur ses bases propres, et de rendre possibles les développements qui ont conduit à l'élaboration de la loi de la gravitation, capitale par exemple pour l'entrée dans la cosmologie de Georges Lemaître.

1.2. Principe d'éternité et naissance de l'univers dans le temps

En affirmant l'éternité de l'univers comme son principe propre, la cosmologie s'écarte donc de la cosmo-théologie, mais pas seulement. De notre point de vue, ce principe d'éternité rend aussi insensée la possibilité d'une autoformation de l'univers, et qu'on retrouve dans les dérives positivistes des plus radicaux parmi les philosophes et les théoriciens de la physique et de l'astronomie contemporaines. C'est que, en radicalisant le temps comme cadre d'explication de l'évolution de l'univers, ces positivistes ont cru voir dans l'explosion primordiale *(le big bang)* le commencement absolu de l'univers dans le temps. Par la plausibilité de la théorie du *big bang*, on cherche à faire du temps l'aboutissement des efforts de la pensée qui veut cerner

---

[42] Jean Tricot, commentaire, in Aristote, *Métaphysique, op. cit.*, note 2, p. 701-702.
[43] *Ibid..*, note 2, p. 687-688.

rationnellement l'origine de l'univers. Avec le temps comme cadre d'autoproduction de l'univers, le *big bang* devient ainsi subrepticement la théorie de la fin de l'histoire cosmologique *(end of the road thesis).* À y voir de près, cette posture, que nous évaluons sous peu, n'est pas la première à accorder ainsi le crédit le plus absolu au temps dans l'émergence de l'ordre cosmique.

La tentation du tout temporel, que nous nommons le positivisme cosmologique, n'est ni nouvelle, ni propre à la cosmologie contemporaine. Et puisqu'elle consiste à inscrire l'origine de l'univers dans le temps pour en finir avec l'éternité comme principe cosmologique, on peut dire qu'elle a été soupçonnée par Buffon dans son *Histoire naturelle* (1749) où il est déjà question de décrire le système solaire *« en tenant compte des lois de la gravitation »*[44].

Mais le fondement historique le plus manifeste de l'idée que l'univers a un commencement dans le temps se trouve dans la métaphysique allemande. Kant, alors tombé sous le charme de la gravitation universelle que vient de découvrir le physicien anglais Isaac Newton (1642-1727), est le premier à ouvrir une telle perspective.

En effet, et comme le signale Paul Clavier, dès ses écrits précritiques[45], *« Kant aménage son concept de monde de façon à réserver aux forces newtoniennes un rôle architectonique essentiel.»*[46] Ce « rôle architectonique » implique que dans son fondement, la cosmologie kantienne, et plus largement le système critique, est un héritage newtonien. Ainsi, et même si on peut évoquer d'autres sources[47], l'*Histoire générale de la nature et théorie du Ciel*

---

[44] Sur ce point, voir Marcel Conche, préface à Jean-François Robredo, *Du cosmos au big bang. La révolution philosophique,* Paris, P.U.F. 2006, p. VII.

[45] Notamment : *Pensées sur la véritable estimation des forces vives,* 1747 ; *Histoire de la nature et théorie du ciel,* 1755 ; *Unique fondement possible d'une preuve de l'existence de Dieu,* 1763.

[46] Paul Clavier, *Kant. Les idées cosmologiques,* Paris, PUF, 1997, p.44. Bachelard avait déjà soulevé les enjeux de cette ingurgitation kantienne des concepts scientifiques, en indiquant que le kantisme reposait toute sa validité et son unité sur les concepts mathématiques : « c'est sur le caractère immuable de l'architecture de la géométrie que Kant fonde l'architectonique de la raison.» (*Le Nouvel esprit scientifique,* 7e édition, Paris Puf 1960, p.20.

[47] Par exemple Thomas Wright, philosophe anglais de Durban né en 1711, qui publia, en 1750, une enquête sous le titre *An Original Theory or New Hypothesis of the Universe.* Selon l'astrophysicien John Gribbin, Kant fut « très influencé » par cette enquête fondatrice, puisque Wright y donne pour la première fois du monde l'image d'une *« sphère ou un globe rempli d'étoiles »*, qu'on retrouvera chez Kant, ainsi que *« la raison pour laquelle la voie lactée apparaît comme une bande lumineuse barrant l'espace »* (Voir John Gribbin, *A la poursuite du Big Bang,* [1988], traduit de l'anglais et préfacé par Michel Cassé, Monaco, Édition du Rocher, coll. Esprit/Matière, 1991, p.23-32).

(1755) ouvre un cycle de redevances répétées de Kant à l'égard de la philosophie naturelle (autre nom de la physique) de Newton.

En dépit du fait qu'une telle hypothèse est excessive comme nous n'allons pas tarder de le démontrer, elle reste vraie au moins au regard des multiples possibilités qu'offrait, pour Kant, la découverte newtonienne du principe de la gravitation. L'une de ces possibilités était d'arracher, enfin, la cosmologie au principe d'un Dieu créateur hors du temps. Car, malgré les efforts d'épuration et de cantonnement dans le processus de la création de l'univers, Dieu restait au chevet de la cosmologie rationnelle de Gottfried Wilheim Leibniz (1646-1716) et de son disciple Christian Wolff (1679-1754)[48], alors de Kant les maîtres à penser. De ce point de vue, et même si Kant revient à la question de l'univers dans des textes de vieillesse[49], l'*Histoire générale de la nature et théorie du Ciel* de 1755 reste un vrai point de rupture. Le philosophe de Königsberg y radicalise le concept newtonien du temps absolu pour en faire le milieu de la naissance de l'univers.

Marcel Conche le résume très bien : dans ce texte précritique, Kant soutient que *« si la gravitation universelle, que venait de découvrir Newton, permet de rendre compte de l'état actuel du système solaire, elle permet d'en expliquer l'origine »*[50]. Cette hypothèse kantienne a été prise pour une révolution décisive par les matérialistes, Friedrich Engels (1820-1895) y voyant rien moins que *« le plus grand progrès que l'astronomie ait fait depuis Copernic. Pour la première fois s'est trouvée ébranlée l'idée que la nature n'a pas d'histoire dans le temps »*[51].

L'enthousiasme d'Engels et de ceux qui, comme lui, pensent que Kant a temporalisé la formation de l'univers doit être tempéré. D'abord, parce que cette temporalisation, qui implique la contingence de l'univers, n'est pas totalement acceptable du point de vue même des œuvres précritiques de Kant. Celui-ci est encore substantialiste, au sens aristotélicien du terme, et la pensée précritique, par fidélité à Wolff sans doute, n'a pas totalement écarté la substance divine, maintenue pour justifier la cohésion des réalités

---

[48] Voir Leibniz, *Essai de théodicée,* qui s'efforce d'écarter Dieu de la création des phénomènes, pour ne retenir que sa perfection et sa sagesse par lesquelles tout est réglé « par avance une fois pour toutes » (I, § 8-9). Voir aussi Wolff, *Theologia naturalis* (1ère partie, §774 et ss), qui confine déjà l'action créatrice de Dieu aux éléments métaphysiques, c'est-à-dire aux choses qui n'apparaissent pas. Une autonomie d'existence et de régulation est ainsi accordée aux phénomènes qui constituent le monde de l'intuition sensible tel que le décrira Kant.

[49] Parmi les écrits précritiques de Kant, on citera : *Sur les volcans de la Lune,* 1785 ; *Premiers principes métaphysiques de la science de la nature,* 1786.

[50] Marcel Conche, préface à Jean-François Robredo, *Du cosmos au big bang, op.cit.,* p.VII.

[51] Engels, *Anti-Dühring*, Paris, éd. Sociales, p.89.

métaphysiques dont le sens et le contenu sont en filiation directe avec l'idéalisme de Platon.

Ensuite et surtout, à cause de l'évolution de la pensée critique à l'égard de la cosmologie. Dans le projet critique, cette idée d'un univers né dans le temps est secondaire, si l'on considère que *« la* Critique de la raison pure *ne parle de la science que pour fonder une morale, une théologie, une métaphysique positives »*[52]. L'idée sera même carrément proscrite, si l'on considère les dégâts que provoquera la découverte des antinomies de la raison pure, notamment sur l'orthodoxie newtonienne et plus largement sur la cosmologie rationnelle elle-même. En langage critique, une antinomie est une contradiction interne à la raison qui cherche à connaître la totalité des conditions de possibilité des objets alors même que celles-ci ne peuvent faire l'objet d'aucune synthèse directe entre un concept et une intuition sensible.

En tête de cette série d'antinomies qu'énumère et déchiffre le tribunal de la raison pure, se trouvent les antinomies cosmologiques. En effet, plutôt que Hume et sa critique de la causalité, ce sont les antinomies cosmologiques qui auraient réveillé Kant de son long sommeil dogmatique et poussé à l'élaboration du projet critique lui-même[53]. Deux de ces antinomies montrent clairement comment Kant liquide son hypothèse précritique de la naissance de l'univers dans le temps :

1) L'univers a un commencement dans le temps et il est aussi limité dans l'espace ;

2) Le monde n'a ni commencement dans le temps, ni limites dans l'espace[54].

Pour Kant, ces antinomies sont telles parce que la véritable connaissance repose sur des jugements synthétiques. C'est-à-dire que connaître, c'est nouer une forme, le concept, fourni par l'entendement, à une matière, le phénomène, fourni par une intuition sensible et posé dans le temps et l'espace, qui sont, héritage newtonien oblige, les conditions formelles *a priori* de cette intuition sensible. Ainsi, *« toutes les intuitions sensibles sont soumises aux catégories, comme aux conditions qui permettent seules de rassembler le divers dans une connaissance »*[55]. Connaître, c'est saisir un objet indéterminé de l'intuition par

---

[52] Éric Weil, *Problèmes kantiens,* Paris, éd. J. Vrin, 1970, préface, p.9.

[53] Kant écrit, dans une lettre à Christian Garve datée du 21 septembre 1798 : *« Ce n'est pas l'étude de l'existence de Dieu ou de l'immortalité de l'âme qui fut mon point de départ, mais l'antinomie de la raison pure-le monde a un commencement ; il n'a pas de commencement, etc.* [...]. *C'est cela qui me tira d'abord de mon sommeil dogmatique et me conduisit à la critique de la raison pure pour faire disparaître le scandale du conflit apparent de la raison avec elle-même.»* (Kant, cité par Paul Clavier, *Kant. Les idées cosmologiques,* Paris, Puf, 1997, p.78.)

[54] Kant, *Critique de la raison pure,* Traduction de Tremesaygues et Pacaud, p. 388. Cette édition sera citée dans cette étude. Sigle *C.R.P.*

[55] Kant, *C.R.P.,* § 20,

l'entendement, le placer sous son concept correspondant. Les antinomies ne font surface qu'à partir du moment où la raison pure rentre en scène, pour jouer sa propre partition, loin des phénomènes de l'expérience sensible.

En effet, dans la dialectique kantienne de la connaissance, cette articulation objet sensible / concept de l'entendement trouve sa source dans la raison pure qui en fournit ainsi le fondement *a priori*. Or, pour la raison pure, connaître, c'est précisément s'élever au-dessus de ces conditions de la connaissance empirique que nous venons de préciser, pour parachever justement l'unité de la série des conditions fixées pour cette même connaissance. En clair, la raison pure cherche la totalité des conditions de possibilité de la connaissance exigible par l'entendement.

Cela veut dire, en somme, que la raison pure est responsable des termes et des fondements de la connaissance en général. Cette responsabilité la pousse vers ce qui est inconditionné, vers ce qui, comme cause de la totalité des phénomènes et des possibilités qu'a l'entendement de les connaître, n'a plus de prise sur le réel. Cette pérégrination de la raison pure au pays de l'inconditionné fait de la connaissance *a posteriori* des phénomènes elle-même une simple province de la connaissance rationnelle. Connaissance de la connaissance, la connaissance rationnelle ne porte que sur ce qui est *a priori*. Et c'est en roulant ainsi pour elle-même, en dehors de toute intuition sensible, que la raison se fourvoie et rentre dans la contradiction, c'est-à-dire dans les antinomies. C'est bien cette quête de connaissance sans appui sur l'expérience qui justifie la stérilité de la métaphysique comme science, et qui fait de ses enquêtes, sur Dieu ou sur l'origine de l'univers, des scandales de la raison[56].

La cosmologie classique, celle d'Isaac Newton et de Galiléo Galiléi, dit Galilée (1564-1642), de Pierre-Simon de Laplace (1749-1827) et de Johannes Kepler (1571-1630), a trouvé peu d'arguments pour surmonter les antinomies cosmologiques de Kant. Il faut dire d'ailleurs qu'une telle querelle n'était pas à l'ordre du jour, le caractère absolu de l'espace et du temps galiléo-newtonien ne permettant d'observer que le comportement de la matière macroscopique à l'intérieur du champ gravitationnel. L'horizon de la cosmologie gravitationnelle de Newton est le système solaire, pas encore l'univers global dans sa relation au monde subatomique. Si bien que les préoccupations philosophiques sur la naissance de l'univers dans le temps ne commencent qu'avec l'interprétation de ce champ gravitationnel à partir d'une généralisation, à l'univers global, des observations sur le comportement quantique de la matière

---

[56] Les préfaces successives de la *C.R.P.* nous le martèlent : la « connaissance » métaphysique et son histoire n'ont été qu'un *« champ de bataille de contestations sans fin »* où *« chaque champion n'a jamais pu s'emparer de la plus petite place ni fonder sur sa victoire une possession durable »* (Kant, *C.R.P.*, préfaces, A VII et B XV).

microscopique. La singularité cosmique de Lemaître est décisive à tel point que c'est dans la préface à l'ouvrage qui l'expose que le philosophe suisse Ferdinand Gonseth va montrer comment cette hypothèse permet de surmonter les deux antinomies cosmologiques fondamentales de Kant.

Pour Gonseth[57], l'antinomie kantienne du commencement *(« L'univers a un commencement dans le temps et il est aussi limité dans l'espace »)* peut être surmontée par les géométries non-euclidiennes, comme celle de l'espace elliptique fermé utilisé par Lemaître -nous y reviendrons. L'espace non-euclidien résout l'antinomie du commencement puisqu'il est sans limites. Quant à l'antinomie de l'origine *(« Le monde n'a ni commencement dans le temps, ni limites dans l'espace »)*, la considération quantique de l'espace et du temps comme « *des notions globales et valables seulement à la façon des moyennes statistiques »,* réduit le monde à une seule particule d'où sortent progressivement temps et espace sous l'action des forces gravitationnelles. L'antinomie de l'origine se résout donc par la possibilité qu'offre l'hypothèse de la singularité cosmique de sortir du champ des catégories kantiennes de l'espace et du temps[58].

Ferdinand Gonseth voit juste quand il indique sans la nommer la dépendance de Kant à l'égard de la géométrie euclidienne à trois dimensions qu'utilise le système de Galilée-Newton. Or, cette géométrie euclidienne, qui produit un espace et un temps absolus, est désormais passée de mode, avec l'avènement de l'appareil quantique. Reste que cette démonstration est illustrative de l'enthousiasme propre aux positivistes et aux matérialistes, qui cherchent avant tout à inscrire la naissance de l'univers dans l'évolution de la matière dans le temps. Et les enjeux sont énormes, notamment pour le maintien du principe de l'éternité de l'univers.

En effet, si le *big bang* devenait le commencement absolu de l'univers, il serait le principe, l'*arkhè* indépassable de toutes choses. Passer du principe de l'univers éternel au *big bang* renverserait la perspective cosmologique radicalement. Aussi, la nature étant désormais décentrée par ce nouveau principe sans extériorité, l'univers n'est lui-même alors pensable qu'en tant qu'une conséquence de cette explosion primordiale. Stephen Hawking[59], qui tourne alors en plein positivisme, entrevoit la possibilité d'une telle mutation principielle, à la condition de renvoyer à la métaphysique toutes les discussions portant sur les événements précédant cette explosion primordiale. Ce qui

---

[57] Gonseth, Ferdinand, préface à Georges Lemaître, *L'hypothèse de l'atome primitif, essai de cosmogonie*, Neuchâtel, Éditions du Griffon, 1946, p. 7-23.
[58] *Ibid.*, p 22-23.
[59] Stephen Hawking, *Commencement du temps et fin de la physique ?* trad. Cathérine Chevalley, Paris, Flammarion 1992. Voir aussi du même auteur, *Une brève histoire du temps.*

ne rentre pas dans *l'arkhè* n'est pas, et ce qui est ne peut l'être que dans *l'arkhè*.

Dans la physique des trois dernières décennies, la théorie des cordes, qui s'efforce, avec un certain succès à ses débuts, d'unifier l'infiniment grand de la relativité générale avec l'infiniment petit de la mécanique quantique, a été le modèle de raisonnement le plus consensuel en matière cosmologique : cette théorie *« occupe une place privilégiée dans la quête d'unité et de cohérence, notamment parce qu'elle englobe naturellement toutes les méthodes d'unification imaginées »*[60]. Avec cette théorie, la physique parvient même à un « univers élégant »[61], qui est un modèle où la matière –ou ce qui en tient lieu- raconte une histoire si complexe que le moins qu'on pourrait en dire est qu'elle est aux antipodes de la simplicité du principe d'éternité.

Stephen Hawking, l'une des têtes de pont de ce courant contemporain de la cosmologie du point de vue de la physique, ne peut cependant écarter la question de l'avant sans renier le principe lui-même. La théorie des cordes encore moins : en plus de n'être qu'une théorie encore non éprouvée par l'expérience et sévèrement critiquée dans certains milieux spécialisés[62], elle est *« enveloppée d'un voile mathématique si épais et si abstrait qu'elle défie les talents des meilleurs physiciens du moment »*[63]. Dans tous les cas, comme les échafaudages de Hawking, cette théorie complexe des cordes n'échappe pas à cette observation de bon sens qui veut que ce qui est né dans le temps ait toujours un avant. Or le *big bang* comme principe a un fondement temporel. Quand bien même on les aura renvoyées à la métaphysique, les questions de fond demeurent : qu'y avait-il avant le *Bang primitif* ? Que subsiste-t-il, au-delà du Mur de Planck, que les spécialistes de l'univers subatomique situent à 10^{-43} sur l'échelle du temps, sinon un autre plan de mise en ordre des réalités qui échappent pour l'instant au langage, y compris celui des mathématiques?

À la vérité, le *big bang,* comme principe, ne permet pas une réponse satisfaisante à de telles questions cruciales. La raison n'est pas dans la régression à l'infini, qui fait qu'il y a toujours un avant sur l'échelle du temps et sur celle des causes. Ce qui est en cause, c'est la théorie physique qui a produit le *big bang*: l'espace-temps.

---

[60] Petropoulos, M. (2012). Cordes et théories d'unification. L'éther du 20è siècle ? In *Reflets de la Physique* n°30, pp.12-16, p.14 pour la citation.

[61] Voir Brian Greene, *L'univers élégant. Une révolution scientifique de l'infiniment grand à l'infiniment petit, l'unification de toutes les théories de la physique,* traduit de l'américain par Céline Laroche, Préface de Trinh Xuan Thuan, Paris, Gallimard, 2005.

[62] Sur ces critiques techniques, voir Smolin, Lee. *Rien ne va plus en physique!: l'échec de la théorie des cordes*. Dunod, 2007.

[63] Trinh Xuan Thuan, préface à Brian Greene, *L'univers élégant, op. cit.*, p.16.

Philosophiquement, la théorie de l'espace-temps, comme on le verra, signifie la fin des repères absolus tels qu'ils étaient émis dans la physique classique. Si cette relativité des repères est la norme, il n'y a plus de point fixe d'où partir, et *« il est de même de la position de l'univers à sa création : il n'existe pas de repérage possible dans un espace qui n'existe pas »*[64]. Cette position de l'astrophysicien Michel Cassé montre au minimum comment le *big bang* ne peut tenir dans une théorie de la spatialité du type relativiste, car alors il retourne au principe d'éternité : *« au début il n'y a pas de lieu, il n'y a pas d'espace avant que l'univers ne naisse. Donc l'univers n'est pas né quelque part »*[65]. Et s'il n'y a pas de repère à partir d'où recomposer l'histoire de l'univers, s'il n'y a pas de temps zéro, c'est simplement que l'univers a toujours été.

Au total, Gonseth, pas plus que ceux qui veulent faire du *Bang primitif* le principe, n'a pas pris la vraie mesure de l'introduction des antinomies dans la problématique cosmologique. Gonseth oppose l'argument d'une schématisation et d'une modélisation mathématique, celles de la géométrie non-euclidienne, à l'antinomie du commencement, que Kant place sur le plan plus profond de la critique d'une raison pure qui se contente de « jouer le jeu des représentations » sans se soucier de la présence de l'objet concret *(gegenstand)* ou même de l'objet en général *(objekt)*.

De même, la résolution supposée de l'antinomie de l'origine repose sur le paradoxe absurde d'une autoformation de l'espace-temps dans le temps, là où l'objection kantienne, quand bien même elle est inspirée par l'architecture newtonienne, porte plus fondamentalement sur la question de la condition de la science, qui est l'exhibition *(Darstellung)* de ce par quoi et de ce dont il y a science[66]. Les antinomies débordent le cadre d'une simple discussion provinciale sur les arguments cosmologiques de la métaphysique pour introduire au but même du criticisme : être « la saisie discursive » des concepts et des phénomènes qui émergent et se présentent à la raison pour être connus dans leur exhibition *(Darstellung)*.

Par les antinomies cosmologiques, Kant récuse le constructivisme de la métaphysique pour fixer dans la schématisation des catégories les limites de la science. Comme l'indique Gaston Bachelard (1884-1962), c'est cette

---

[64] Michel Cassé, « De l'impossible accès à la création du monde », in *Pour la science,* n°203, septembre 1994, p.10. Voir, du même auteur, *Du vide et de la création,* Paris, éd. Odile Jacob, 1994.
[65] *Ibid.*, p.11.
[66] Suivre les analyses de Jean Beaufret, *Dialogue avec Heidegger,* T.II, « Kant et la notion de *Darstellung* », Paris, éd. Minuit 1973, coll. Arguments, pp.77-101.

schématisation mathématique d'inspiration newtonienne qui garantit la validité et l'unité du kantisme :

> *« C'est sur le caractère immuable de l'architecture de la géométrie que Kant fonde l'architectonique de la raison. Si la géométrie se divise, le kantisme ne peut être sauvé qu'en inscrivant les principes de division dans la raison elle-même, qu'en* ouvrant *le rationalisme »*[67].

Pour la cosmologie et la science physique qui l'accompagne, la véritable révolution copernicienne du criticisme a consisté à ramener ce principe de connaissance à l'intérieur d'une raison aux prises avec l'expérience. Les antinomies sont donc l'énoncé d'une réforme profonde par laquelle Kant déclame l'oraison funèbre de la science de l'Absolu et fait du relatif l'absolu de la science. Le « nouvel esprit scientifique » dont parle Bachelard[68] est d'origine kantienne, le criticisme traçant pour la première fois la frontière entre un avant et un après, entre une cosmologie de l'Absolu de l'univers, qui dit le monde, et une cosmologie fractale, modestement attachée à ce que l'observation de l'expérience permet d'en dire. Platon et Lemaître se situent de part et d'autre de cette épaisse frontière épistémologique kantienne. Pour autant, discuter de leurs cosmologies, est-ce discuter de deux formulations aux antipodes ? Rien n'est moins sûr.

2. Platon, Lemaître et l'artifice

Toute l'histoire de la cosmologie consiste en une rébellion contre les présupposés qui, à l'intérieur de la pensée touchant à l'origine du monde, poussent sans aucune collaboration de la raison critique. Il y va ainsi du Dieu créateur -on l'a vu avec Aristote et Kant- comme des apories de la raison pure elle-même -on l'a souligné avec la philosophie critique. La remise en question des antinomies de la raison pure permet de prendre l'envergure du principe d'éternité et de repousser l'idée de la naissance de l'univers dans le temps.

---

67 Gaston Bachelard, *Le nouvel esprit scientifique,* 7e édition, Paris, Puf 1960, p.20. Souligné dans le texte.

68 Dans son projet, *Le nouvel esprit scientifique*, appliquant par là l'ouverture du rationalisme désormais possible après Kant, propose une « étude de la philosophie des sciences physiques » (introduction, p.5) où il s'agit d' « un réalisme de seconde position, d'un réalisme en réaction contre la réalité usuelle, en polémique contre l'immédiat » *(idem)* ; d'où « la généralisation polémique qui fait passer la raison du pourquoi au pourquoi pas » (p.6). Cette approche débouche sur « une épistémologie non cartésienne qui nous paraît consacrer vraiment la nouveauté de l'esprit scientifique contemporain » (p.7). Bachelard poursuit cette problématique dans *La philosophie du non, essai d'une philosophie du nouvel esprit scientifique,* Paris, Puf, 1973.

Mais la cosmologie n'avance pas que grâce à ce consensus sur la nécessaire évacuation de ce qui persiste en son sein sans être éprouvé par la démarche critique. Dans sa dissection de l'histoire des sciences, Thomas Kuhn (1922-1996) a insisté sur la différence de rythme qu'il y a entre la science normale, qui résout les énigmes, et la logique des révolutions scientifiques, qui forge de nouveaux paradigmes, par dissidence contre cette science normale. Ces nouveaux paradigmes introduisent de nouvelles manières de percevoir les problèmes, et finalement de nouveaux outils pour résoudre des énigmes[69].

Marquant le bénéfice de cette révolution scientifique pour la cosmologie primordiale, Thibault Damour souligne que

> *« La cosmologie scientifique est l'une des plus fascinantes aventures intellectuelles du vingtième siècle. Elle a été initiée, dans le premier tiers du siècle, par la conjonction des travaux théoriques d'Albert Einstein, Alexandre Friedmann et Georges Lemaître, et des découvertes observationnelles de Vesto Slipher, Henrietta Leawitt et Erwin Hubble (...) À l'heure actuelle, la cosmologie est l'une des frontières les plus actives de la science. Cette frontière et celle d'une large panoplie de moyens d'observations mobilisent, dans leur avance rapide, à la fois toutes les ressources de la physique théorique de pointe (relativité générale, théorie quantique des champs, théorie des supercordes) et d'observation (grands télescopes, satellites, etc.) »*[70].

Soit. Mais ce que Thibault Damour semble oublier dans son rappel historique, c'est que l'histoire de la cosmologie scientifique ne se fait pas uniquement avec la révolution des outils d'analyse et de mesure. Elle est très marquée par l'évolution en tension entre les concepts philosophiques et ceux de la physique théorique et observationnelle, ainsi que par l'introduction des intuitions qui ne reposent sur aucune observation directe de la nature. De ce point de vue, la présente étude rappelle à juste titre que l'évolution de la cosmologie tire largement profit des concepts révolutionnaires introduits par ceux des cosmologues qui font le choix de braver les consensus et d'introduire les « idées folles ». Platon et Lemaître font figures de proue dans le cas d'espèce : ils ont en commun d'avoir reposé, chacun en ce qui le concerne et en son temps, la construction de leurs modèles sur des artifices dont l'introduction modifie profondément le comportement heuristique de la

---

[69] Voir Thomas Kuhn, *La structure des révolutions scientifiques* [1962] Paris, Flammarion, 1982. Kuhn amorce cette tâche critique dans l'étude du cas Copernic, où il revient sur le contexte épistémologique de l'introduction du paradigme révolutionnaire de l'héliocentrisme du système solaire. Voir Thomas Kuhn, *La révolution copernicienne* [1957], Paris, Fayard 1973.

[70] Thibault Damour, préface à Uzan, Jean-Philippe, and Patrick Peter. *Cosmologie primordiale*. Belin, 2015, p.11.

« raison cosmologique ». Car ces artifices permettent de tracer de nouvelles lignes de distinction entre cosmologues : on voit d'un côté des orthodoxes et de l'autre des hérétiques. Pour les distinguer, nous préférerons la dualité réalistes / artificialistes.

Nous nommons réalistes les cosmologues qui, pour décrire l'ordre cosmique, son unité et son évolution, s'en tiennent au comportement de la matière appréhendée dans des cadres épistémologiques fixés par le principe d'éternité et renouvelés par Kant. Les concepts et les lois de la science du réel, la physique, sont ici le seul cadre de raisonnement. L'univers ne serait alors intelligible que d'après un savoir régi par la seule norme physicienne. Ce qui, dans la science de l'origine, ne s'explique pas par les lois de la physique ne s'explique pas autrement : c'est, à peu de choses près, le point de vue de la tradition aristotélicienne, dont Albert Einstein (1879-1955), et Willem De Sitter (1872-1934), à travers l'hypothèse statique et après les physiciens classiques, Newton et Galilée en tête, sont de lointains héritiers.

Au contraire des réalistes, les artificialistes, qui tournent alors en pleine hérésie, introduisent aux côtés de cette légalité physicienne un « artifice » théorique qui provoque et garantit la « traçabilité » de l'univers. Du coup, l'ordre de l'univers ne découle pas exclusivement du seul comportement de la matière cosmique et de la connaissance *a posteriori* que nous en avons. Les artificialistes pensent que les réalités cosmiques, ou tout au moins l'ordre et l'évolution que nous en savons, sont « provoquées », qu'elles seraient le résultat d'une action initiale.

Pour la présente recherche, Platon et Lemaître sont deux artificialistes qui introduisent deux concepts, le démiurge et la singularité cosmique, qui sont des notions hérétiques aux yeux de l'orthodoxie de la physique et de l'épistémologie de leurs époques respectives. Ces paradigmes, en renvoyant à la causalité radicale de l'ordre cosmique, n'introduisent plus à une cause qui causerait sans être causée. On l'a dit : dans le raisonnement cosmologique, Dieu et ses dérivées sont écartés d'emblée. Ce que ces artifices introduisent, c'est l'hétéronomie des causes de l'ordre cosmique, du moment où un facteur extérieur aux lois physiques surgit à côté de celles-ci. Artisanal ou dynamique, ce facteur extérieur, purement rationnel et philosophique, fait de l'univers et de son ordre un effet même de cette hétéronomie. En cosmologie, cette approche place Platon et Lemaître du même côté : celui des hérétiques, qui utilisent les « artifices ».

La cause artisanale fait intervenir un artisan qui n'a pas sur le reste de la réalité primordiale la préséance ontologique : il est contemporain à tous les « êtres » possibles qui constituent cette réalité primordiale, ce qui le disqualifie comme *causa sui*. Il bénéficie néanmoins de la préséance logique : il est le siège de l'intelligence. Cette préséance logique lui permet d'organiser précisément ce qui est sensible et engendré, de mettre de l'ordre dans le désordre des choses qui apparaissent (*ta phainomena*), en observant les normes et les contours des choses qui sont véritablement réelles et qui n'apparaissent pas : les Formes. Depuis cette formulation platonicienne et jusqu'à la réforme kantienne, faire de la cosmologie et de l'astronomie c'est *« sauver les apparences (σώζειν τὰ φαινόμενα) »*, pour reprendre le mot de Pierre Duhem[71].

On voit bien apparaître dans la cosmologie cette dichotomie métaphysique à termes inégaux que constituent les réalités en soi, Idées, ou Formes intelligibles, et leurs copies (les phénomènes). Telle est la position de Platon qui, dans le *Timée*, tire l'ordre cosmique de sa propre philosophie, en revenant de l'ordonnancement d'un dieu-artisan (*demiourgos*).

Quant à la cause dynamique, qui s'appuie sur le double principe d'isotropie et d'inertie par lequel la dualité platonicienne entre le réel et le phénomène est abolie, elle affirme que l'ordre de l'univers tel qu'il nous apparaît n'a pas toujours été. Cet ordre homogène est le résultat d'une explosion primordiale qui a rendu possible l'entrée en scène des phénomènes descriptibles par les lois physiques universelles. Tel est le credo contemporain de l'astronomie et de la cosmologie. On l'a dit : les spécialistes ont baptisé ce moment crucial du déploiement des mouvements conduisant à l'ordre actuel de l'univers du nom de « singularité cosmique », ou, plus prosaïquement, de théorie du *« big bang »*. Si cette position théorique est aujourd'hui quasi-consensuelle et conventionnelle en astronomie et en cosmologie, elle est à ses origines un bouleversement monumental dû à l'hérésie de son inventeur : l'abbé Georges Lemaître, contemporain d'Albert Einstein, dont il combattra les positions sur ce point avec succès, notamment par une forte mathématisation de ses hypothèses et par une articulation de la mécanique relativiste et de la mécanique quantique.

S'ils sont inscrits dans des logiques de raisonnement inconciliables du fait de leur positionnement de part et d'autre de la ligne tracée par Kant, Platon et Lemaître s'inscrivent dans la longue durée de la cosmologie du côté des artificialistes. L'enquête s'attardera sur ce point sans s'en tenir cependant à l'exposé du caractère « hérétique » de leur approche de la question cosmologique ; ni même exclusivement, à travers eux, à une évaluation critique des ressources philosophiques de la physique classique telles qu'elles apparaissent dans la cosmologie (post) platonicienne.

---

[71] Pierre Duhem, *L'aube du savoir, épitomé du système du monde,* textes établis et présentés par Anastasios Brenner, Paris, éd. Hermann, 1997, p.29.

Cette recherche inscrit cette « hérésie » elle-même et finalement cette confrontation Platon/Lemaître dans l'ensemble des catégories et des « comportements » cosmologiques (l'unité de l'univers, le rapport des cosmologies étudiées à la philosophie ou aux systèmes physiques, etc.) telles qu'elles se forgent et s'imposent à travers l'histoire de cette discipline. Le procédé est celui de la comparaison linéaire : on enquête, chez Platon et Lemaître, sur la singularité des théories et des postures élaborées ou adoptées pour démontrer cette apparition de l'ordre cosmique par l'introduction d'un autre facteur (démiurgie ou singularité cosmique) aux côtés des lois physiques ou des intuitions astronomiques contextuelles. Par ce procédé, l'enquête met en lumière les cheminements de Platon et de Lemaître, qui ont alors en commun de refuser d'être prisonniers de l'état des savoirs de leurs époques spécifiques. On se situe donc en deçà de cette communauté du principe philosophique de l'artificialité et de l'hétéronomie des sources rationnelles de l'ordre de l'univers pour mieux en éclairer les destins singuliers. En clair, l'étude repère et analyse les origines, les développements et les enjeux ainsi que les confrontations à distance qu'implique pour Platon et Lemaître ce principe philosophique d'un univers dont l'ordre n'a pas toujours été.

3. Objections et oublis abusifs

Pour autant, la tâche n'est pas simple, le démiurge de Platon et l'atome primitif de Lemaître ne bénéficiant pas, comme nous le prétendons, du statut de « concepts révolutionnaires » aux yeux de la cosmologie contemporaine notamment. Il est même reproché à Platon d'avoir retardé la cosmologie, en partie par l'introduction de la démiurgie.

En effet, en ramenant le divers du monde sensible aux normes des Idées ou des Formes pour lui conférer un sens par l'intelligence du dieu-artisan, Platon impose la préséance de la raison portée vers des explications purement mathématiques. Ce faisant, il ferme la voie de l'expérimentation et de la cosmologie observationnelle, ouverte par Thalès de Milet sur qui nous revenons plus loin, et qui trouvait le principe de l'univers dans l'eau. De ce fait, la démiurgie platonicienne serait anti-observationnelle : Platon *« ne cherche pas à comprendre la nature par l'intermédiaire des mathématiques, mais à remplacer la nature par les mathématiques »*[72]. De même, Jacques Merleau-Ponty ne voit dans la singularité cosmique de Lemaître qu'un retour au finitisme aristotélicien, et de surcroît tel qu'il a été christianisé par la scholastique - on l'a vu en début de cette introduction. Ce procès en religion

[72] Jean-François Robredo, *Du cosmos au big bang, la révolution philosophique,* Paris, P.U.F. 2006, p.13..

revient comme un refrain : pour les scientifiques, Lemaître, savant et prêtre, est encore coincé entre *« fiat lux et big bang »*[73].

Il y a plus grave : la contribution de Georges Lemaître à la théorie du *big bang* a même été ignorée pendant longtemps par des historiens de la physique et de la cosmologie. Le paradigme de l'univers dynamique et en expansion a une histoire qu'on remonte très souvent à la découverte, en 1965, du fond cosmique de rayonnement millimétrique à 3°K par Arno Allan Penzias et Robert W. Wilson. Cette thèse, non conforme à la genèse épistémologique et historique de la théorie, est même partagée par des astrophysiciens parmi les plus sérieux. Ainsi, Steven Weinberg, prix Nobel de physique, présentant dans la préface le projet de son livre de bonne vulgarisation sur l'origine de l'univers[74], s'exprime en ces termes :

> « *L'étude de ce livre porte sur le commencement de l'univers et en particulier sur la conception nouvelle de l'univers primitif à laquelle a donné naissance la découverte du fond cosmique de rayonnement millimétrique* »[75].

Cette restriction conduit, dans le texte de Weinberg, à une fâcheuse impasse sur l'ensemble des travaux théoriques décisifs effectués par Lemaître entre 1925 et 1945, et qui sont d'ailleurs à inscrire dans une dynamique de discussions et de polémiques orchestrée dans le monde de la physique relativiste à partir des travaux cosmologiques d'Einstein en 1917. Or, en prenant en compte ces discussions, le rayonnement fossile de 1965 auquel on se réfère pour fonder la cosmologie dynamique ne constituera lui-même qu'une confirmation interne à la théorie de l'expansion déjà établie au préalable par Lemaître. On voit alors que le travail de « *présentation cohérente des développements les plus récents de la cosmologie* » que prétend faire Steven Weinberg exige que l'attention soit recentrée, comme nous le ferons dans cette étude, sur les débats fondateurs de mise en place du modèle théorique du *big bang*. Avant d'indiquer les grandes articulations de notre parcours dans ce sens, il nous faut lever certains des points excessifs de ces critiques adressées à Platon et à Lemaître.

Même si cela peut paraître laborieux, la présente étude s'oppose à l'idée que Platon aurait trahi la cosmologie observationnelle par une forte mathématisation de son approche. Ce reproche est excessif, le succès de la

---

[73] *Ibid.*, p. 112 et ss. Voir, du même auteur : *Les idées cosmologiques de Lemaître entre science et religion*, Séminaire à l'observatoire de Meudon, janvier 1993.

[74] Steven Weinberg, *Les trois premières minutes de l'univers*, trad. franç. de *The first three minutes* (1977) par Jean-Benoît Yelnik, Paris, Seuil, 1978.

[75] *Ibid.*, p. 8. Le texte ignore, en toute logique, les travaux cosmologiques antérieurs à 1965 : dans ses « suggestions bibliographiques » sont oubliés les travaux cosmologiques de Lemaître.

cosmologie contemporaine étant lié en bonne partie à un retour en force des mathématiques telles qu'elles ont été introduites dans les recherches cosmologiques par Platon. Dire que Platon a remplacé la nature par les mathématiques, c'est, au fond, l'écarter de la cosmologie observationnelle issue de Thalès et d'Aristote. Suivre la dialectique platonicienne de la connaissance et ses effets sur la longue durée de la pensée cosmologique permettrait de l'y « réintroduire », et de lever ainsi le procès en détournement de la dynamique de l'astronomie observationnelle.

Il ne faut pas exagérer l'importance des mathématiques dans l'épistémologie de Platon : les mathématiques sont un stade intermédiaire de la connaissance, qui a pour visée et pour dépôt propres l'Idée. Cela est vrai sur les deux plans de la connaissance platonicienne : d'une part l'éducation, faite pour le grand nombre, et, d'autre part, l'astronomie, science aride réservée au petit nombre d'initiés qui ont réussi *« à pénétrer la nature de l'univers »*[76].

Du point de vue de l'éducation et sur ce cheminement du savoir qu'est l'ascension vers l'Idée, les mathématiques désignent la systématisation et la conceptualisation rigoureuses des *mathemata,* c'est-à-dire des « choses qu'on peut apprendre ». Abstraction du divers des choses qui apparaissent (*ta phainomena*), les mathématiques sont donc un instrument sur le chemin vers l'étant véritable, c'est un outil de la méthode (*metho odos,* route ou chemin vers), et non son but. Platon lui-même dit de la géométrie et des « arts qui en dépendent » qu'*« ils ne font encore que rêver ce qui est réellement et qu'il leur sera difficile de voir comme dans l'état d'éveil aussi longtemps que, dans leur recours à des hypothèses, ils les abandonneront à leur inertie sans être capables d'en rendre raison »*[77].

Cette limitation des mathématiques découle de leur fondement *hypotheton,* autrement dit, d'une position encore entachée de sous-entendus. En fait, note encore la *République,* si les mathématiques raisonnent à partir des hypothèses (du grec *hypo stasis,* tenu en dessous) c'est donc qu'elles partent des principes qu'elles ignorent. Dès lors,

> *« s'agissant en effet de cela qui a pour point de départ ce qu'il ne connaît pas, et dont le point d'arrivée aussi bien que les étapes intermédiaires se trouvent enchaînés à un terme qui lui demeure*

---

[76] Platon, *Timée,* 27 a.

[77] Platon, *République,* 533 b-c. Traduction inédite, introduction et notes par Georges Leroux, Paris, GF Flammarion, 2002, p. 387-388. Cette connaissance des mathématiques est, selon Beaufret qui commente ce point, *« un clair-obscur proprement lunaire qui est leur éclairage propre »* (Jean Beaufret, *Dialogue avec Heidegger, T. III, Approche de Heidegger,* Paris, éd. Minuit, 1974, p.27).

inconnu, quelle mise en œuvre pourrait jamais faire de pareil assemblage une science ? »[78].

Cette question implique que l'enquête sur la causalité du monde, qui traverse plusieurs dialogues de Platon[79] et se cristallise dans le *Timée,* doit dépasser le plan des mathématiques. C'est dans la figure de la Forme (ou Idée) que culmine la dialectique platonicienne de la connaissance vraie : « *epistemè* [savoir véritable] *est bel et bien méta-mathématique, car, dit Platon,* μετα ταυτα[80] ; *même* après *s'être exercé aux mathématiques, reste encore à s'élever jusqu'à une lumière plus haute. »*[81]

Si les mathématiques permettent dans l'éducation de soustraire le grand nombre aux apparences et de le tendre vers l'abstraction, elles ne remplissent pas la même fonction dans l'astronomie platonicienne. Dans le *Timée* en effet, les mathématiques constituent une sorte de passage, de pont entre le sensible et l'intelligible. La fonction des mathématiques est alors d'unifier et de simplifier, de réduire la complexité du réel. En astronomie platonicienne, les mathématiques permettent de trouver les motifs qui se répètent dans la réalité, de réduire la multiplicité à l'unité, bref, de penser le même de l'univers. Pour autant, si le *Timée* mathématise ainsi la cosmologie, il ne réussit pas à réduire la cosmologie aux mathématiques, comme le prétendent certains cosmologues contemporains.

En effet, dans la figure de la Nécessité *(anankhè)* persistent le non mathématique et le non mathématisable en astronomie. En ne s'expliquant ni par les mathématiques ni par tout autre outil, la Nécessité constitue un aspect de l'univers qui échappe à la raison mathématisante. La causalité platonicienne est ainsi bornée par cette soustraction de la Nécessité aux mathématiques. Les cosmologues et les historiens des sciences qui accusent Platon de mathématisation de la nature commettent un paralogisme : ils portent sur le raisonnement platonicien, limité par la Nécessité, des jugements qui conviendraient au système de Leibniz par exemple, où rien n'échappe à la causalité[82].

Il s'ensuit que dans le *Timée* de Platon, les mathématiques, et partant la connaissance des apparitions dont elles thématisent la nature et la clarté, ne

---

[78] Platon, *République,* 533 c, *ibid, op.cit.,* p.388.

[79] Objet principal du *Timée* que nous allons étudier dans ce livre, la causalité du monde est aussi abordée dans *Phédon* 98c et 99b ; *Philèbe* 27b ; *Lois* 1089 e.

[80] Platon, *République,* 516 b.

[81] J. Beaufret, *Dialogue avec Heidegger, T. III, op.cit., idem.* Souligné dans le texte.

[82] Sur ce point, voir Gnassounou, B. (2013). Causalité, puissance et lois de la nature chez Leibniz. *Revue d'histoire des sciences, 66*(1), 33-72 et Jolley, N. (1998). Causality and creation in Leibniz. *The monist, 81*(4), 591-611.

sont pas le fondement de la cosmologie encore moins le *substratum* de la nature elle-même. Comme dans l'éducation où elles sont une propédeutique, les mathématiques sont un instrument de clarification de la nature. Avec elles, on n'est pas encore au port : on reste sur le chemin du fondement de la véritable connaissance qu'est la philosophie. Platon n'a donc pas ramené la cosmologie aux mathématiques, qui constituent un pont entre le diffus et l'intelligible, le complexe et le simple.

Il est alors plus exact de dire que, comme pour toutes les connaissances, le fondement véritable de la cosmologie se trouve dans l'adéquation de la saisie des apparitions, objet des mathématiques, à ce par rapport à quoi il y a ce cheminement lui-même : la science des Idées qu'est la philosophie, et dont le réel invisible est la figure. Comme conséquence, la division platonicienne du monde en « deux blocs » irréductibles que sont le monde des Idées réelles et invisibles et le monde des apparences irréelles et visibles que fixent et subsument les concepts mathématiques, va traverser l'histoire de la cosmologie observationnelle.

En effet, jusqu'à Galilée, l'imaginaire de l'astronomie et de la cosmologie reposera sur cette division platonicienne qui, après sa reformulation aristotélicienne, va introduire une opposition entre les lois de ce qui se passe dans le ciel et les lois qui régissent ce qui se passe sur terre. On voit bien qu'en astronomie, l'importance de la démarche platonicienne dépasse et compense largement les effets d'un simple détournement du regard vis-à-vis de l'optique observationnelle. Historiquement, l'un des meilleurs hommages à cette importance de Platon se trouve dans un vieil essai sur l'histoire de la science grecque écrit par J.L-Heiberg[83], dont Auguste Diès reprend ici le propos au tout début d'un essai tout aussi important consacré à la même époque :

> *« Platon a peu de sens pour les sciences naturelles. Mais, si nous n'avons, de ses travaux personnels dans le domaine mathématique, que des traces bien rares et bien suspectes, il n'en a pas moins eu, sur le développement des sciences exactes, une influence considérable. Par la formation logique donnée à ses élèves : la construction systématique de la mathématique élémentaire lui doit « son exactitude et sa finesse ». Par le développement de la méthode analytique : les découvertes qu'en tireront aussi bien Eudoxe que Léodamas sont dues, en tout premier lieu, à l'impulsion du maître. Enfin, par la façon neuve et féconde dont Platon a su poser le problème astronomique : quelles combinaisons de*

[83] J.L-Heiberg, *Naturwissenschaften und Mathematik im klassischen Altertum,* in-16, 102, Leipzig, Teubner, 1912.

mouvements simples faut-il établir pour expliquer les mouvements apparents des planètes ? »[84]

Une telle perspective donne à voir combien toute la cosmologie est redevable aux formulations platoniciennes. En cela, les hypothèses cosmologiques contemporaines retournent vers cette mathématisation platonicienne de la médiation entre les Formes intelligibles et les phénomènes. De ce point de vue, la forte mathématisation de la recherche cosmologique devant la complexité même du réel appréhendé à partir de l'univers subatomique par l'approche quantique de la matière, si elle n'est pas une poussée vers les Formes intelligibles, est une (re) mathématisation de la perception cosmologique du monde. Depuis l'introduction du principe d'incertitude de Werner Heisenberg et du concept de l'univers « fractal » par la théorie quantique, les probabilités et les suppositions algébriques sont devenues, d'un point de vue technique, le seul repère devant la modification de la « phénoménologie » de la réalité qui renverse la notion même de « vérité scientifique ».

La cosmologie, suivant en cela la révolution des idées en physique, a densifié le domaine de la rationalité, faisant fi de l'expérience massive. Le temps du « pourquoi pas » dont parlait Bachelard à propos du nouvel esprit scientifique s'accompagne d'une propension au possible et au non-empirique, qui prennent justement le pas aujourd'hui sur cette obsession des certitudes observationnelles qui furent pendant longtemps le propre de la physique anti-platonicienne. On parle même de révolution philosophique de la physique, dont les tenants, comme Heisenberg et Böhr, trouvent dans la description platonicienne de la matière la figure la plus adéquate de l'expression quantique de la réalité. L'ère de la science du relatif ouverte par Kant suit son cours, avec une surprise de taille : le retour et le rachat explicite de la théorie platonicienne de la matière, fortement mathématisée, par les physiciens quantiques contemporains[85].

Ces redevances platoniciennes de la physique contemporaine permettent de raccorder la cosmologie de Lemaître, qui s'est largement inspirée de cette théorie quantique, à cet héritage du *sens mathématique* de la cosmologie platonicienne. La cause dynamique qu'introduit Georges Lemaître, si elle ne platonise pas, est fortement mathématisée. Pour autant, elle ne perd pas de vue son ambition essentielle : éclairer l'origine, la nature et l'unité cachées des

---

[84] Auguste Diès, *Autour de Platon. Essai de critique et d'histoire,* Paris, Société d'édition « Les Belles Lettres », 1972, Livre I, « Les voisinages », chap.1, p.3-4.

[85] Voir, par exemple : Niels Böhr, *Physique contemporaine et connaissance humaine,* Paris, Gonthiers Médiations, 1964 ; Werner Heisenberg, *Physique et philosophie, la science moderne en révolution,* traduit de l'anglais par Jacqueline Hadamard, Paris, Albin Michel, 1971.

différentes choses perçues. Dans ce commerce entre mathématiques et apparitions, qui court depuis Platon, on retrouve un principe que Jacques Merleau-Ponty applique à toute la Théorie physique : « *la Théorie physique est un discours mathématisé, mais non un discours mathématique parce que la référence au monde réel et à l'expérience lui est essentielle* »[86].

En somme, voici ce qui permet de lever l'hypothèque d'une mathématisation platonicienne de l'ordre cosmique qui serait anti-observationnelle : dans sa connaissance des choses mobiles, Platon a placé les mathématiques au centre du dispositif. Ce qui lui permet, dans la science des choses fixes (les Formes intelligibles), de conceptualiser ces « apparences » sans avoir ni à trahir son attachement à la science de l'être en tant qu'être, ni à constituer une critériologie épistémologique *ad hoc* pour aborder les phénomènes. Même si elle ne vise plus l'Absolu comme Platon, la cosmologie contemporaine rejoint ce souci des « arrière-mondes » en dépassant le plan empirique et le plan du raisonnement orthodoxe de la physique elle-même. En s'attachant ainsi à la mathématisation *contre* l'expérience usuelle, la théorie dynamique introduit une révolution philosophique qui, si elle n'est pas tout à fait un retour à Platon, constitue néanmoins un recours à cette suspicion radicale de l'expérience qui, dans la dialectique platonicienne de la connaissance, échapperait à la science, n'eût été l'abstraction mathématique.

Pour autant, cette étude n'est pas une enquête sur les redevances platoniciennes de la cosmologie contemporaine. Il s'agit, beaucoup plus en profondeur, de répondre à cette question : *quel est le destin de la question cosmologique chez ces deux usagers des artifices que sont Platon et Lemaître ?*

4. Plan de l'étude

Pour que les réponses à cette interrogation se nourrissent des considérations jusque-là élaborées et examinées, il faut aborder les modèles cosmologiques ainsi étudiés en tenant compte de *leur rapport différent à la raison cosmologique,* elle-même portée par l'évolution des outils : la théorie physique et les instruments de l'observation du réel. En outre, traiter ainsi du destin de la question cosmologique, c'est toucher aux visées propres de cette quête elle-même : inscription des « apparences » dans la dialectique de la connaissance, pour Platon, et, pour Lemaître, dépassement de l'approche réaliste qui a conduit notamment à une conception statique de l'univers, impertinente, à ses yeux, pour être adéquate avec la révolution théorique (relativité et théorie des quanta). Plus fondamentalement, l'enjeu majeur de

[86] Jacques Merleau-Ponty, *Leçons sur la genèse des théories physiques, Galilée, Ampère, Einstein,* Paris, Vrin, 1974, introduction, p. 9.

cette étude est de dire que, même s'ils sont différents et révolutionnaires, ces objectifs internes propres aux modèles s'inscrivent dans les *lieux communs (common land)* de la recherche cosmologique. Ce que cible l'étude, c'est la profondeur de cette longue durée cosmologique où se forgent ces lieux communs : le but du livre est alors d'établir la continuité des enjeux de Platon à Lemaître, en indiquant comment les préoccupations sont les mêmes -écrire l'origine et l'ordre de l'univers à partir d'un artifice placé en amont comme hypothèse principale, résoudre l'énigme du commencement de l'univers par la confrontation de cette hypothèse avec les canons de la théorie explicative. Cette cosmologie comparée exige que Platon et Lemaître, dans leur quête et leurs innovations, soient explorés en articulant leurs particularités aux cadres épistémologiques dans lesquels circule la connaissance cosmologique à travers son histoire.

Ces cadres, ce sont : la formulation du thème du monde, les apports de la théorie physique à l'appréhension de ce thème, et les impacts de cette appréhension différenciée sur les configurations que nous livrent les modèles cosmologiques. On en vient donc à un exposé en trois étapes. La première étape tente d'inscrire Platon et Lemaître dans une dimension qui les dépasse et les lie : la thématisation de la question cosmologique. En effet, la question liminaire de l'étude est celle-ci : comment le problème de l'origine de l'univers en est-il venu à se poser en termes cosmologiques ? La première exigence théorique d'une enquête sur le destin de la question cosmologique chez Platon et Lemaître est donc d'établir comment et pourquoi *l'unité cosmique, qui introduit la régularité et l'unicité dans le principe de l'éternité de l'univers, est le fondement thématique de toute cosmologie.* Cette exigence est la tâche théorique assignée à la première partie, qui traite de la thématisation, à travers deux lignes : l'horizon de la thématisation chez Platon, qui recueille des présocratiques le thème de l'unité cosmique (chapitre premier) pour lui donner une courbure plus conforme à sa propre théorisation philosophique (chapitre deuxième).

Mais si l'œuvre de Platon, malgré la filiation à Empédocle d'Agrigente (490 à 430 environ avant J.-C.) et à Anaximandre, ne revendique pas explicitement de devancier, l'horizon thématique de la cosmologie de Lemaître est redevable d'une reformulation du thème de l'unité à partir de la démarche post-platonicienne, notamment grâce aux possibilités théoriques offertes par la *Métaphysique* et la *Physique* d'Aristote. À cela s'ajoute la critique galiléenne du mouvement aristotélicien, critique qui, en s'articulant à d'autres découvertes (poussée d'Archimède, héliocentrisme du système solaire copernicien, etc.), ouvre la voie au principe d'inertie et à la théorie de la gravitation, avec leurs conséquences décisives pour l'outillage nécessaire à la cosmologie du *big bang* que formulera Lemaître des siècles plus tard. Toutes choses établies par le second moment de la thématisation (chapitre troisième).

Par suite, l'enquête s'interroge sur les apports des théories explicatives à l'appropriation, par Platon ou Lemaître, de ce principe d'unité cosmique. L'étude énonce donc en second lieu que : la théorie physique est le cadre d'appréhension technique de l'univers primordial. La particularité de Platon est alors de déroger à cette règle en inscrivant la théorie « physique » elle-même dans une théorie de la connaissance métaphysique plus large qui place la construction de l'ordre cosmique sous le « contrôle » du démiurge. Avec Lemaître se poursuit cette hérésie, mais sous d'autres termes : l'introduction de l'atome primitif déstabilise le dispositif de la théorie physique en mettant du mouvement dans ce qui n'était jusque-là que des régularités dues à la législation physicienne, sans aucune vérification expérimentale possible. Aussi, le chapitre quatrième prend-il en charge la question du démiurge et de la théorie platonicienne du monde sensible, en montrant en quoi, conformément à sa problématique métaphysique, la physique n'est qu'une ressource *ad hoc* du système. Ce qui n'est pas le cas pour Lemaître : même si l'introduction de l'hypothèse de l'atome primitif reste une dérogation corrosive pour la pensée physique de son temps, la prise en compte de la théorie de la relativité et de la mécanique quantique vont être les principales ressources des constructions de Georges Lemaître touchant à l'univers primordial (chapitre cinquième). Mais comment ces « hérésies » dans la méthode et le choix des outils de recherche bouleversent-elles les formulations standards jusque-là admises au sujet de l'univers primordial ? Cette question est au centre de la troisième étape de l'étude. Il s'agira de déduire les configurations cosmologiques révolutionnaires de Platon et de Lemaître des usages particuliers des théories et des effets de système que ces dérogations ont portés aux habitudes de pensée. Si le chapitre sixième se charge de décrypter la figure d'un univers platonicien fortement mathématisé, le chapitre septième apporte les détails sur le modèle dit de singularité cosmique de Lemaître.

PREMIERE PARTIE
DE LA THEMATISATION

> « *La philosophie est un* phénomène historique. *Elle émerge dans un certain contexte, à partir d'un besoin ressenti pour la première fois dans ce contexte : celui d'être en possession d'un certain type de réponses à certaines questions, par exemple des questions relatives à l'origine du monde tel que nous le connaissons. Il serait évidemment très effrayant de vivre dans un monde où le comportement des choses, notamment s'il affecte notre vie, nous serait complètement inintelligible* »[87]

Parler de thématisation, c'est une manière de se fixer, dès le début de cette étude, sur l'origine et la teneur des repères épistémologiques qui opèrent au cœur des théories cosmologiques que nous allons aborder. La question que pose la thématisation est en effet celle-ci : *d'où procèdent* les principes cosmologiques de Platon et de Lemaître ? On entend ici que thématiser, c'est apporter ou proposer ce qui est d'avance posé (ici l'Univers, le Tout) au langage, à la formulation intellectuelle. C'est constituer le thème cosmique comme domaine ou concept possible et spécifique. Comment le thème cosmique advient-il à Platon et à Lemaître ? Méthodologiquement, répondre à cette question a un double intérêt. D'abord, cela nous invite à replacer le thème cosmique dans la conjoncture de son « irruption » et de sa signification, dès la Grèce antique, comme cadre de la prospection cosmologique. Cette réinscription dans l'« époque » permet ensuite de penser et d'insérer l'invention de la démiurgie et de l'atome primitif dans la longue durée de la théorisation cosmologique comme des concepts révolutionnaires.

D'où il suit que cette enquête liminaire sur l'origine du thème cosmologique, par-delà un retour sur ceux qu'on nomme conventionnellement les présocratiques, couvre les domaines de connaissance et les cosmologues auxquels Platon et Lemaître ont eu recours pour s'engager comme penseurs hérétiques dans la question de la problématique du monde matériel comme processus de génération et d'organisation. Thématiser, pour Platon et Lemaître, c'est prendre l'univers dans la radicalité même de son principe et de son apparition, en cernant ce qui, avant même les outils techniques qui lui sont consacrés ou qui le consacrent, le fait tenir non seulement comme thème, mais également le constitue en domaine propre et autonome de la rationalité

---

[87] Michaël Frede, « Figures du philosophe », contribution à Jacques Brunschwig, Geoffrey Lloyd (dir.), *Le Savoir grec. Dictionnaire critique,* préface de Michel Serres, Paris, Flammarion 1996, p.39-56 ; p. 39 pour la citation. Nous soulignons.

scientifique. Il y a plus : la thématisation de la cosmologie précise, comme par avance, les cadres épistémologiques, les modalités et attentes opératoires de son discours, elle dit ce qui en sous-tend la vérité et la rationalité.

De ce point de vue, la question centrale de la thématisation est celle-ci : comment le problème de l'univers en est-il venu à se poser en termes cosmologiques ? La première préoccupation de cette étude est de répondre à cette question épistémologique et philosophique fondamentale, qui transcende et irradie toutes les théories « scientifiques » sur l'origine de l'univers. Il est en effet nécessaire de formaliser ce que nous nommerons l'horizon thématique de la cosmologie. Autrement dit, de voir comment l'univers, comme idée et comme représentation de la totalité de ce qui est, a été arraché à la fantaisie de la mythologie et des cosmogonies pour devenir, dans la problématique de l'origine des choses qui apparaissent, l'objet et le concept possible d'un discours rationnel et partant universel. Il ne s'agit donc pas d'un retour sur un acte de passage ordinaire des représentations fantaisistes à la science du monde, mais d'une enquête sur les fondements et les conditions épistémologiques de possibilité du problème cosmologique. Nous énonçons que cette genèse logique du paradigme d'un univers qui apparaît dans le temps, qui aurait de fait son histoire propre, cet acte épistémologique primordial de formuler une architectonique pour le savoir de l'univers renvoie en tous points au postulat fondamental de la cosmologie qu'est *l'unité cosmique*.

Par unité cosmique, cette étude entend : que, par-delà la multiplicité des choses qui apparaissent en son sein, l'univers se ramène à un ou à des éléments premiers et fondamentaux. Ainsi, l'univers présenterait une unité sous-jacente sur laquelle reposeraient toutes les conceptions rationnelles possibles, qu'elles soient philosophiques, scientifiques, religieuses ou politiques[88]. De cette unité sous-jacente découlerait aussi le désordre observé au sein de cette multiplicité qu'est le monde apparent et sensible (la *doxa* platonicienne)[89].

Comme paradigme, cette unité permet d'énoncer que la cosmologie ne peut être science que de l'ordonnancement d'un univers autrement désordonné, et qu'on doit réécrire en suivant les principes rationnels qui caractérisent les éléments premiers. Comme on le verra, ce principe d'unité remonte aux présocratiques. Son importance est de rendre la recherche cosmologique possible pour l'entendement humain. En effet, grâce à ce paradigme de l'unité, l'univers peut être désormais décrypté par notre intellect, à qui seraient ainsi

[88] Sur ce point, voir Lachièze-Rey, M. (2020). *Initiation à la Cosmologie-5e éd.* Dunod.
[89] Voir Platon, *République,* VII.

reconnus *« les moyens de se soustraire à l'emprise insidieuse, car omniprésente, du multiple »*[90].

Aussi, même en portant essentiellement sur l'ensemble des déclinaisons de la thématisation du problème cosmologique telles qu'elles apparaissent chez Platon et Lemaître, cette première partie de l'étude revient en première intention sur la plupart des lectures et réappropriations présocratiques du thème de l'unité cosmique. Ce retour est une « remontée du fleuve » pour coller la cosmologie de Platon à l'ère présocratique de ses sources. En effet, les intuitions présocratiques ne sont pas sans effet technique sur la problématique platonicienne, et on peut en dire autant des devanciers de Georges Lemaître, Aristote et la physique classique en tête. Pour cela même, parler de thématisation et d'unité cosmique, c'est prétendre, par convenance et par principe, que la cosmologie comme science de l'univers trouve son origine chez Thalès[91]. Pour Aristote, cette explication, qui fait reposer la terre « sur l'eau », est bien

> *« la plus ancienne doctrine qui nous a été transmise (...) ; elle suppose que la Terre, du fait qu'elle peut flotter, reste où elle est comme un morceau de bois ou quelque chose d'autre de ce genre (car aucune des choses de ce genre ne demeure en place*

---

[90] Etienne Klein, Marc Lachièze-Rey, *La quête de l'unité, l'aventure de la physique*, Paris, Albin-Michel, 1996, p.11-12. Cette première partie doit beaucoup aux éclairages que les auteurs de ce livre apportent au concept de l'unité cosmique.

[91] Les références présocratiques que nous citerons dans cette étude seront tirées de deux sources qui ont une filiation directe au texte fondateur du philologue allemand Hermann Diels, *Die Fragmente der Vorsokratiker*, Berlin, Weidmann, 1903, et tel qu'il a été augmenté, indexé et référencé dans ses cinquième et sixième éditions, respectivement en 1934 et 1951, par Walther Kranz. D'une part, nous suivons la traduction que donne Jean-Paul Dumont du travail de Diels : *Les Présocratiques,* publié en 1988 à Paris à la Bibliothèque de la Pléiade, après *« près de dix-huit ans de loisirs studieux à en établir l'édition française»*, selon les propres mots de J.-P. Dumont, au début du texte abrégé de cette traduction française de Diels sur laquelle la présente étude s'appuie : *Les écoles présocratiques,* Gallimard, 2e édition, 1991, note à l'édition, p.I). D'autre part, nous considérons aussi le texte de G.S. Kirk, J.E. Raven, M. Schofield, *The Presocratic Philosophers* © Cambridge University press 1957 et 1983, dans sa version française : *Les philosophes présocratiques,* traduction de Hélène-Aix de Weck, sous la direction de Dominic J. O'Meara, éditions universitaires Fribourg Suisse éditions du Cerf Paris, © 1995. Dans les deux cas, le sigle DK (Diels Kranz) indiquera la référence originelle que donne Diels à l'extrait cité. Ensuite, les lettres A, B et C renvoient à la *Wortindex*, le référentiel des indices des notions, noms et sources présocratiques publié en 1952 par Walther Kranz. Dans cette *Wortindex*, la lettre A renvoie aux fragments authentiques, ceux qu'ont tient des philosophes présocratiques eux-mêmes. La lettre B indique les commentaires qu'on doit aux contemporains, élèves, adversaires ou héritiers desdits philosophes présocratiques. Quant à la lettre C, elle renvoie aux références qui ne seront pratiquement pas citées dans ce livre, puisqu'elles regroupent des imitations, des sources douteuses ou apocryphes. Enfin, nous préciserons, dans les textes de J-P Dumont ou de G.S. Kirk et ali., les pages auxquelles correspondent ces recours aux présocratiques.

naturellement à la surface de l'air, elles le font à la surface de l'eau) »[92].

On peut supposer que, en ramenant le Tout à l'eau pour la première fois, Thalès de Milet inaugure aux yeux d'Aristote une recherche sur la causalité radicale de l'univers. Rien n'est moins sûr, car, en même temps, le livre A de la *Métaphysique* ne trouve rien de novateur à cette explication, et laisse même entendre que la formulation thalésienne est un effet de mode dans une époque épistémologiquement dominée par des schèmes de conceptualisation matérialiste. Thalès penserait comme ses contemporains :

> *« La plupart des premiers philosophes pensaient que les principes sous forme de matière étaient les seuls principes de toutes choses ; car la source première de toutes choses existantes, celle dans laquelle une chose prend naissance et dans laquelle elle finit par s'anéantir, étant donné que la substance perdure, mais change de qualité- cela donc, déclarent-ils, est élément et le premier principe des choses existantes, et pour cette raison, ils estiment qu'il n'y a ni génération ni anéantissement absolus, puisque cette nature est à jamais préservée... car il doit y avoir une substance naturelle, unique ou multiple, à partir de laquelle les autres choses sont engendrées, tandis qu'elle-même demeure »*[93].

On aura remarqué, dans sa rhétorique et dans sa construction, que cette énonciation, en plus de la généralisation un peu abusive qui la caractérise, est ouvertement tributaire du substantialisme et de la doctrine aristotélicienne de la causalité tels qu'énoncés à l'introduction de la présente étude. Au lieu d'être un compte rendu neutre, cette schématisation pourrait même constituer la description aristotélicienne du matérialisme thalésien, instituant, par le fait même, un paralogisme en règle à l'égard des présocratiques.

Reconnaissons néanmoins, avec Geoffrey Stephen Kirk et ses pairs, qu'en marge de ces suppositions critiques, deux énoncés décisifs concernant la cosmologie de Thalès nous arrivent par Aristote : *« (1) la terre flotte sur l'eau (comme le ferait un morceau de bois ou quelque chose de semblable) ; (2) le « principe » de toutes choses est l'eau (dans le sens de* ἀρχή *que lui donne Aristote »*[94].

---

[92] *Traité du Ciel,* II, 13, 294a 25-30. Texte cité : Aristote, *Traité du Ciel,* Traduction et notes par Cathérine Dalimier et Pierre Pellefrin, introduction de Pierre Pellegrin, Paris, édition Flammarion 2004, p.271-272.

[93] Aristote, *Métaphysique,* A 3, 983b6.

[94] G.S. Kirk, J.E. Raven, M.Schofield, *Les philosophes présocratiques,* traduction française de *The Presocratic Philosophers* © Cambridge University press 1957 et 1983, par Héléne-Aix de Weck, sous la direction de Dominic J. O'Meara, éditions universitaires Fribourg Suisse éditions du Cerf Paris, © 1995, p.94.

L'enquête liminaire sur les présocratiques que nous mènerons dans cette première partie se construit autour du second de ces deux principes thalésiens. En effet, la réduction du Tout à l'eau est bien une inauguration qui va s'avérer révolutionnaire comme nous tenons à le montrer. Certes, cette inauguration répond très largement aux préoccupations internes au sixième siècle avant notre ère, que les uns ont décrit comme entièrement porté sur des questions météorologiques[95], et d'autres comme marquée par *« l'importance de l'analogie et de la reproduction physiologique »*[96] . Au lieu d'être une hypothèse authentique, le principe de Thalès ne ferait que conceptualiser ce qui est disponible en puissance dans l'époque, si tant est que

> *« Son explication du monde était influencée non seulement par la diversité des traditions héritées des toutes premières versions grecques des cosmogonies quasi-mythiques, mais aussi par une idée proprement cosmologique issue directement, selon toute probabilité, de civilisations situées plus à l'est »*[97].

De telles orientations, nécessaires sans doute à l'histoire des concepts philosophiques et scientifiques, ne seront pas d'une importance principale à cette étape de notre enquête. Comment se pose l'importance de cette inauguration thalésienne dans la présente recherche ? Disons, d'emblée, que ce qui nous préoccupera essentiellement ici, c'est de savoir ce que recèle cette inauguration conceptuelle en termes d'enjeux épistémologiques. Ainsi, cette inauguration consiste, sur le plan des questionnements de la présente recherche, à enserrer et à disqualifier les mythes et les idées reçues pour tenter de connaître et de comprendre la vérité de l'univers par l'observation et l'explication à partir et à travers le comportement des choses concrètes elles-mêmes. Avec l'irruption du concept englobant de l'eau, l'unité cosmique se présente comme un paradigme de rupture, car il s'oppose aux pseudo-explications qui mettent en première ligne la sphère et l'action des dieux- ou de Dieu. L'univers cesse d'être une représentation pour devenir quelque chose d'intelligible, d'explicable par des considérations sur ce qui se passe ici et maintenant. L'unité cosmique est une catégorie intellectuelle et épistémologique pour enserrer le « retour aux choses concrètes », aux choses auxquelles nous avons affaire[98].

---

[95] Par exemple J. Burnet, *Early Greek philosophy,* 4ème édition, Londres 1930) trad. Franç.*L'aurore de la philosophie grecque,* Paris, PUF 1919.

[96] C'est ce que nous expliquent G.S. Kirk et *ali., op.cit.,* chapitre 1., « Les précurseurs de la cosmogonie philosophique », p.7-75.

[97] G.S.Kirk et *ali., ibid.*, p.96.

[98] Afin d'éviter tout rapprochement abusif dû à l'usage des mots polysémiques, nous insistons à dire qu'il faut se garder de lire et d'entendre ce « retour aux choses concrètes » à partir d'une grille phénoménologique, Husserl et ses héritiers ayant fait un large usage de cette expression.

D'une part, ce retour éclaire sur la manière dont la cosmologie platonicienne du *Timée* puise directement dans cette catégorisation présocratique. Et si la démarche et l'argumentaire de Platon sont nourris de sa propre lecture de la configuration de l'univers primordial comme nous ne tarderons pas à le souligner, il colle au plus près de l'héritage présocratique, notamment en gardant le principe d'unité cosmique. Il s'en veut également l'interprète, parce qu'il apporte aux concepts qu'il adopte une vigueur nouvelle en s'appuyant notamment sur les acquis de sa propre métaphysique.

L'attachement de Thalès aux « choses elles-mêmes » n'est ni un empirisme, ni une phénoménologie « avant la lettre ». Elle n'est pas un empirisme : la quête de Thalès consiste à trouver, plutôt que la chose elle-même, le concept des choses, ce qui en constitue le λόγος, la choséité même, au-delà de leur simple apparition. Elle n'est pas non plus une préfigure de la phénoménologie. Après la suspension du monde (εποκη) qui structure la posture philosophique des *Méditations cartésiennes* et des *Ideen*, Husserl réhabilite le vécu (la δοχα originaire). Le « retour aux choses » est le clou de la dernière philosophie husserlienne, celle de l'*Erfahrung und urteil* (*Expérience et jugement*) et des textes posthumes. Comme l'écrira Maurice Merleau-Ponty, Husserl y admet que *« toute réflexion doit commencer par* revenir à la description du monde vécu *(lebenswelt) (...) il fonde la connaissance sur une doxa originaire » (Phénoménologie de la perception,* Paris, PUF 1945, note 1, p.419. Souligné par nous). Mais le Tout doxique husserlien n'est pas le Tout de Thalès. Husserl, et toute la phénoménologie avec lui, vise le monde et sa connaissance comme une totalité pré-ontologique, comme un déjà-là constitué en système. La connaissance est une conséquence de l'éclosion mondaine du pour-soi. Sans cette éclosion, point de monde, point de Tout doxique. En posant ainsi la connaissance du monde comme corrélative à l'éclosion de *l'ex-istant* vers les choses, la phénoménologie nous engage dans un itinéraire post égologique -et donc d'horizon cartésien, la déchéance de l'insularité de *l'ego cogito* étant sa visée. L'enjeu est de résoudre l'énigme de l'être et de la perception. D'inscrire le « regard » du pour-soi dans l'en-soi irréductible et engorgeant que devient l'extériorité, après la proscription de cette conscience représentative qu'était l'*ego cogito*. C'est dire qu'au-delà de Descartes, cette voie phénoménologique n'a aucune pertinence, et ce n'est pas la seule référence qui la sépare du retour aux choses de Thalès. En effet, pour Thalès, il ne s'agit pas d'expliciter le monde, préexistant total, ou d'y inscrire ce porteur de sens qu'est l'ex-istant. Même s'il l'avait voulu, Thalès n'aurait pu, les concepts antiques du Του πάντος et du λόγος laissant peu de place à toute égologie, qui ne va jaillir que longtemps plus tard, au cœur de la philosophie cartésienne qui est une philosophie de l'identité et de la logique, contrairement à la pensée grecque antique portée vers le dévoilement des choses (Αληθεια). La quête de Thalès vise à observer le Tout pour en écrire les concepts unifiC. L'enjeu est de définir les conditions d'une connaissance objective de ce qui apparaît. Thalès est un fabricant de concepts astronomiques qui veut échapper aussi bien aux idées reçues (mythologies et cosmogonies naïves) qu'aux cadres non attestés par les faits et aux abstractions qui n'ont plus de prise sur l'étant. Il va aux choses en savant et en poète du réel. Si l'expérience phénoménologique issue du « retour aux choses » est sémiologique, celle de Thalès est épistémologique (au sens de επίστημή, science éprouvée). Thalès retourne aux choses pour en trouver l'ordre et l'unité sous-jacente. L'enjeu de sa quête, c'est la rationalisation de la connaissance de toutes choses *matérielles*, ce qu'on appellera plus aisément le monisme du principe d'explicitation du réel. En cela, Thalès inaugure la « tradition scientifique » sur la connaissance cosmologique, dans laquelle s'inscrit la présente étude, qui a cependant une prétention essentiellement philosophique.

D'autre part, nous montrerons que ce « retour aux choses concrètes » inscrit la cosmologie contemporaine elle-même dans cette longue histoire et tradition de l'unité cosmique dont elle est l'héritière. Car cet héritage ne « rebondit » pas que de manière purement symbolique et anecdotique sur les concepts que manipule Georges Lemaître, l'inventeur de la théorie du *big bang*. En effet, même si sa cosmologie est fortement mathématisée, soucieuse de vérification et de mesure, il est philosophiquement toujours question, avec Lemaître, de chercher l'origine et le sens du monde à travers ses éléments fondamentaux. Certes, le « tableau de chasse » ne montre plus la terre d'Athènes ou le mouvement des astres dans le ciel. Les éléments qui s'affichent sur ce tableau sont cette fois de nature subatomique et quasi-mathématique. Mais le temps, le renouvellement et la variation des outils, des concepts et des disciplines sont sans effet sur les problèmes philosophiques de fond qui, depuis Thalès, demeurent communs à toute recherche cosmologique. Avec Lemaître, il est toujours question d'expliquer le monde par lui-même.

Voici donc ce qui va constituer la trame des investigations de cette première partie : cette observation sur « le tableau de chasse » montre une différence quasi-irréductible entre les outils et les échelles, et qui n'est pas liée qu'à la distance dans le temps, mais aux perspectives et aux attentes internes aux systèmes philosophiques à bord desquels « naviguent » les deux cosmologues. Ce constat condamne les investigations à un effort de comparaison qui ne peut être que linéaire et parcellaire entre savants et époques astronomiques distants à plusieurs égards. En même temps, l'identité des problèmes à résoudre et le recours constant au principe d'unité cosmique, repérable chez Platon et Lemaître, incite à garder les mêmes objectifs philosophiques d'enquête (clarification de la rupture d'avec le mythe, construction des concepts explicatifs, ressources épistémologiques et historiques, etc.). Dans leur fondement, les investigations s'informeront dans les déterminations « locales » de l'investissement des savants, attachés au principe d'unité cosmique.

Le thème cosmologique est donc un thème situé, il tire sa vérité et son renouvellement d'un ordre de vérités préexistant au sein duquel il prend corps. Ce que cette première partie de l'enquête sur les origines de l'univers veut tenir d'avance pour vrai chez Platon et chez Lemaître, et par-delà cette « situation » du thème, c'est que l'*unité cosmique est le fondement thématique de toute cosmologie*. D'où l'exposé séparé des motifs et des modalités de la thématisation cosmique chez Platon et chez Lemaître, où s'inscrit l'unicité et l'unité de la source présocratique du postulat de l'unité en cosmologie qu'exposent les trois chapitres liminaires : le principe présocratique de l'unité cosmique (chapitre premier), Platon, héritier et interprète (chapitre deuxième) et l'horizon de l'unité chez Lemaître (chapitre troisième).

CHAPITRE PREMIER
LE PRINCIPE PRESOCRATIQUE DE L'UNITE COSMIQUE

> *« Ce sont les Romains, non les Grecs, qui ont opposé Sagesse et Science, l'unité des deux se retrouvant d'ailleurs dans le verbe savoir qui, bien que de la même famille que Sagesse, signifie aussi la possession de la Science. »*[99]

Ce qui va être mis en lumière dans ce chapitre liminaire, c'est l'essentiel de l'ensemble des problématiques pré-platoniciennes qui, par leur complémentarité, forgent l'unité cosmique. On s'attardera aussi sur leurs destins platoniciens. Non pas que Platon ait, en matière cosmologique, des devanciers. L'écriture de Platon, sur ce point comme sur bien d'autres, a laissé entendre de ses prédécesseurs ce qu'elle a bien voulu, sans jamais se mettre en position de disciple. Mais, dans ce chapitre liminaire, l'origine historique du concept d'unité cosmique reste le point sur lequel articuler une filiation possible de Platon à ceux qui ont, avant lui, travaillé le problème cosmologique. Or, aussi loin qu'on remonte dans le temps, ce qui va rendre possible la systématisation de cette tendance à expliquer l'univers sans le secours des dieux, c'est l'introduction par Anaximandre du principe de l'*Apeiron*. La pertinence de ce concept primordial ne peut être appréciée qu'à la condition de lever l'équivoque du « miracle grec » (1.1), qui voile les conditions de possibilité historiques de l'éclosion de la réflexion cosmologique et les interférences de fond entre les écoles. Substrat primordial abstrait, l'*Apeiron* est le contenant incréé de tous les contenus créés. Du point de vue cosmologique, on peut dire, après avoir décrit le contexte et la portée de la définition des catégories *matérielles* constitutives de l'univers qu'on doit à Thalès de Milet, que l'*Apeiron* offre la première possibilité de *configurer concrètement* un univers naissant sans s'appuyer sur une théogonie (1.2). Pour nous, et c'est ce que nous établirons aussi sur ce point, ce substrat et ses implications conceptuelles sont repérables dans toute l'astronomie antique post-anaximandrienne, l'Un des pythagoriciens marquant sur ce point un attachement à l'école ionienne, même si sa fondation épistémique s'en détache par l'introduction du complexe limité/illimité (1.3).

---

[99] Jean Beaufret, *Dialogue avec Heidegger, tome I, Philosophie grecque,* Paris, Minuit, 1973, « La naissance de la philosophie », p.19-37 ; p. 20 pour l'extrait.

1.1 S'AFFRANCHIR DU « MIRACLE GREC »

Le « miracle grec » est le résultat d'un enthousiasme débordant des ethnocentristes occidentaux qui se sont pris à croire et à faire croire que la Grèce était le point de départ de la pensée philosophique. Cette section démonte cette croyance (1.1.1) et montre que la philosophie grecque a des redevances externes et que le surgeon du mythe est lié à des explications philosophiques (1.1.2).

1.1.1 Enthousiasme de pur égarement

Voici les mots qui ouvrent emphatiquement l'introduction de Jean Voilquin à un recueil de textes sur les présocratiques, que nous évoquons ici brièvement, pour montrer en quoi sa position sur le « miracle grec » est un égarement[100] :

> *« Le miracle grec ! Il faut employer ces mots (...) si l'on veut se rendre compte des immenses progrès que le peuple grec, particulièrement doué, a fait faire à la pensée humaine. (...) Qu'il s'agisse de philosophie, d'histoire, de sciences (...), il a su tout régler et, renonçant à la connaissance purement empirique et pratique, remonter jusqu'aux sources universelles de tout savoir »*[101].

Voilquin parle des présocratiques et des Grecs sur un ton qui décourage toute réserve, et il n'est pas seul dans son cas. Le « miracle grec » est un concept fétiche de l'eurocentrisme philosophique, dont les promoteurs furent Hegel et Heidegger, entre autres[102].

---

[100] Jean Voilquin, *Les penseurs grecs avant Socrate. De Thalès de Milet à Prodicos*, Garnier-Flammarion, 1964.

[101] Jean Voilquin, *Les penseurs grecs...*, p.5.

[102] Martin Heidegger a dit de la philosophie qu'elle « parle grec et marche devant nous », qu'elle est née avec les présocratiques, et qu'elle s'est éteinte avec Aristote. Depuis, ce qu'on nomme philosophie n'est que le récit de « l'oubli de l'être » dont l'apparition, le recueillement et l'interprétation furent des affaires proprement grecques. Sur les explications d'une telle approche de l'histoire de la philosophie, qui semble être l'intuition fondamentale de toute la pensée métaphysique et ontologique de Heidegger, voir les textes de son commentateur et ami, Jean Beaufret, *Dialogue avec Heidegger,* notamment le tome I, *Philosophie grecque,* Paris, Minuit, 1973, et spécialement « La naissance de la philosophie », p.19-37, ou le tome III, *Approche de Heidegger* (1974). Hegel reste, chronologiquement, l'un de ceux qui ont le plus tôt théorisé le concept de « miracle grec » tel qu'il est formalisé aujourd'hui. Pour ce faire, il n'a pas seulement trouvé dans le *« panta rhei kaï ouden menei »* (« tout coule et rien ne demeure ») d'Héraclite la première énonciation de la philosophie de l'histoire, et la plus aboutie aussi. Dans le déroulement de sa philosophie de l'histoire comme histoire et phénoménologie de l'esprit humain se saisissant et se déployant soi-même, Hegel institue aussi les Grecs comme

Pourtant, pour deux raisons au moins, l'enthousiasme des défenseurs du « miracle grec » nous semble démesuré. D'abord, l'énoncé de « miracle » renvoie à l'œuvre philosophique d'une catégorie de penseurs qui précèdent Socrate, et qui sont hétérogènes autant dans leurs orientations théoriques que dans leurs ressources épistémologiques. Dans leur introduction à un ouvrage qui traite des différents rapports que la pensée de Platon entretient à cette époque archaïque de la philosophie occidentale, où aurait éclos le « miracle grec », Monique Dixsaut et Aldo Brancacci[103] précisent que la notion de « présocratiques » est une invention du vingtième siècle, qu'on doit sans doute à Hermann Diels, qui a fait le premier recueil critique de textes des philosophes de cette époque[104]. Or, ceux que le philologue Herman Diels nomme « présocratiques » ne forment pas un bloc compact. Ce concept de « présocratiques »

> *« ne désigne pas une tradition philosophique déterminée comme « stoïciens », « épicuriens » ou « socratiques », mais indique une catégorie historiographique qui détermine immédiatement son objet et, par conséquent, rassemble et unifie les philosophes auxquels elle se réfère* par convention. *Ce terme ne se réfère pas non plus à des limites chronologiques précises. Il suffit de rappeler que l'activité philosophique de Démocrite se poursuit encore*

---

le premier peuple libre et conscient de son existence comme esprit. Pour lui, l'histoire universelle n'est que la *« représentation de l'esprit dans son effort pour acquérir le savoir de ce qu'il est ; et comme le germe porte en soi la nature entière de l'arbre, le goût, la forme des fruits, de même les premières traces de l'esprit contiennent déjà aussi virtuellement toute l'histoire. Les Orientaux ne savent pas encore que l'esprit ou l'homme en tant que tel est en soi libre ; parce qu'ils ne le savent pas, ils ne le sont pas ; ils savent uniquement qu'un seul est libre ; c'est pourquoi une telle liberté n'est que caprice. –Cet Unique n'est donc qu'un despote et non un homme libre.* Chez les Grecs s'est d'abord levée la conscience de la liberté, c'est pourquoi ils furent libres.*»* G.W.F. (Hegel, *Leçons sur la philosophie de l'histoire,* traduction par J. Gibelin, Paris, Librairie philosophique J. Vrin [1963], cinquième tirage, 1998, introduction, p.27, nous soulignons). Ce principe de l'historicité de l'apparition de la pensée, qui sera développé sous le paradigme de la phénoménologie de l'esprit, permet de poser la totalité comme changement, et d'introduire le progrès comme vocation de l'être. Sur ce point, la pensée historique de Hegel et sa phénoménologie de l'esprit constituent en elles-mêmes deux aspects d'une seule et même entreprise philosophique : la théorisation du « miracle grec », alors thématisé comme fondement de la rationalité du progrès dont l'explicitation sera de la tradition de la philosophie et spécialement de la philosophie de l'histoire la tâche. Malgré toute sa sophistication, le racisme, l'eurocentrisme et le germanisme d'une telle théorisation idéaliste sautent aux yeux : Hegel a ouvert en Orient le circuit de cet esprit en mouvement et fixé son point d'épanouissement et son repos en Occident et spécialement dans l'empire prussien. *Quid* des autres civilisations, comme celles d'Afrique noire ? Rien, puisque, dans la perspective hégélienne, elles sont des non-civilisations, cette partie du monde ayant été, selon le mot de Hegel, « contournée par le vent de l'histoire ».

[103] Monique Dixsaut et Aldo Brancacci (textes réunis par), *Platon source des présocratiques. Exploration,* Paris, Vrin, 2002.

[104]Voir Hermann Diels, *Die Fragment des Vorsokratiker,* par H. Diels, 5e ed. par W. Kranz, Weidmann, 1934-1937.

longtemps après la mort de Socrate, que Gorgias lui survit de plusieurs décennies, que tous les sophistes de la seconde génération sont contemporains de Socrate et enfin que la tradition atomiste postdémocritéenne est, bien sûr, postérieure à Socrate. »[105]

Dès lors, comment greffer historiquement l'idée du « miracle grec » à des penseurs qui ne sont probablement « archaïques » que faute d'un découpage philosophiquement plus sérieux ? De même, comment valider ce concept de « miracle grec », alors même que persiste une ambiguïté sur le concept de *« Vorsokratiker »* qu'avance Diels pour désigner la période philosophique où ce « miracle » se serait produit ? En effet, selon Dixsaut et Brancacci, qui reprennent sur ce point un argument de Walter Kranz dans la préface de la cinquième édition de l'ouvrage de Diels, *« Vorsokratiker » « signifie au sens strict « ceux qui précèdent les socratiques » et non pas « ceux qui viennent avant Socrate » »*[106]. Cette remise en question chronologique de la périodisation philologique montre que le concept de « présocratiques » émis par Diels ne conduit pas au « miracle grec », puisque les idées et les contextes de production des auteurs de ce « miracle » sont mal connus, ou ne le sont qu'en tant qu'effet d'une vision conventionnelle et historiographique à soumettre encore à la discussion philosophique.

1.1.2 Redevances non helléniques et surgeon du mythe

Le « miracle grec » ne saurait résister à la raison critique, pour peu qu'on s'intéresse au contexte des échanges et de la production « scientifique » de cette grande période de la pensée qui précède Socrate. Sur ce point, Geoffrey Ernest Richard Lloyd, spécialiste de la science de la Grèce antique, affirme, dès les premières lignes de l'un de ses textes de référence, qu'il n'est pas possible ni de délimiter les contours, ni de démontrer l'autonomie de la science grecque à ses débuts[107]. La raison en est que l'antiquité grecque présocratique « *était loin d'être un monde de primitifs* »[108]. Il baignait dans un ensemble de cultures qui florissaient dans le Proche Orient, entre la vallée du Nil et la Mésopotamie, autant dire dans l'intervalle des civilisations qui se sont croisées ou succédées : les civilisations négro-égyptienne, assyrienne, babylonienne. Or, ces civilisations portaient autant de systèmes de références techniques et scientifiques dans des domaines variés : astronomie, médecine, mathématiques, etc. Ces connaissances et leurs codes ne se diffusaient et ne

---

[105] Monique Dixsaut et Aldo Brancacci (textes réunis par), *Platon source des présocratiques, op.cit.*, introduction, p.7 et 8. Nous soulignons.
[106] *Ibid.*, p. 8.
[107] Geoffrey Ernest Richard Lloyd, *Les débuts de la science grecque, de Thalès à Aristote*, traduction française de *Early greck science*, par Jacques Brunschwig, Paris © Maspéro 1974 pour la traduction française, La Découverte 1990 pour l'édition citée.
[108] G.E.R. Lloyd, *ibid.*, p. 12.

s'amplifiaient qu'en raison de leurs performances intrinsèques. Des échanges issus de ces civilisations sont nés des langages et des procédures techniques et scientifiques ainsi que des progrès divers dans la médecine, la métallurgie, les procédés du filage. À tel point que, *« pour savoir comment ont pu s'accomplir des progrès technologiques de ce genre, nous en sommes réduit aux conjectures »*[109].

G.S. Kirk, J.E. Raven et M. Schofield aboutissent à la même conclusion concernant Thalès de Milet, que nous revisitons plus loin, et dont l'éclosion du génie astronomique et philosophique est l'essence même du mythe du « miracle grec ». Ils soutiennent que Thalès n'aurait rien pu faire tout seul, et que sa renommée et ses prouesses tiennent largement de l'évolution des pratiques techniques et de la science extérieures à la Grèce :

> *« Sa prédiction de l'éclipse a été rendue possible grâce à l'utilisation probable des observations faites par les Babyloniens, données qu'il aurait même été susceptible d'obtenir à Sardes. Il a vraisemblablement séjourné en Égypte. Sa théorie de la terre flottant sur l'eau semble issue de mythes cosmologiques venant du Proche-Orient, mais il aurait très bien pu en avoir une connaissance directe : l'eau, comme origine de toutes choses, était une théorie que prônaient ces mythes, mais avait déjà été mentionnée dans un contexte grec bien avant Thalès. »*[110]

Autant dire que, à proprement parler, le « miracle grec » est contraire à toute recherche sur les origines et les fondements de la philosophie. Dans les analyses suivantes tirées de son introduction à un ouvrage collectif justement consacré à la question[111], J-F. Mattéi nous indique pourquoi il est nécessaire de renoncer à la quête d'un tel fondement historique :

> *« La raison moderne a toujours désavoué son origine impure (...) -mythes, religions, pratiques empiriques- sans parvenir à trouver en elle-même la source de sa propre lignée. Elle n'est pas née toute armée de la terre athénienne, comme les fondateurs de Thèbes dans la légende de Cadmos, ni du cerveau ailé de Zeus, comme la déesse protectrice d'Athènes, refusant ainsi dans l'ordre théorique ses racines célestes ou terrestres. Mais, en même temps, son exigence pratique lui interdit de se supposer une antécédence rationnelle ou prérationnelle, en dépit des analogies de procédure entre, par exemple, les calculs mésopotamiens et les opérations des mathématiciens grecs. Cette filiation bâtarde ne saurait combler une*

---

[109] *Ibid.*, p.13.
[110] G.S. Kirk, J.E. Raven et M. Schofield, *Les philosophes présocratiques,* op.cit., p.103.
[111] Jean-François Mattéi (dir.), *La naissance de la raison en Grèce. Actes du congrès de Nice-Mai 1987*, Paris, P.U.F., 1990.

rationalité qui ne se saisit vraiment elle-même que dans le refus de toute filiation, réelle ou supposée, et dont dans le rejet d'un principe généalogique »[112]

Le fondement philosophique de la récusation du « miracle grec » tient donc de ceci qu'il constitue en soi ce que Lambros Couloubaritsis nomme un « surgeon du mythe »[113]. Non point que ceux qu'il enveloppe fussent des nains : simplement, ils baignaient dans un bassin scientifique à géographie large, et il est mythique de faire du sol grec l'épicentre d'un ensemble aussi complexe. Le « miracle grec » ne rend pas justice à l'époque, qui profita du génie de ceux que ses zélateurs fustigent ou ignorent implicitement : les grandes civilisations et les écoles de pensée africaines, arabes, amérindiens ou asiatiques qui ont précédé ou qui sont contemporaines de l'antiquité grecque.

Pour terminer, donnons un autre éclairage sur la question, qui peut constituer l'essentiel de notre point de vue. Pour faire court, disons que le « miracle grec » remplit dans l'imaginaire des historiens et des commentateurs qui y recourent la fonction métaphysique et épistémologique d'une fondation historique qui fonderait la philosophie sans être elle-même philosophiquement fondée. Or, cette quête du fondement qui fonde sans être fondé ou fondu en raison, même si elle profite à des penseurs importants comme Thalès, Pythagore ou Parménide, reste une mythification de l'histoire. Autrement dit, cette limitation que l'esprit se fixe dans la quête du commencement de la cosmologie et de la science dans le temps est en soi une manière de réinscrire du religieux dans la fonction du fondement, les savants ainsi mythifiés devenant eux-mêmes des dieux. De cette manière se glisse, dans le questionnement sur l'origine de la thématisation philosophique de l'origine du monde, le mythe d'un ou des dieux créateur(s), qui ne seraient plus simplement des entités extérieures à l'homme, mais une forme d'anthropologisation de leurs figures et surtout de leur fonction prométhéenne. Ainsi, pour toute la science et pour toute la philosophie qui vont suivre, les penseurs présocratiques deviennent implicitement des dieux. Parler de « miracle grec », c'est réinscrire le théologique dans l'ordre de la rationalité par la sacralisation du génie par ailleurs réel des penseurs présocratiques.

En (ré) investissant le théologique et en y conviant toute la recherche sur les origines de la pensée cosmologique, le « miracle grec » constitue en soi un obstacle épistémologique. Bien plus, il fait place à un paralogisme où une « préhistoire » de la cosmologie et de la philosophie est inventée à partir des conduites de la rationalité moderne, qui a fait des bonds considérables,

---

112 Jean-François Mattéi, *ibid.*, p.2.

113 Lambros Couloubaritsis « « De la généalogie à la genèséologie », contribution à Jean-François Mattéi (dir.), *La naissance de la raison en Grèce,* p.83-96.

notamment dans le domaine des sciences et de la technique. Or, on peut douter de la pertinence de cette « grande histoire » unique de la cosmologie qui, d'un trait, nous rattacherait aux anciens.

Pour s'en aviser, il suffit de suivre le raisonnement de Gregory Vlastos en ouverture de son *Plato's Universe*[114]. Vlastos doute de la capacité des présocratiques à assurer les faits du « miracle grec », notamment la découverte de tout ce que, après les philosophes que nous avons cités, certains spécialistes de la physique de cette époque leur attribuent[115]. S'il reconnaît que les Grecs ont inventé de brillantes choses dans le domaine de la science et de la spéculation, Vlastos pense qu'il en faut plus pour en faire les pères de la « science » comme on l'entend aujourd'hui. Son argument sur le sujet est simple et cependant imparable : *« Une chose est d'enseigner comment faire quelque chose et le faire correctement, et une autre de comprendre ce que c'est que ce que l'on fait - conceptualiser* [de ce que l'on fait] *les méthodes, les formuler en principes »*[116].

Il manque donc aux présocratiques le sens de la remise en question et de la généralisation. L'appareillage épistémologique souffre d'une absence évidente de passerelles entre écoles pour qu'on parle d'une « science unique » dans la Grèce antique. De ce point de vue, en s'affranchissant par exemple d'une école présocratique spécifique et en tentant de prendre Héraclite d'Éphèse et Parménide d'Élée dans un seul mouvement, Platon réalise probablement le premier essai critique où, au-delà de l'histoire de la spéculation philosophique, l'enjeu est de combler le déficit d'une épistémologie globale qui est l'une des caractéristiques de l'activité scientifique.

---

114 Gregory Vlastos, *Plato's Universe,* Clarendon Press, Oxford, 1975.

115 Par exemple Sambursky qui, dans son *Physical World of the Greek* (1956), attribue à l'École de Milet la découverte d'une nouvelle méthode rationnelle et scientifique pour connaître la nature. De même, dans la troisième préface à son traité du *Early Greek Philosophy* (1920), John Burnet s'engage à montrer que la science est une chose nouvelle qui est venue à l'être avec les Ioniens, et que faire la science, c'est décrire le monde comme les Grecs.

116 *"But it is one thing to learn how to do something and do it well, quite another to understand what it is that you are doing – to conceptualize its methods, to formulate its principles."* (Gregory Vlastos, *Plato's Universe*, op.cit., introduction, p.xi).

De même, il manque aux Grecs des outils de mesure et d'observation dont l'entrée en scène va, à partir de Tycho Brahé[117] et de Galilée[118], bouleverser les perspectives et la logique des découvertes scientifiques pour devenir le propre de la science, au grand dam de la spéculation grecque.

Ces ruptures montrent que l'histoire de la cosmologie et de la philosophie comme successions des théories et des théoriciens à partir d'un point origine que serait « le miracle grec » ne correspond pas à grand-chose.

> *« L'histoire, qui pense la réalité en termes de temps, n'échappe pas à la tentation première de remonter la chaîne temporelle des causes pour aller chercher explication de l'origine jusque dans une sorte de préhistoire. Cessant alors de rencontrer l'histoire, elle s'étonne et ne comprend plus. Il faudrait aller jusqu'à parler d'un « miracle grec » en philosophie… Et voilà pourquoi votre fille est muette »*[119].

Cela veut dire que la fonction méthodologique qu'on fait remplir au « miracle grec » dans l'enchaînement à rebours vers une source première qui serait la pensée présocratique est une fonction factice. Cette facticité est liée à une désarticulation de la factualité et à une mise à l'écart de la contextualité historique au cœur desquels se produirait ce « miracle » lui-même. Parler de « miracle grec », c'est parler des présocratiques sans prendre en compte la dimension de ce que Proclus nomme la « géographie philosophique »[120]. Cette démarche, qui consiste à inscrire la pensée dans l'espace, porte le nom de *« l'hypothèse d'une explication géographique des origines de la philosophie ».* Si nous prenons parti pour ses présupposés, c'est parce que la géographie philosophique offre l'avantage de penser l'invention ou plutôt la mise en place de l'unité cosmique dans son *Sunderveg* propre, et nous dit par la même occasion qu'on ne peut cerner ce paramétrage fondamental de la cosmologie qu'en revenant de la longue durée braudelienne.

---

117 Sur la contribution de Tycho Brahé à l'astronomie moderne, voir MOESGAARD, Kristian Peder. Copernican Influence on Tycho Brahe. In : *The Reception of Copernicus' Heliocentric Theory*. Springer, Dordrecht, 1973. p. 31-55.31-55 ; BLAIR, Ann. Tycho Brahe's critique of Copernicus and the Copernican system. *Journal of the History of Ideas*, 1990, p. 355-377 ; JARRELL, R. The contemporaries of Tycho Brahe. *Planetary astronomy from the Renaissance to the rise of astrophysics, Part A: Tycho Brahe to Newton*, 1989, p. 22-32.

118 Sur ce point, voir Luminet, Jean-Pierre. *L'oeil de Galilée*. JC Lattès, 2009 et Clavelin, Maurice. *La philosophie naturelle de Galilée*. Albin Michel, 1996.

119 Dumont, Jean-Paul, *Les écoles présocratiques,* Gallimard, 2e édition, 1991, introduction, p.III.

120 Proclus, *Commentaire sur le « Parménide » de Platon,* I § 12, col. 628, et II § 20, col. 659 et suiv., éd. V. Cousin. Cette position est reprise par Jean-Paul Dumont, *Les écoles présocratiques, op.cit, p.iv.*

Cette dimension d'époque permet notamment d'écarter le recours à la « préhistoire de la science cosmologique ». On voit alors que l'unité cosmique, qui, dans sa mise en place, ne prétend être ni une théorie, ni le projet d'une science de l'univers, ne peut se lire que comme le fruit des passerelles qui, subrepticement, se forgent entre les écoles et les ères philosophiques autrement cloisonnées et spécialisées. Ainsi, l'unité cosmique résulterait de la rencontre ou plutôt de la contribution de deux axes de la pensée pré-platonicienne qui sont distincts au point de paraître diamétralement opposés.

D'une part, le creuset méditerranéen, où fleurit l'école ionienne, portée sur la nature et sa souche *(archè),* et, d'autre part, l'Italie, qui abrite des écoles de pensée tournées vers les espèces intelligibles. Pythagore, la principale ligne de force de cette seconde orientation épistémologique, érigera le nombre en figure et principe premier[121]. Ce que nous suivons ci-après, c'est la manière dont le paradigme de l'unité cosmique se construit dans un cadre spéculatif et géographique marqué par cette confrontation fondamentale, prométhéenne et créatrice entre ioniens et pythagoriciens.

1.2 LES IONIENS ARCHEOLOGUES

Les Ioniens sont les archéologues de l'unité cosmique, au sens double où ils sont les fondateurs *(archègos)* de la recherche *explicite* des éléments premiers constitutifs de l'univers d'une part et, d'autre part, au sens où cette recherche elle-même constitue le but premier de leurs divers questionnements sur ce qui est. Ce qui nous intéresse ici, c'est de savoir comment, dans cette Ionie, cette quête de *l'archè*, comme enquête sur la souche cosmique, a été l'œuvre de quelques penseurs dont les intuitions de génie ont porté sur la vie et les plaisirs de tous les jours : beau pays côtier et commerce prospère qui garantissent un temps social apaisé et détournent sans doute les astronomes et les philosophes des spéculations oiseuses. D'où le nom de « physiologues » qui leur a été attribué, pour indiquer leur attachement à l'étude de la nature *(Physis),* de sa diversité, de ses merveilles et de ses contradictions. Le temps ionien est donc celui du paradigme de la Nature et de ses éléments premiers. Si l'on suit la trilogie du temps braudelien, la question sera celle-ci : comment, en Ionie, le temps individuel des penseurs coïncide-t-il avec ce temps de l'École, reflet lui-même du temps social, qui fixe pour cadre et horizon de recherche la physionomie universelle et secrète de ce qui se passe ici, là-bas et maintenant ?

Il est impossible de faire un inventaire de l'appropriation individuelle de cette exigence désormais commune et philosophiquement première de penser

[121] Sur ce point, voir Brisson, Luc. *II.–Pythagore*. Presses Universitaires de France, 2018.

l'univers en termes de *totalité unifiée dans un ou quelques éléments primordiaux*. Néanmoins, nous distinguerons dans cette quête trois détentes épistémologiques décisives portées par les intuitions géniales de deux penseurs massifs de cette école ionienne : la généralisation et la radicalisation, par Thalès de Milet, de l'élément eau, désormais fondement *unique* de toutes choses ; l'introduction, par Anaximandre, de l'*Apeiron archè,* substrat primordial abstrait qui dématérialise l'idée de la causalité première de l'univers et inaugure l'atomisme. Et, enfin, la formulation, par Pythagore, d'une « arithmologie » universelle qui, en articulant nombre, limité et illimité, se constitue comme complément essentiel de l'investiture du principe de l'unité cosmique.

1.2.1. Thalès et la question de l'eau

Geoffrey Ernest Richard Lloyd a fait l'hypothèse que *« Thalès a été le premier savant-philosophe »*[122], en ayant néanmoins eu la prudence de souligner qu'à cette époque brillait une science qui appartenait, dans les termes que nous avons déjà précisés, à toutes les civilisations qui se croisaient, prises communément, et donc à aucune d'elles en particulier. À la faveur de son hypothèse, qui met Thalès et l'Ionie en première ligne, Lloyd trouve deux « facteurs discriminants », autrement dit deux

> *« caractéristiques importantes qui distinguent véritablement les spéculations des philosophes milésiens de celles des penseurs antérieurs, qu'ils soient grecs ou non grecs : d'abord, ce que l'on peut décrire sous le nom de découverte de la nature ; ensuite, la pratique de la critique et de la discussion rationnelles »*[123].

Par la découverte de la Nature, Lloyd entend *« la saisie de la distinction entre « naturel » et « surnaturel », c'est-à-dire le fait de reconnaître que les phénomènes naturels, loin d'être produits par des influences fortuites ou arbitraires, sont réguliers et régis par des successions déterminables de cause à effet »*[124]. Plus prudent sur le second « facteur discriminant », Lloyd se contente d'indiquer simplement qu'il en entend l'idée que *« beaucoup des premiers philosophes grecs connaissaient et critiquaient mutuellement leurs idées respectives »*[125].

---

[122] G.E.R. Lloyd, *ibid.*, p. 19.
[123] *Idem.*
[124] *Idem.*
[125] G.E.R. Lloyd, *ibid.*, p.20.

Nous renonçons ici à suivre Lloyd dans son enthousiasme à lire le commencement de la philosophie occidentale en termes d'événement spatio-temporel. Par contre, la perspective épistémologique de sa démarche est pour nous très stimulante : elle permet d'aborder Thalès en supposant que l'ouverture de la scène de la pensée philosophique et scientifique, celle de l'Occident tout au moins, se fait grâce à l'introduction d'un principe explicatif inédit tiré de la nature.

En effet, Thalès de Milet, le premier des « Sept Sages », fils d'Examyas et de Cléobuline et fondateur, selon plusieurs sources, de l'École d'Ionie, posa le premier que la totalité de l'univers découle d'un seul et même principe. Féru d'astronomie, il semblait aux yeux de ses familiers vivre pour les étoiles. Platon raconte l'anecdote suivante à son sujet :

> *« Ainsi Thalès observait les astres, Théodore, et, le regard aux cieux, venait choir dans le puits. Quelque Thrace, accorte et plaisante soubrette, de le railler, ce, dit-on, de son zèle à savoir ce qui se passe au ciel, lui qui ne savait voir ce qu'il avait devant lui, à ses pieds.»*[126]

Mais, à la vérité, si Thalès contemplait les étoiles, la recherche des liens qui unifient la multiplicité des choses restait sa préoccupation essentielle. C'est probablement pour cela qu'un panthéisme certain souffle sur ses enseignements. Ce panthéisme veut que les choses, même inanimées, soient perçues comme « vivantes », autrement dit, comme porteuses d'une âme : *«Thalès disait que Dieu est l'Intellect du monde, que tout est animé et plein de démons ; et encore, qu'à travers l'humidité élémentaire chemine une force divine qui la meut. »*[127]

En observant en même temps les étoiles et la vie ionienne de tous les jours (commerce maritime florissant, saisons, croisement des cultures dans les villes cosmopolites, etc.), Thalès avança une hypothèse moniste pour expliquer cette multiplicité à partir d'une unité sous-jacente et originelle de l'univers. Cette unité sous-jacente, qui transcende aussi bien les considérations météorologiques que le panthéisme dont nous venons de parler, il la trouva dans l'eau. Cette unité, radicale comme principe d'explication, signifie que les étoiles qui peuplent la voûte céleste, limite du monde, ne sont elles-mêmes que des formes d'embrasement des émanations humides de l'eau. C'est pourquoi la terre elle-même n'est qu'un disque en équilibre instable sur l'eau. Par cet énoncé, qui ramenait le Tout à l'eau, Thalès inaugurait une recherche sur la

---

[126]Platon, *Théétète,* 174 a. Texte cité : Platon, *Parménide, Théétète, Le Sophiste*, texte établi et traduit par Auguste Diès, Paris, Tel Gallimard 1992, p.102.

[127] DK [11] A 23 [=Aétius, *Opinions,* IV, II, I ; J-P. Dumont, *Les écoles présocratiques*, p.29].

causalité radicale de l'univers qui enserre les mythes et procède par observation et explication à partir et à travers le comportement des choses concrètes. Le principe de l'unité cosmique était ainsi posé, avec trois conséquences décisives pour la cosmologie et l'astronomie :

- D'abord, que les choses de la nature et la nature elle-même s'éclairent à partir d'une cause matérielle fondamentale, l'eau, tirée de l'ordre même de la nature. Ce qui veut dire que la nature s'explique par la nature.
- Ensuite, que cette explication de la nature par l'un de ses éléments (l'eau), fonctionne sous la forme d'une hypothèse librement mais fermement fixée par la raison et à partir de ses critères propres. L'unité cosmique et l'unicité de sa cause première ne consistent pas en une cosmogonie supplémentaire : ce sont des produits de la pensée et non plus du délire de la mythologie ou de la fantaisie des fables. Le principe de l'eau, c'est du moins son ambition, disqualifie définitivement la pertinence des mythologies et des théogonies qui servaient jusque-là d'explication à la nature. En l'absence d'une physique élaborée, on peut dire que c'est en ramenant l'ordre de la nature à l'eau que Thalès a arraché la cosmologie aux dieux pour la soumettre aux lumières de la philosophie astronomique.
- La dernière conséquence, que nous développerons par suite, est dans le fait que l'hypothèse de l'eau, comme première figure du principe d'unité, devient, d'un point de vue épistémologique, le paradigme de référence. Ce principe fixe le temps et la marque astronomique de l'École de Milet. Ce faisant, il fixe aussi le temps individuel de chaque philosophe ionien, Anaximandre en tête, comme un simple moment de réappropriation et de réinterprétation dudit principe. L'antériorité de l'intuition thalésienne expliquera pourquoi à l'extérieur de l'École ionienne, à la même époque et même après, le principe d'unité se conservera. Si bien que, comme on le verra, la tâche de la « concurrence » va consister, chez les pythagoriciens par exemple, à remplacer l'eau par autre chose : le nombre.

On peut donc prétendre que c'est à partir de l'énoncé de Thalès que l'univers est pensé comme unité. L'une des conséquences immédiates de cette intuition géniale est de provoquer une pluralité d'interprétations, non pas en dépassement, mais en approfondissement ou en réécriture de cette unification conceptuelle de la nature. En dépit de ses nombreux précurseurs possibles[128],

---

[128] Dans un volumineux premier chapitre sur « Les précurseurs de la cosmogonie philosophique » du texte déjà cité sur *Les philosophes présocratiques* (p.7-75), G.S. Kirk, J.E. Raven et M.Schofield présentent les textes de ceux qui précèdent Thalès. Intéressés par « l'histoire du monde, en commençant par sa création », les auteurs, qui ne cèdent pas à la tentation de considérer ce moment de l'histoire comme le temps où la mythologie domine les représentations antiques, se consacrent plutôt à l'étude de *« certaines idées qui ne sont pas à proprement parler « philosophiques »* [qui] *relèvent plus du mythe que du rationnel ; mais elles représentent un prélude significatif au genre de tentative d'explication du monde qui débuta avec Thalès »* (p.7). Ces idées sont en fait des *« concepts qui, bien qu'exprimés dans un langage*

la pensée cosmologique est à ses débuts un long commentaire de l'intuition de Thalès. Il faut maintenant suivre les différents développements de ce postulat d'un univers issu d'un point matériel primordial à travers les « tournants » que lui donnent certains savants de l'ère présocratique, eux aussi portés sur la problématique cosmologique de la question de l'origine de l'univers.

En effet, en se fédérant à la suite de cette intuition ionienne, ces « tournants » vont permettre l'éclosion des formulations épistémologiques plus raffinées, même si elles ne peuvent plus dépasser conceptuellement le cadre *a priori* que fixe Thalès à travers son principe de matérialité de l'origine cosmique. Anaximandre et Pythagore, Héraclite et Parménide, Empédocle et les atomistes (Démocrite et Leucippe) seront ici revisités, précisément parce que leurs formulations astronomiques ou métaphysiques permettent de parachever la rationalisation de l'unité cosmique à l'intérieur ou à l'extérieur de l'École ionienne. Au-delà, cette revue permettra de comprendre *a posteriori* certaines des multiples (res) sources cosmologiques de Platon.

1.2.2. Anaximandre : l'Απειφον αρχη, substrat primordial

Anaximandre, fils de Praxiadès de Milet, élève et contemporain de Thalès, va approfondir et fixer les idées du fondateur de l'École ionienne. On peut même soutenir, comme le fait Jean-François Robrero, que, si Thalès a eu l'intuition géniale de ramener le tout à une source unique (l'eau), c'est Anaximandre qui va *« véritablement faire progresser la connaissance avec plusieurs idées fondamentales »*[129].

---

mythique et au travers des figures mythiques, découlent d'un mode de pensée plus directement empirique, sans recours au symbolique » (idem). Les auteurs nous mettent ainsi sur les pistes des tentatives de conceptualisation cosmologique avant Thalès. Ainsi, et à titre illustratif, Hésiode qui, dans sa *Théogonie* essaie de *« classifier les nombreuses divinités de légende en les faisant descendre d'un ancêtre commun »* (p.7), Homère, qui se préoccupait déjà de *« la structure d'ensemble du monde actuel, le milieu ambiant du vécu »* (p.7). Kirk et ses collègues se penchent sur l'Okéanos, le concept de la rivière qui entoure la terre, source de toutes les eaux : on le retrouve par exemple chez Homère et Hérodote, ou évoqué par Platon (*Théétète* 152 e, *Timée* 40 d-e, *Cratyle* 402b) et Aristote (*Métaphysique* A 3, 983b27). De même, chez les poètes orphiques pré-thalésiens, le concept du *Nyx* (Nuit) constitue véritablement un « concept cosmogonique archaïque », puisqu'il stipule que les dieux « procréent à partir de la Nuit » (Aristote, *Métaphysique* N 4, 1091b4). On retrouve ce concept par exemple chez Homère, Eudème et dans les Rhapsodies. Sur ce point ainsi que sur les diverses interprétations et décompositions liées à ce concept et à la théologie orphique, suivre Kirk et ali., *Les philosophes présocratiques,* op.cit., p. 24 et ss.). On signalera aussi que, chez les Grecs pré-thalésiens, l'œuf est parfois associé à la Nuit comme le symbole des représentations *« non spécifiquement orphiques »* (p.27). C'est le cas chez Aristophane (voir *Oiseaux* 693), Épiménide DK [3] B 5 [= Damascius, *Traité des premiers principes*, paragraphe 124], etc.

129 Jean-François Robrero, *Du cosmos au big bang, op.cit.*, p.10 et ss.

Selon Diogène *« [Anaximandre] disait que l'Indéfini est le principe et l'élément, ne distinguant pas l'air, l'eau ou autre chose »*[130]. Dans son exposé sur la substance originaire, Théophraste reprend les propos de Simplicius, qui confirme ce commentaire de Diogène, en donnant cependant plus de précisions sur la nature de l'*Apeiron* d'Anaximandre :

> *« De ceux qui disent qu'il* [le principe] *est un, mû et infini, Anaximandre le fils de Praxiadès, de Milet, le successeur et disciple de Thalès, a dit que le principe et l'élément des choses existantes était l'*apeiron [l'indéfini ou l'infini], *devenant ainsi le premier à utiliser ce terme à propos du principe matériel. »*[131]

Certaines sources ajoutent qu'Anaximandre n'a pas fait que succéder à Thalès, et qu'il va bien au-delà de la simple introduction de l'*Apeiron* comme principe matériel explicatif de l'univers. Plusieurs hypothèses astronomiques sont citées à son actif. Par exemple, que la terre est un cylindre peuplé en surface et placé sans support au centre de cette sphère complète qu'est le ciel. Anaximandre a aussi énoncé que la profondeur de la terre est de trois fois inférieure à sa largeur, et que tous les astres ne sont que des trous pour contempler l'éclat du feu éternel. Il a introduit le calcul de la distance en astronomie, situant la Lune à 18 et le Soleil à 27 diamètres terrestres. Eusèbe dit que c'est Anaximandre qui *« le premier fabriqua des gnomons pour mesurer les solstices, le temps, les saisons et les équinoxes »*[132].

L'importance de ces avancées, du reste rapidement balayées ou approfondies par le raffinement des outils de l'observation expérimentale, ne dépasse pas le cadre des premiers balbutiements du calcul et de la prédictibilité astronomiques. Par contre, sur le plan philosophique, et pour conforter l'énoncé thalésien de l'unicité et de l'unité de la cause cosmique, l'apport d'Anaximandre sera fort révolutionnaire.

En effet, l'introduction de l'*Apeiron archè,* substrat primordial abstrait, contenant incréé de tous les contenus créés, constitue pour nous, après le « Tout est eau » de Thalès, la seconde détente épistémologique de l'ère

---

[130] DK [12] A 1[=Diogène Laërce II, 1-2]; Kirk et ali., *Les philosophes présocratiques,* n°94, p. 105.

[131] DK [12] A 9[=Simplicius in *Physique*, 24, 13]; Kirk et ali., *Les philosophes présocratiques,* n°101, p. 112.

[132] DK [12] A 5*a* [=Eusèbe, *Préparation évangélique,* X, XIV, II,] ; J-P. Dumont, *Les écoles présocratiques*, p. 33. Cependant, cette thèse reste suspecte, les Babyloniens ayant utilisé cet instrument avant les Grecs. Il suffit de suivre Kirk et ali., in *Les philosophes présocratiques* n°97, qui citent Hérodote : « C'est chez les Babyloniens que les Grecs ont trouvé les connaissances sur la sphère céleste et le *gnomon* et les douze divisions du jour. » (Hérodote II, 109, cité p.108). A la même page, les auteurs précisent que « le *gnomon* est une équerre ou un bâton vertical quelconque dont l'ombre indique la direction et la position du soleil.»

présocratique, et qui dépasse largement le cadre de la physiologie ionienne. Comme principe, l'*Apeiron* est, suivant le mot de Dagobert D. Runes, le concept le plus ancien qui désigne l'infini sans limite, et qui, on l'a indiqué, représente dans la philosophie d'Anaximandre la matière première indéterminée de laquelle découlent toutes choses[133].

L'*Apeiron* indique que dans son surgissement primordial, l'univers total est un chaos primitif, une matière infinie et informe. De ce point de vue, l'*Apeiron* est la systématisation atomiste de la tendance, amorcée par Thalès, à expliquer l'univers sans le secours des dieux et à travers ses propres composés, ici la matière vivante. Conceptuellement et épistémologiquement, l'énoncé de l'*Apeiron* rend improbable l'hypothèse du Grand-Séparé. Le Dieu tutélaire et (or) donateur de la scène du monde, qui est souvent associé à la mythologie de la création, est ainsi remplacé par l'idée d'une autonomie organisationnelle de l'univers.

En somme, pour la perspective platonicienne dans laquelle cette étude est engagée, cela signifie qu'à partir d'Anaximandre, il ne peut plus y avoir philosophiquement de place, dans un ordre de pensée où l'univers est considéré comme un vivant, que pour un dieu-artisan contemporain au Tout. Cette contemporanéité, on le verra, sera thématisée et théorisée par la démiurgie, qui pose que le dieu artisan est lui-même contenu dans ce concentré primitif qu'est l'*Apeiron,* et cela d'après une architectonie purement platonicienne. L'introduction de l'*Apeiron archè* et l'ensemble de la controverse qui fait suite au principe de Thalès déjà énoncé seront décisifs pour les approches qui vont suivre. Si bien que l'hypothèse thalésienne constitue l'horizon historique premier de la conceptualisation cosmologique platonicienne et au-delà. Et cela de deux manières : cette hypothèse indique son chemin à une querelle d'écoles qui pèsera tardivement sur les orientations platoniciennes, à savoir la controverse de l'être et du non-être qui structura le dialogue entre éphésiens et éléates, et dont Héraclite et Parménide en furent les maîtres-on y revient au chapitre suivant. Ensuite, elle rend possible et intelligible, après Anaximandre, la variation dans le choix des éléments premiers, Pythagore (environ 580 et 500 avant J.C.) étant sur ce point un héritier de l'École ionienne.

---

133 *"(Apeiron is) the Boundless, the indeterminate; the infinite. In the philosophy of Anaximander the apeiron is the primal indeterminate matter out of which all thing come to be."* Dagobert D. Runes (ed.), *Dictionary of philosophy,* 15th edition, revised, Littlefield, Adams & Co, Patterson, New Jersey, 1963, p. 14.

1.3 Le nombre pythagoricien, simple et complexe

Pour la consolidation de l'unité cosmique, Pythagore de Samos et son école, qu'il fonda vers -530 et qui atteignit son apogée à la fin du sixième siècle avant notre ère, représentent la troisième détente épistémologique décisive de l'ère présocratique, après Thalès et Anaximandre. Inutile de préciser que la dimension mystique et religieuse des doctrines pythagoriciennes, même si elle est prégnante, ne nous intéresse guère dans cette quête d'une continuité épistémique de Thalès à Pythagore[134]. Nous ne traitons chez Pythagore que de nombres et de cosmologie. Dans ce sens, il faut dire, d'emblée, que les penseurs majeurs de cette école s'élèvent contre la matérialité du fondement de l'origine cosmique que développe l'École ionienne, dans les termes que nous avons parcourus. Voici comment s'explique cette opposition :

> *« les doctrines philosophiques qui se développèrent dans le sud de l'Italie eurent, dès le départ, un mobile et un caractère très différent de celles des Milésiens. Ceux-ci, poussés par la curiosité intellectuelle et insatisfaits des anciens récits mythologiques, recherchent l'explication systématique des phénomènes physiques à l'aide d'observations de la nature, tandis que le sentiment religieux est l'impulsion qui sous-tend le Pythagorisme. Les Éléates Parménide et Zénon énoncent des paradoxes métaphysiques qui dénient les bases de la croyance en l'existence même du monde et de la nature. »*[135].

Cette opposition philosophique peut plonger ses racines dans les différences des conditions politiques et sociales : abondance des *« cultes initiatiques concernant la mort et des rites en l'honneur des dieux de l'enfer »*[136] en Grèce occidentale et au sud de l'Italie, et rareté de telles pratiques dans les cités ioniennes ; instabilité des cités italo-siciliennes, qui peut avoir détourné les penseurs des préoccupations politiques pour les enfermer dans des considérations métaphysiques, etc. Il reste que cette conjoncture politique et sociale a produit l'une des écoles de pensée les moins orientées vers les affaires de la cité et vers l'astronomie observationnelle. Dans ces conditions, que doit le principe de l'unité cosmique à Pythagore ?

Proclus répond à cette question, en indiquant l'envergure de l'approche pythagoricienne, qui déplace les termes de la démarche ionienne :

---

[134] Sur cette dimension mystique et religieuse, nous renvoyons à Pythagore, *Un dieu parmi les hommes,* préface et choix de textes par Alexandre Hasnaoui, Paris, éd. Les Belles lettres, 2002.
[135] G.S. Kirk, J.E. Raven et M. Schofield, *Les philosophes présocratiques, op.cit.,* p.227.
[136] *Idem.*

« Après Thalès (...) vient Pythagore qui a donné à la philosophie géométrique la forme d'une culture libérale, en reprenant les choses au commencement pour découvrir les principes par un examen des théorèmes mettant en œuvre une méthode non empirique et purement intellectuelle ; c'est précisément lui qui découvrit la théorie des proportions et l'existence d'une structure des formes de l'univers »[137].

En dépit du caractère révolutionnaire du nouveau paradigme qu'introduit Pythagore, qui, on l'a remarqué, mise désormais sur une approche non empirique et entièrement intellectuelle, Pythagore garde de Thalès le principe d'unité. L'émergence de cette perspective entièrement abstraite va cependant modifier le sens de l'héritage pythagoricien du thème de l'unité cosmique. En effet, ce détournement à l'égard de la nature signifie que, même si le principe d'une source unique de l'univers tel qu'il est posé par Thalès est acquis, il ne renvoie plus, chez les pythagoriciens, à l'eau, élément matériel. Le principe structurant est désormais le nombre, élément abstrait, purement spirituel et hypothétique.

L'offensive des pythagoriciens contre Thalès tient donc plus de la controverse autour d'un paradigme désormais consensuel -celui d'un univers qui découle d'une même source tirée de la nature elle-même -plutôt que de la remise en question du cadre épistémologique fixé par le principe de Thalès. Mais les choses ne sont pas aussi simples. L'introduction du nombre pythagoricien, en constituant la base de l'harmonie et de l'unité cosmique, renforce et bouscule le monisme ionien. Il faut montrer comment.

L'introduction du nombre ne contredit pas le principe thalésien. Poser que « toutes les choses sont des nombres » ne modifie pas fondamentalement la singularité de l'énoncé du principe ionien, puisque, tels Thalès et Anaximandre, le système pythagoricien continue de fixer la source de la totalité de l'étant et de sa structure physique, astronomique et psychologique sur un principe originaire unique : l'Un. Le principe ionien se voit même renforcé par l'explication mathématique de l'harmonie cosmique, qui repose sur le fait que l'insécabilité des nombres appelle une disposition équilibrée des éléments. Cette disposition crée des proportions entre eux, qu'on nomme

---

[137] DK [12] A 6 a [=Proclus, *Commentaire sur le premier livre des éléments d'Euclide,* 65, II] ; J.-P. Dumont, *Les écoles présocratiques,* p.114.

« médiétés ». Ces régularités, complexes en soi, ne font pas que mimer l'harmonie musicale, comme le laisse sous-entendre Platon[138].

Même si les choses ne sont pas aussi simples, on peut présumer que, en énonçant que les nombres sont des réalités insécables qui forment entre elles des proportions régulières, Pythagore impose à l'unité cosmique un renversement majeur. Désormais, cette unité dessine les contours d'une mathématisation de l'ordre cosmique dont l'enjeu épistémologique est d'annoncer la théorisation atomique de la nature, telle qu'on la retrouvera dans la thèse du *clinamen* que proposent les héritiers de l'école ionienne eux-mêmes, Démocrite d'Abdère et Leucippe de Milet en tête[139].

Corporéité et essentialité mathématique des choses sensibles font de la réalité physique le prolongement des entités intelligibles. Autrement dit, on peut affirmer que la matière (première) des choses sensibles est la même que celle des nombres intelligibles. L'Un pythagoricien constitue la souche *(archè)* unique de toutes choses, d'où procèdent le nombre et les choses sensibles par différenciation, avec une préséance logique cependant accordée au nombre, qui conditionne l'ordre et l'harmonie cosmiques.

Ainsi, en plus de constituer une monadologie, les entités numériques pythagoriciennes fixent le monisme thalésien sur des bases immatérielles. En ramenant l'ordre et l'origine de l'univers au nombre, principe unique de tout, le monisme pythagoricien fait rentrer en cosmologie quelque chose d'immatériel comme faisant partie de la trame (cachée) du monde : les arrière-mondes, cet ordre des réalités invisibles qui, on le verra, est cher à Platon.

En même temps, il est possible que le principe d'unité, tel qu'il est formulé par les pythagoriciens, ait proprement bousculé le monisme des physiologies ioniennes, en inclinant ouvertement au dualisme. En effet, si l'on suit encore Jean-Paul Dumont[140], qui impute l'inflexion du monisme aux pythagoriciens de seconde génération comme Alcméon, Philolaos ou Archytas, le dualisme pythagoricien consiste à dire que *l'Un n'est pas en lui-même la réalité*

---

[138] *« Il est probable, dis-je, que comme les yeux sont attachés à l'astronomie, de même les oreilles sont attachées au mouvement harmonique, et que ces connaissances sont liées l'une à l'autre comme des sœurs, ainsi que les Pythagoriciens l'affirment »* (Platon, *République* 530 d. Texte cité : *La République,* Traduction inédite, introduction et notes par Georges Leroux, *op.cit.,* p.383.

[139] Sur l'antiquité atomique, et spécialement sur le système atomique de Démocrite, nous renvoyons au texte très référencé et très complet de Jean Salem, *Démocrite, grains de poussière dans un rayon de soleil,* Paris, Vrin, 1996 ; voir aussi Kirk et *ali., Les philosophes présocratiques, op.cit.,* « Les atomistes : Leucippe de Milet et Démocrite d'Abdère », p.433-465. La théorie du *clinamen* suppose que l'univers est né de la déclinaison des atomes.

[140] Jean-Paul Dumont, *Les écoles présocratiques, op.cit.,* introduction, p.xxii et ss.

première. Il serait en soi un mélange de deux réalités séparées que Philolaos nomme d'un double énoncé qu'on retrouvera chez Platon et Aristote : le « limitant » et «l'illimité ». L'Un des pythagoriciens serait une hybridation des deux réalités qui le précèdent et le déterminent.

Dans une telle perspective, retrouver la racine du nombre dans les deux éléments qui le précèdent, c'est tenir les pythagoriciens pour dualistes. Le limité et l'illimité seraient des réalités cosmiques premières dont le nombre serait issu par l'engendrement du pair et de l'impair. Du point de vue cosmologique, le chevauchement entre monisme et dualisme implique que dans sa réalité et dans son concept, le cosmos est originairement issu de l'Illimité et du limité. L'Un, concept premier d'organisation, est équidistant entre pair et impair, et premier dans la chaîne et l'ordre des nombres. L'Un contient de ce fait tous les corps engendrés, sans être l'engendrant premier lui-même. On peut en conclure ceci :

> *« Le pythagorisme achevé est susceptible de deux lectures renvoyant à deux modèles, l'un simple, et l'autre complexe. Le modèle simple dit que toute réalité est constituée par l'Un (on rejoint ainsi l'école ionienne, ainsi que les Éléates). Cependant, l'Un procède de deux principes, la limite et l'illimité, dont l'exemple est fourni par l'essence du nombre, dominé par le couple impair-pair, si bien que tout est nombre. Le modèle complexe ou, si l'on préfère, développé, produit une série de couples formant une décade (la* tétraclys, *c'est-à-dire la décade), dont le premier élément est la paire limité-illimité ; viennent ensuite impair et pair (élément du nombre : donc tout ce qui s'en suit est nombre ; Un et multiple (où l'Un est le cosmos et où les multiples sont des nombres qui sont les choses existantes) ; droite et gauche (parce que le cosmos est un vivant ou un animal orienté selon la droite et la gauche) ; puis mâle et femelle ; en repos et en mouvement ; droit et courbe ; lumière et ténèbres ; bon et mauvais; carré et oblong enfin (qui sont encore des propriétés spatiales des nombres) »*[141] .

En somme, le modèle développé de la monadologie pythagoricienne est la première occasion d'une complexification épistémologique du concept d'unité cosmique. Pour la première fois, le monisme simple sous-entendu dans ce concept issu de l'école ionienne, et qui tire le tout d'un élément premier (l'eau), trouvait un équivalent et un développement dans le nombre (Un), produit du pair et de l'impair. En même temps, l'Un ne se renie pas comme principe premier, ce qui le place d'office au cœur de la controverse métaphysique de l'être et du non-être que vont porter les écoles d'Éphèse et d'Élée-on y revient. L'importance et l'influence de cette problématique

[141] Jean-Paul Dumont, *Les écoles présocratiques, op.cit.,* p.xxiii.

initiale de l'unité cosmique, qui va de Thalès à Pythagore en passant par Anaximandre, va donc servir de fondement à toute cosmologie future, qu'elle soit astronomique, métaphysique ou purement rationnelle. De ce point de vue, et spécifiquement en matière cosmologique, Platon et Lemaître sont des héritiers des préoccupations présocratiques. Mais à quelles conditions, et dans quels termes ? Les deux chapitres prochains examinent cette question.

CHAPITRE 2
PLATON, HERITIER ET INTERPRETE

> *« Avec Platon, nous allons retourner à une science* a priori *cherchant un principe universel pour expliquer le monde, puis s'accrochant bien ferme à ce principe pour s'efforcer, grâce à lui, de tout expliquer. »*[142]

Poursuivons, dans cette seconde station de notre enquête sur la thématisation de la question cosmologique, le commerce avec les présocratiques entrepris au précédent chapitre. Cette fois, les questions qui nous intéressent sont celles que posent l'entrée de la cosmologie dans le champ platonicien lui-même : quels sont les présocratiques de Platon, à partir d'où et comment s'exprime chez eux la question cosmologique ? Quel est leur impact sur la construction du cadre métaphysique de la doctrine platonicienne de la causalité ?

Ici, nous aborderons ces deux questions décisives et conjointes. Plus précisément, nous cherchons à mettre une chose en première ligne : comment, chez Platon, l'horizon et la détermination locale de l'incorporation du principe d'unité cosmique pour expliciter l'origine de l'univers reposent sur un double paramètre. Il y a d'abord le commerce avec l'astronomie de ses devanciers présocratiques, physiologies et arithmologies mises ensemble. Il est certain que la thématisation de la question cosmologique y est formulée dans les termes énoncés (chapitre premier, *supra*). Ce que le présent chapitre ajoute, c'est que ces termes ont été profondément modifiés, et ce au tournant de la complexification pythagoricienne, dont les héritiers intéressent Platon au premier chef. Ensuite, on doit considérer comme fondement, en marge de cet héritage d' « époque », le questionnement *spécifique* de Platon sur le statut de ce qui est en être ou en devenir, à partir de son lieu propre : la métaphysique, quête du réel *« invisible »*[143], science de ce à quoi on n'a accès que sous un autre mode et sous un autre rapport que ceux entretenus à l'égard des choses qui apparaissent.

---

[142] Jean Charon, *25 Siècles de cosmologie*, Monaco, éditions du Rocher, 1989, p.26.

[143] *« Je ne peux pas, en effet, considérer qu'il existe d'autre étude capable d'orienter le regard de l'âme vers les choses d'en haut que celle qui se concentre sur ce qui est réellement et sur l'invisible. Si quelqu'un entreprend, en regardant bouche bée les choses d'en haut et bouche fermée les choses d'en bas, de faire l'étude d'un objet parmi les objets sensibles, j'affirme qu'il n'en comprendra jamais rien –car il n'existe pas de connaissance de ces objets-là ».* Platon, *La République,* 529 b. Traduction inédite, introduction et notes par Georges Leroux, *op.cit.,* p. 381.

On verra que dans le commerce avec ses devanciers, Platon renonce à un rapport linéaire aux présocratiques. S'il garde le principe d'unité cosmique, il ne s'engage dans la cosmologie présocratique qu'à partir du point de la complexification du monisme primordial telle qu'elle a été avancée par la seconde philosophie pythagoricienne. Même sur ce point où le pythagorisme du philosophe paraît évident, on verra que Platon ne suit pas les présocratiques, il les éclaire.

Cheminer avec le philosophe sicilien Empédocle, pythagoricien problématique, au sens où, entre autres hérésies, il est *« le seul penseur d'importance à l'ouest, à avoir poursuivi des recherches sur la nature dans l'esprit de la tradition ionienne »*[144] ; inscrire la norme du raisonnement cosmologique sur une ligne proprement métaphysique en faisant l'astronomie à partir de la controverse métaphysique de l'être et du non-être : telles sont les nouveautés qui, en plus de la mathématisation de la question cosmologique, font du rapport de Platon aux présocratiques une platonisation. Empédocle, Héraclite et Parménide seront à ce titre les principaux devanciers de Platon que nous visiterons au début de ce chapitre, parce que seuls leurs raisonnements semblent, aux yeux de Platon, avoir eu un intérêt épistémologique et critique susceptible d'être constitutif de sa propre formulation cosmologique. Loin de s'aligner sur ses devanciers, le retour platonicien sur la démarche présocratique est donc éclectique et polémique. Au-delà, cette manière critique d'hériter des présocratiques permet d'inscrire la détermination platonicienne du thème cosmique dans la dynamique de la théorisation de l'univers qu'a enclenchée Thalès. Dans cette inscription, l'apparition de l'artifice du démiurge, véritable nouveauté en termes de théorisation et de conceptualisation astronomiques sur laquelle nous revenons plus loin, modifie radicalement la nature et la place des outils et des concepts qui interviennent dans l'enquête cosmologique.

Or, le fondement de la possibilité de cet artifice théorique se trouve dans une autre particularité platonicienne : s'adosser sur une métaphysique idéaliste dressée contre l'expérience ingénue de la nature pour dire la nature à partir de l'unité cosmique telle qu'elle est entendue, par Platon, au crible de ses conditions de possibilité et d'objectivation propres de la connaissance. Entrer dans l'univers de Platon, c'est d'abord repérer les cadres épistémologiques qui balisent et encadrent la théorisation de l'encyclopédie cosmologique du *Timée.* Ces cadres ne renvoient pas au *Timée* lui-même, mais aux dialogues antérieurs et socratiques, où se pose explicitement une question épistémologique : qu'est-ce que connaître, et par rapport à quoi peut-il y avoir connaissance ? Nous allons suivre cette double question et les pistes qu'ouvre

---

[144] Kirk et *ali.*, *Les philosophes présocratiques, op.cit.*, p. 227.

Platon à leur propos dans le *Théétète* et le *Parménide.* Ces pistes, disons-le d'emblée, s'ouvrent précisément parce que la rencontre de Platon avec les présocratiques n'est pas directe, elle se fait dans un mouvement où il est question de construire les critères de la connaissance et son objet en liquidant le discours et les fondements de la théorisation sophistique, contemporaine et concurrente.

2.1 ATTACHES PYTHAGORICIENNES

La doctrine platonicienne de la causalité a une source présocratique, puisque la cosmologie du *Timée* puise directement dans une prospection présocratique sur l'unité. Ce qui sera précisément souligné ici, c'est que, si les sources présocratiques, que Platon ne cite pas toujours, semblent diversifiées, celles liées directement ou indirectement à l'épistémologie reformulée d'après le travail de l'École pythagoricienne sur les termes de l'unité cosmique ont le mérite d'être plus ou moins clairement formalisées, du moins plus présentes. Francis M. Cornford a certes fait remarqué que nulle part dans le *Timée*, Platon ne cite ses redevances à l'égard du creuset pythagoricien, encore moins les autres sources présocratiques, même s'il les suit par ailleurs, au point d'oublier pratiquement tous ses contemporains[145].

Cependant, s'il suit sur ce point une critique d'Alfred Edward Taylor[146], qui reproche au *Timée* de ne rien dire sur ses liens avec le pythagorisme, Cornford recule devant les conclusions hâtives que certains adversaires de Platon tirent de cette absence de précisions sur ses sources pythagoriciennes. Ces conclusions hâtives vont de l'accusation de plagiat desdites théories pythagoriciennes, comme ce fut le cas avec le satirique Timon, à l'accusation de dépendance de Platon à l'égard de la doctrine de Pythagore[147].

Nous montrons ici tout à fait autre chose, qui peut bien éclairer le rapport très polémique de la cosmologie du *Timée* aux positions pythagoriciennes. Nous faisons l'hypothèse que la théorie cosmologique de Platon, de facture et d'orientation mathématique, s'oppose à la vision quasi-mystique et religieuse de l'approche pythagoricienne. Et c'est précisément pour laisser ce mysticisme derrière lui que Platon fait un usage restrictif du pythagorisme dans la cosmologie du *Timée.* Nous prétendons que, au lieu de reprendre les

---

145 « *Plato nowhere says that Timaeus is a Pythagorean. He sometimes follows Empedocles, sometimes Parmenides; indeed he borrows something from every pre-Socratic philosopher of importance, not to mention Plato's contemporaries. Much of the doctrine is no doubt Pythagorian* » (Francis M. Cornford, *Plato Timaeus,* (Translated by), Macmillan/Library of Liberal Arts, New York, 1959, translator's introduction, p.xix et xx).

146 Taylor, Alfred Edward. *Plato : The Man and His Work.* Routledge, 2013.

147 « *As a consequence, all the doctrines wich the forger had found in the* Timaeus *itself were supposed to be of Pythagorean origin* » (Cornford, idem.)

thèses de l'École sans analyse critique comme le pensent ses adversaires, Platon s'en tient aux seconds pythagoriciens, et plus spécialement à deux d'entre eux, qui ont théorisé la nature de l'être et du monde matériel : Parménide et Empédocle, sur des registres cependant distincts. Le *Timée* revisite des thèses de ces deux pythagoriciens et en use, empruntant au premier les principes de la métaphysique de l'être, tels qu'il les a formulés contre l'Éphésien Héraclite. Chez le second, il étudie les enjeux épistémologiques et cosmologiques des quatre éléments primordiaux que sont l'air, le feu, l'eau et la terre, et tout cela en vue de nourrir une position proprement platonicienne, comme nous le démontrerons.

2.1.1 Héraclite, Parménide et Pythagore

Héraclite et Parménide sont en première ligne de la célèbre controverse de l'être et du non-être qui, après avoir occupé et opposé les écoles d'Éphèse et d'Élée, va inspirer les sophistes et donner à la métaphysique occidentale ses premiers concepts, son cadre et sa légitimité théoriques. Du point de vue de la problématique de la présente étude, qui analyse à ce stade les ressources présocratiques de la théorisation cosmologique platonicienne, la question n'est pas d'abord de savoir ce que le *Timée* tient de la controverse de l'être et du non-être, ce fait de « tenir de » marquant en lui seul -ou radicalisant, si l'on veut- l'entrée de la métaphysique en astronomie, et en l'occurrence en cosmologie platonicienne. Pour rendre lisible ce que nous avons tantôt hésité à nommer les « redevances présocratiques », faute de filiation ou de revendications explicites de la part de Platon lui-même, il s'agit ici, au contraire, de partir d'une question qui fonde la possibilité même de la question cosmologique platonicienne. Cette question primordiale, en soi polémique, est : *en quoi Héraclite et Parménide sont-ils pythagoriciens ?*

L'histoire officielle de la philosophie occidentale dit que, par sa formation et ses précepteurs, Parménide est un pythagoricien déclaré, ce fait ne pouvant d'aucune manière être établi pour Héraclite, dont les origines et la filiation ioniennes manifestes vont en droite ligne d'une opposition frontale au pythagorisme. Si cette position peut éclairer la controverse historique entre Éphésiens et Éléates sur la nature de l'étant, elle n'est pas tout à fait vraie du point de vue de la transmission des concepts cosmologiques. En effet, Parménide a d'abord été l'élève de Xénophane, réfugié à Élée après avoir été chassé de Colophon, désormais passé sous le contrôle du Mède Harpage. Or Xénophane était lui-même élève d'Anaximandre, inventeur du concept décisif et déjà présenté de *l'Apeiron archè*. Aussi, si de nombreuses sources soutiennent que Parménide est devenu disciple d'Amianias le pythagoricien, ce n'est pas forcément en opposition à la physiologie ionienne. Et d'ailleurs, que Parménide soit pythagoricien par filiation au contraire d'Héraclite, son adversaire éphésien, ne veut pas dire grand-chose au vu de l'analyse que nous nous attelons à faire ici. Nous n'abordons pas le rapport d'Héraclite et de Parménide à Pythagore sur le terrain historique, mais sur celui de la transmission de l' « esprit » pythagoricien, qui va faire de la cosmologie platonicienne elle-même un recueillement, si l'on s'en tient à l'origine des orientations conceptuelles et métaphysiques qui la travaillent. Ce qui constitue l'« esprit » pythagoricien est en effet inscrit dans les réinterprétations que font Héraclite et Parménide des concepts de l'Un et du multiple, alors (trans)portés sur le terrain métaphysique de l'essentiellement étant.

La chose n'est cependant pas évidente pour Héraclite, qui a produit une cosmologie moniste et physiologique en droite ligne des thèses de l'école ionienne, même s'il *« ne fut l'élève de personne, mais fut formé par la nature et par son propre zèle »*[148]. Ainsi, l'astronomie héraclitéenne, comme celle de Thalès ou d'Anaximandre, affirme le principe de l'éternité du monde et accorde à un élément naturel, le feu, le rôle de matière primordiale : *« Ce monde-ci, le même pour tous, que nul dieu ni homme n'a fait, mais qui était toujours, qui est et qui sera : un feu éternel, s'allumant en mesures et s'éteignant en mesures »*[149]. En d'autres termes, cela signifie que chez Héraclite,

> *« Le feu est la forme-archétype de la matière. L'ordonnance du monde prise comme un tout peut être décrite comme un feu dont les parties qui s'éteignent sont équivalentes à celles qui s'embrasent ; toutes les parties ne brûlent pas en même temps »*[150].

Nous pensons que c'est dans cette unité du principe (le feu, « forme-archétype de la matière »), dans sa complexification et dans sa contradiction interne (lutte des contraires que sont par exemple les parties qui s'allument et qui s'éteignent en mesures), que réside le rapport d'Héraclite au pythagorisme. L'emploi du concept de l'Un, et plus encore la tendance à ériger une loi abstraite gouvernant le cosmos, témoignent des formes héraclitéennes de retour à l'orthodoxie pythagoricienne.

Héraclite garde la dualité pythagoricienne pair / impair, numérique et abstraite, qu'il déploie cette fois dans un plan physique haut / bas où, comme chez les pythagoriciens, tout se tient, se compense universellement, et finalement se conserve par l'immuabilité de la quantité de la matière

---

[148] DK [22] A 3 [= Suidas, *Lexique,* « Héraclite »] ; J-P. Dumont, *Les écoles présocratiques,* p. 53.

[149] DK [22] B30 [= fragment 30, Clément *Stromates,* V, 104, 1.] ; Héraclite, *Fragments [citations et témoignages].* Traduction, introduction, notes et bibliographie par Jean-François Pradeau, Paris, GF Flammarion, 2002, note 48, p. 239.

[150] Kirk et ali., *Les philosophes présocratiques, op.cit.,* p. 211.

d'échange : le feu. La nouveauté avec Héraclite, c'est que, au sein même de cet embrasement général, de cette lutte des contraires, il y a désormais une continuité entre les choses de la terre et les corps célestes. Héraclite est donc le premier à unifier deux entités qui ne participaient pas jusque-là de la même « matière », la démarche pythagoricienne retenant au contraire le nombre comme substrat du tout.

Mais, si la cosmologie d'Héraclite n'est pas très innovante sur ce point, la notion métaphysique de mouvement qui la sous-tend est pour nous riche d'intérêt. Cet intérêt tient au fait que l'entrée en scène de ce concept de mouvement est le renversement philosophique le plus décisif de la pensée d'Héraclite. Au point où, pour Jean-François Pradeau, c'est dans ce « mobilisme » à la fois universel et éternel, et par lequel « rien ne demeure », que se trouve *« le signe distinctif et peut-être même le principe de la doctrine héraclitéenne »*[151]. À diverses occasions, Platon et Aristote attestent cet avis[152].

Le mouvement héraclitéen, s'il indique, sous l'angle cosmologique, un « relativisme » absolu qu'on retrouve par exemple dans la succession entre jour et nuit, mois et saisons, révèle une chose décisive sur le plan de la totalité de ce qui est : le devenir. Le devenir de la totalité de l'Être place le changement et le temps, qui apparaissent dans plusieurs fragments[153], au centre de la problématique héraclitéenne comme quête du sens de l'être en tant qu'être. Au vu des principes ioniens et pythagoriciens, ceci est un renversement majeur de perspective, un vrai développement, certes métaphysique, de la question de la nature.

Nous pensons en effet que, plus que la physique des contraires qui y sert de cosmologie, la contribution héraclitéenne à la controverse de l'être et du non-être introduit une position sur laquelle les perspectives antérieures ne peuvent plus tenir. Ce qui, d'Héraclite, va passer à Platon et au-delà, c'est l'inscription du Tout dans le changement et le temps. *L'être de l'être est d'être une totalité en devenir : cette découverte héraclitéenne indique que pensée de*

[151] Jean-François Pradeau, introduction à Héraclite, *Fragments [citations et témoignages]*, op.cit., p. 47.
[152] Voir Platon, *Hippias majeur*, 288e5-289b8 ; *Cratyle*, 401 e3-402d3 ; Aristote, *Topiques*, I, 11, 104b19-22 ; *Métaphysique* Γ, 5, 1010a1-19.
[153] Exemples : DK [22] B53 : *« La guerre est le père de toutes choses, et de toutes choses il est le roi ; c'est lui qui fait que certains sont des dieux et d'autres des hommes, que certains sont des esclaves quand d'autres sont libres »* [Fr.42, Hippolyte, *Réfutation de toutes les hérésies*, IX, 9,4] ; Jean-François Pradeau, *op.cit.*, p. 126. DK [22] B54 : *« L'harmonie qui est inapparente l'emporte sur celle qui est apparente »* [Hippolyte, idem, 10, 1] ; Pradeau, *ibid.*, p.219.

la totalité et pensée d'une réalité en mouvement sont une seule et même chose[154].

Pour autant, il ne s'agit pas d'une théorie du chaos, l'écoulement ne menaçant en rien l'unité d'une totalité qui, en tant que telle, ne peut être qu'en devenir. Dans cette configuration, c'est l'absence de mouvement qui serait le chaos. La résorption des contraires aussi. Pradeau a donc raison de noter ceci :

> *« La coïncidence héraclitéenne des contraires ne signifie en rien leur confusion, mais elle nomme bien plutôt leur accord, leur unité et non pas leur identité. Il n'est donc possible de connaître une chose qu'à la condition de reconnaître l'ensemble des qualités contraires au point de vue du tout, pour connaître ainsi l'harmonie d'ensemble qui donne sa mesure à chaque intervalle limité de changement, c'est-à-dire à chaque chose »*[155].

En somme, ni l'Un, ni le multiple, et en même temps l'Un et le multiple : telle est la difficulté qu'Héraclite laisse en héritage à l'astronomie. Il porte bien, pour le fait, son surnom d' « Obscur ». Qu'on l'appelle paradoxe, aporie ou dilemme, cette difficulté est le chemin désormais tracé pour l'entrée de la métaphysique en astronomie, du moins l'astronomie telle que l'entendra Platon. Cette difficulté est fondamentale et originaire, et nous pensons que le pythagorisme de Parménide, qui emprunte d'autres voies également nuancées, est une manière de la trancher.

La métaphysique parménidéenne repose sur la réinterprétation d'un principe d'origine pythagoricienne : l'Un qui, selon Parménide, est de l'Être et du Tout le synonyme. Cette identification Un, Tout et Être écarte les concepts pythagoriciens de limite et d'illimité, qui avaient cours pour un univers issu du nombre. En partant de l'Être, qui n'est pas un concept pythagoricien, Parménide donne clairement à voir que la ligne d'horizon de sa théorisation est métaphysique et non astronomique.

Dans cette direction, la philosophie de Parménide récuse plusieurs choses qu'on peut repérer au centre de la métaphysique héraclitéenne : la génération, le changement et le vide. La pensée de Parménide montre deux voies : la voie de la vérité et la voie de l'opinion empruntée par ceux qui sont aux yeux de

---

[154] Pour une analyse de ce rapport entre être et pensée, qui est la première forme de la dialectique qu'auront en partage Zénon, Platon, et toute la postérité philosophique, voir l'essai de Kostas Axelos, *Héraclite et la philosophie : la première saisie de l'Être en devenir de la totalité,* Paris, Minuit, collection Arguments, 1974.

[155] J-F. Pradeau, *op.cit.,* introduction, p.53.

Parménide de simples « mortels »[156]. Les principes et les caractéristiques de cette ontologie du plein que prône Parménide sont présentés dans la voie de la vérité. Le fragment 8, qui est la clé de voûte du système qu'inaugure ce chemin, les exprime clairement. Parménide part en effet du principe d'unicité et d'éternité :

> « [L'Être] *n'a jamais été et ne sera jamais, puisqu'il est maintenant, tout ensemble, un, continu. Car quelle naissance pourrais-tu lui donner ? Comment et d'où tirer sa croissance ? Je ne te permettrai pas de dire qu'il provient du non-être : car il n'est pas dicible ni pensable qu'il ne soit pas ; et quel besoin l'aurait poussé, plus tard de préférence à plus tôt, à croître à partir du néant ? Donc il doit être en son entier ou ne pas être du tout (...) Et comment le « il est » pourrait-il être dans le futur ? Comment pourrait-il devenir ? Car s'il vient à l'être, il n'est pas ; de même qu'il ne peut être s'il doit être dans le futur. Ainsi le devenir est aboli et la destruction inconnue.* »[157]

Ici, Parménide pose clairement pour principe que l'Être est non créé et impérissable. Ce principe donne de l'Être trois caractéristiques principales :

1. *L'indivisibilité,* qui tient de ce que l'Être étant continu, touche à l'Être ; il ne saurait donc y avoir ni accroissement, ni fractionnement. Par l'indivisibilité, Parménide affirme l'ontologie du plein : *« ce qui est se rapproche de ce qui est ».*
2. *L'immobilité,* puisque l'Être est *« enserré dans des limites définies par de grands liens »*[158]. L'immobilité de l'Être induit qu'il ne peut être identique qu'à lui-même, *« Subsistant, pareil à lui-même, et à la même place (...) Car la puissante Nécessité le retient à l'intérieur d'une limite qui le garde de tous les côtés. »*
3. *La finitude* de l'Être est une caractéristique que Parménide tire de cette immobilité de l'Être, trait de son identité : *« puisqu'il y a une limite extrême, il est parachevé comme la masse d'une balle bien arrondie de tous côtés, également équilibré dans chaque direction*

---

[156] Le poème de Parménide s'est prêté à plusieurs lectures, autant divergentes que stimulantes. Sur une analyse critique des sources et du sens de cette dichotomie méthodologique entre « la voie de l'opinion » et la « voie de la vérité », voir Nestor-Luis Cordero (édition critique, traduction et bibliographie par), *Les deux chemins de Parménide,* deuxième édition, Paris, éd. J. Vrin, et Bruxelles, éd. Ousia, 1997. Sur les rapports entre Parménide et Héraclite, voir Marcel Conche, *Parménide, Le Poème : Fragments* (texte grec, traduction, présentation et commentaire par), Paris, PUF, 1996, présentation, p.30 et ss. Pour une lecture de Parménide comme un transport « dans un dépaysement sacré », voir, de Jean Beaufret : *Parménide. Le poème*, Paris, PUF, [1955], 2e édition, « Quadrige » 2006.

[157] DK [28] B 8 [Parménide fr.8, 5-21, par Simplicius, in *Physique,* 78, 5 ; 145] ; Kirk et ali., *Les philosophes présocratiques,* n°296, p. 267.

[158] DK[28] B 8, ligne 26, idem pour les citations suivantes.

depuis le centre (...) étant égal à lui-même de tous côtés, il repose uniformément à l'intérieur de ses limites.»[159]

Les positions de Parménide, notamment sur la finitude de l'Être, manquent de clarté. En effet, comment concilier plénitude et finitude ? Les spécialistes pensent que cette finitude est conforme à l'argument principal de Parménide, qui consiste à poser que *« si ce qui est, est limité ou déterminé, il ne peut être défectueux et s'il n'est pas défectueux, il ne peut alors être imparfait »*[160].

Mais cette question nous semble difficile. Ce qui ressort de cette énonciation, c'est que, sans les citer, Parménide relègue les thèses de la totalité de l'être en devenir et la cosmologie du feu que développe Héraclite dans la seconde voie, celle des *« opinions des mortels dans lesquelles on ne peut vraiment mettre sa confiance »*[161], qu'il ne prend pas au sérieux, puisqu'il introduit ce second moment de sa pensée en parlant de « l'ordonnance décevante de mon raisonnement ». Autant dire que dans les fragments de Parménide, le second moment de sa pensée réservée à la voie de l'opinion est une non-pensée, puisqu'il tient les apparences en dédain.

Pourtant, en suivant la doxographie de Parménide, on pourrait lui prêter une authentique physiologie, même si on peut entendre qu'il ne prend pas la cosmologie et la métaphysique d'Héraclite au sérieux. La voie de l'opinion serait ainsi un moment constitutif de la pensée de Parménide, qui y adhère ainsi à la physique de son temps, en retenant le dualisme lumière / obscurité, chaud/froid déjà présent chez Héraclite. Cette position est en tout cas celle de nombreux doxographes. Ainsi, Aétius, qui semble voir dans la voie de l'opinion une adhésion complète de Parménide à la cosmographie de l'Éphésien. Si bien que pour lui, *« Parménide et Héraclite pensent que les astres sont des condensations de feu »*[162]. Diogène Laërce soutient cet ancrage astronomique de Parménide, en écrivant qu'il *« fut le premier à affirmer que la Terre a une forme sphérique et qu'elle repose au centre (du monde) »*[163], fondant ainsi le géocentrisme, qui va retentir dans l'astronomie jusqu'à Copernic et Galilée.

---

[159] DK [28] B 8, [Parménide fr. 8, 5-21, par Simplicius, in *Physique,* 78, 5 ; 146] ; Kirk et ali, *Les philosophes présocratiques,* n°299, p. 271.

[160] Kirk et ali., *op.cit.,* p. 271.

[161] DK [28] B 8, [Parménide fr. 1, 28-32, par Simplicius, in *de caelo,* 557-25] ; Kirk et ali., *Les philosophes présocratiques,* n°301, p. 273.

[162] DK [28] A 39 [= Aétius, Opinions, II, XIII, 8] ; J.-P. Dumont, *Les écoles présocratiques,* p. 338.

[163] DK [28] A1 [= Diogène Laërce, *Vies,* IX, 21-23] ; J.-P. Dumont, *Les écoles présocratiques,* p. 323.

En somme, la distinction entre le chemin de la vérité et celui de l'opinion détourne Parménide du principe matériel ionien et du cadre pythagoricien de sa spiritualisation. Que l'analyse du monde surgisse dans la voie de l'opinion montre que la nature (*physis*) n'est pas le but de son élaboration, mais plutôt l'étant considéré dans son étantité propre et telle que sa vérité et sa détermination tiennent de l'Un-Tout (*Tou panthos*).

Cette optique où chaque étant n'a de sens que comme figure de l'Un-Tout, indivisible et inengendré, permet de contourner le dualisme ou la pluralisation trouvée dans le principe pythagoricien. Néanmoins et au-delà, loin de se départir de l'orientation cosmologique qui fut celles des premiers astronomes, cette quête parménidienne va se mener à l'intérieur des catégories du monisme et du dualisme telles qu'elles ont été énoncées par Thalès et telles qu'elles ont été revisitées par les pythagoriciens. Épistémologiquement donc, l'influence des premières hypothèses cosmologiques postulées par Thalès et Pythagore s'étend aux thèses métaphysiques des Éphésiens et des Éléates, situées plus au sud de l'Italie.

En définitive, Parménide reste pour ainsi dire attaché à l'école pythagoricienne, du moment où le principe matériel ionien est écarté au profit de l'inengendré. En d'autres termes, la refondation pythagoricienne de l'unité cosmique offre la première figure d'une opposition entre ce qui est et ce qui n'est pas, cette distinction travaillant le cadre épistémologique de toute cosmologie future, y compris celle de Platon. Le retour sur les quatre éléments d'Empédocle est la dernière station dans les redevances présocratiques platoniciennes.

2.1.2 Empédocle et les quatre éléments

La philosophie du pythagoricien Empédocle (env. 484-424 avant J.-C.) est la dernière station sur le chemin que nous suivons du repérage des attaches présocratiques de la cosmologie platonicienne. Ici encore, la question demeure la même : que dit Empédocle, *le pythagoricien ?* Au tout début de sa série de textes consacrés à Empédocle, Jean Bollack souligne toute la force, la complexité et la profondeur du poème de ce savant du cinquième siècle avant notre ère, insistant sur le fait, crucial, que *« Le récit de la genèse, qui en occupait la plus grande partie, était comme une immense comparaison épique destinée à expliquer la nature et le devenir de l'être. La technique des rhapsodes ouvrait l'accès de la science et en permettait la diffusion »*[164]

164 Jean Bollack, *Empédocle, I, introduction à l'ancienne physique*, Paris, Tel Gallimard, 1992, p.7-8.

Cela veut dire que le poème d'Empédocle nous engage dans une quête de l'étant dans ce qu'il est. Cette quête se veut cependant scientifique, parce qu'elle se consacre entièrement au dépouillement des secrets de la nature, s'efforçant de dissocier son approche de celle de la métaphysique de son temps. Empédocle avance deux postulats originaux et quasiment inédits qui, par leurs conséquences épistémologiques, indiquent un cheminement de recherche qui va marquer la cosmologie de Platon. D'abord, que l'univers est sphérique et qu'il repose sur quatre éléments primordiaux ; ensuite, que les forces contraires sont au cœur de l'univers, qui oscille de fait entre l'harmonie et le chaos.

La première innovation d'Empédocle est de présenter un récit de l'origine et du contenu de la sphère-monde, sous une forme poétique et dramatique, avec des scènes, des séquences et des personnages. Au tout début, Empédocle introduit quatre personnages qui constituent en fait les quatre éléments primordiaux : la terre, l'eau, l'air et le feu, dont les rapports vont évoluer de manière dialectique pour constituer l'ordre actuel du monde. Mais cette représentation dramaturgique cache une théorisation proprement scientifique, sous le module d'une physique élémentaire. Comment, dès lors, se constitue cette théorie des éléments, et en quoi est-elle, pour Empédocle, l'occasion d'un détachement vis-à-vis de la (méta) physique ionienne ? Pour y répondre, Jean Bollack nous fait remarquer la subtilité avec laquelle Empédocle prend au dépourvu la formulation ionienne d'une théorie de la nature. Son indiscipline à l'égard de la méthode ionienne commence par l'origine même des quatre éléments, qui connote d'un recours à des représentations antérieures à Thalès :

> *« La division du monde en quatre zones « élémentaires » n'est pas seulement impliquée dans le fameux partage* (δασμός) *que Poseidon invoque dans l'*Iliade *: Ciel de Zeus, Brume d'Hadès, Mer et le lot commun de la Terre, elle est contenue dans les formules de serment qu'Homère fait prononcer aux dieux. On ne distingue pas les membres du monde de l'origine qui les nourrit. Dans les plus antiques représentations, les êtres vivent du contact harmonieux qu'ils entretiennent avec les forces élémentaires. Empédocle, sur ce point, fixe une conception très archaïque. »*[165]

[165] Jean Bollack, *Empédocle, I, op.cit.*, p.18. Ce recours aux images et à la mythologie ancienne est bien rendu par le fragment 6 sur les quatre éléments ou racines du Tout (DK [31] B 6) : *« Écoute d'abord quelles sont les quatre racines de toutes choses : Zeus resplendissant, Héra porteuse de vie, Aidoneus, et Nestis qui, de ses larmes, arrose les mortelles sources. »* [=Aétius, *Opinions,* 1, 3, 20] ; Kirk et *ali.*, *Les philosophes présocratiques,* n°346, p .307. Voici comment Stobée rapporte ces figures de la mythologie aux quatre éléments fondamentaux, qui correspondent à des images de la réalité concrète : *« Empédocle appelle du nom de* Zeus *l'effervescence et l'éther ; du nom de* Héra, mère de vie, *la terre ; l'air du nom d'*Aidônéus, *parce qu'il n'a pas de lumière qui lui soit propre et qu'il se trouve éclairé par le Soleil, la Lune*

Ensuite sont profondément nuancés ces éléments issus des « plus antiques représentations » pour servir son opposition aux théories ioniennes classiques, et produire, par la même occasion, les innovations qui sont le cœur de cette nouvelle théorie physique qu'Empédocle introduit dans l'antiquité. Bollack poursuit :

> *« En face des Ioniens, qui cherchaient au-delà des apparences à subsumer un principe unique, invisible dans ses avatars, abstrait en dépit de sa nature tangible, Empédocle maintient la pluralité traditionnelle qu'il présente non plus comme une division du monde, mais comme un principe quadruple. »*[166]

L'entrée en scène du « principe quadruple » terre, air, eau, feu est l'innovation qui éclate l'unicité du principe matériel ionien dont l'eau de Thalès et l'*Apeiron* d'Anaximandre sont les figures les plus hautes. La seconde innovation d'Empédocle va donc consister, pour en garantir l'autonomie, à couper ce principe quadruple de toute forme de transcendance, mythologique, religieuse ou métaphysique, voire à supprimer la pertinence de toute réalité en dehors de ce principe quadruple. Pour cela même, il va définir et fixer les fondements du devenir de ces éléments en plaçant les rapports entre eux non pas sous la coupe d'une entité transcendante, mais sous une dynamique de forces. Empédocle recense deux forces rivales qui rentrent permanemment en conflit : la Haine et l'Amour, qui contrôlent alternativement l'ordre du monde. Au commencement est le cycle de la Haine, où les quatre éléments distincts sont distants les uns des autres. C'est le cycle des monades, de l'atomisation des quatre éléments cosmiques.

Par suite, l'Amour prend le contrôle du centre du monde, ayant tiré victoire des pressions entre les éléments primordiaux et de leur évolution chaotique. L'entrée en scène de l'Amour montre bien comment l'univers repose sur le rapport entre forces contraires. Et c'est ce décentrement de la Haine qui permet à l'Amour de constituer le premier noyau dur et de soumettre par suite le reste du monde à l'harmonie. La sphère *(Sphairos)* est chez Empédocle la figure d'un monde abouti, dont l'ordre et le désordre s'expliquent par eux-mêmes. Cela signifie que pour lui, seul le cycle du changement explique l'harmonie qui règne entre les éléments ou racines cosmiques.

En somme, l'odyssée cosmique d'Empédocle se joue à travers des éléments matériels et leurs combinaisons : l'air, la terre, le feu et l'eau. Ce

---

et les astres ; du nom de Nestis, aux pleurs dont les mortels s'abreuvent, *la semence et l'eau. Des quatre éléments est formé le Tout. »* (DK [31] A33 [=Stobée, *Choix de textes,* I, x,ii b] ; J.-P. Dumont, *Les écoles présocratiques*, p. 147-148). Souligné dans le texte.

[166] Jean Bollack, *Empédocle, I, op.cit.,* p.19.

recours aux éléments ne fait pas pour autant de sa cosmologie et de sa philosophie une physiologie. Même si elle occupe une place spéciale dans le système, l'enquête d'Empédocle reste profondément pythagoricienne. Le pythagorisme d'Empédocle se marque dans l'apparition de la sphère qui, précisément par sa sphéricité, son éternité et son immobilité, constitue le reflet de l'Un tel que la physique d'Empédocle l'entend spécifiquement[167]. Les quatre éléments constituent la matière de cette sphère, la Haine et l'Amitié la forme qui y régule l'assemblement et la dissociation desdits éléments[168].

Le moins que l'on puisse dire, c'est que les éléments matériels susceptibles d'arrimer la cosmologie d'Empédocle à la physiologie apparaissent dans une répartition de la série pythagoricienne des principes qui laisse peu de place à la matière. Il n'y a de matière dans les éléments que de nom, ces éléments renvoyant eux-mêmes à une théorisation beaucoup plus subtile du nombre. Pour cela même, nous suggérons d'entendre par la théorie d'Empédocle une dématérialisation de la matière des éléments, plus conforme aux visées pythagoriciennes qu'à celles de la physiologie ionienne[169]. En même temps,

---

167 *« Égal à lui-même partout, illimité, / Sphairos est là, tout rond, joyeux et immobile »* DK [31] B 28 [=Stobée, *Choix de textes,* I, xv, 2 a b] ; J.-P. Dumont, *Les écoles présocratiques*, p. 194.

168 Au début de sa *Physique,* Empédocle déclare : *« Le propos que je tiendrai sera double : à un moment donné, elles [c'est-à-dire les racines] poussèrent de façon à devenir un à partir du multiple, et à un autre moment, elles poussèrent séparément de sorte qu'elles furent plusieurs issues d'une seule. Double est la naissance des choses mortelles et double est leur disparition : car l'un est amen » à la naissance et à la destruction par la réunification de toutes les choses, l'autre est nourri et désintégré quand elles croissent séparément de nouveau. Et ces choses ne cessent jamais leurs échanges continuels, tantôt se ramassant toutes en l'un sous l'action de l'Amour, tantôt chacune s'éloignant de l'autre sous l'effet de la Lune haineuse. Alors, dans la mesure où elles ont appris à devenir un à partir de plusieurs, et au contraire à pousser multiples à partir de l'un, dans cette même mesure elles sont en devenir et n'ont pas de vie stable ; mais pour autant qu'elles ne cessent jamais leurs échanges continuels, elles continuent ainsi, immuables dans le cycle. »* (DK [31] B 17, lignes 1-13 [=Simplicius, in *Physique*, 158, 1.] ; Kirk et ali., *Les philosophes présocratiques*, n°348, p .308).

169 Sur ce point, la position suivante de Jean-Paul Dumont est très éclairante et avantageuse au point de vue de cette dématérialisation des éléments que nous soutenons : *« Empédocle est justement célèbre pour avoir particulièrement illustré en philosophie la doctrine des quatre éléments auxquels il donne le nom de quadruple racine. Ces éléments sont indéniablement corporels, mais, en stricte doctrine pythagoricienne, rien n'empêche que ces éléments corporels ne soient des nombres, et justement les nombres qui font suite à l'Un et sont sa matière. On peut alors comprendre que les quatre éléments eux-mêmes soient formés d'éléments antérieurs, comme les briques dont le mur est construit, ou de fragments infiniment petits qui sont des minima, et pour ainsi dire des éléments d'éléments. Cela signifie que la tétractys (le nombre 4) qui est encore la décade (car 1+2+3+4=10), est la quadruple racine qui constitue la décade, en tant que la décade est « réceptacle de l'Illimité » (...). À partir du 10 sont produites les propositions, puis le point, la ligne, le triangle (propre à composer toutes les surfaces), ainsi que les quatre pyramides dont la dernière correspond à la tétrade. Par conséquent, il est tout à fait légitime de concevoir que les quatre éléments, qui sont à la fois corps et nombre, et qui sont à la source ou à la racine du caractère illimité de l'Un, sont eux-*

cette filiation à Pythagore n'est pas sans condition. Le propos d'Empédocle est chargé des énoncés proprement physiciens de l'École ionienne, et le pythagorisme d'Empédocle, s'il en a un, se forge faute d'aller plus loin dans les positions ioniennes. Jean Bollack parle d'une position « à la crête » pour décrire ce pythagorisme presque polémique :

> *« Empédocle se situe à la crête de deux versants. Derrière lui, les Ioniens (...), qui réduisent toutes choses à l'Un et, devant lui les modernes, Anaxagore et les Abdéritains, qui multiplient à l'infini les principes, homéoméries, semences, atomes, et les dérobent au regard. Il accepte l'Un dans la multiplicité indivisible de la tétrade. »*[170]

Finalement, le pythagorisme d'Empédocle tient de ceci qu'il garde, contre les Abdéritains, la nécessité de reposer la différence et la variation des choses sur le rapport numérique. L'inscription de l'Un dans la « multiplicité indivisible de la tétrade » est à ce titre une allégeance au pythagorisme. En effet, ce rapport est fondamentalement difficile lorsqu'on multiplie les principes à l'infini. Le quadruple principe ramène à lui seul l'explication de l'ordre, du désordre et de la différence dans la sphère-monde. Le rôle de trouver, d'expliquer et de prouver les caractéristiques de la sphère repose sur la quadrature des éléments primordiaux, et sur les régularités mathématiques susceptibles d'en découler. Jean Bollack a raison de souligner que, *« Empédocle, avant Platon, fait tenir ce rôle à la proportion »*[171]. Ainsi qu'on le verra, la cosmologie platonicienne montre combien elle doit à la dématérialisation de la matière et à la proportion, dont on tient d'Empédocle l'une des premières formulations. Pour cela même, il se pose en héritier et interprète du thème cosmique, tel qu'il fut engagé par les présocratiques.

2.2 PLATONISATION DU THEME COSMIQUE

Si des références présocratiques pèsent sur la construction platonicienne de la question cosmologique, la question de la condition de la platonisation du thème cosmique reste essentielle. Cette section montre que cette question consiste à dire que chez Platon, ce que dit la science des présocratiques ayant traité de cosmologie doit être traduisible en langage platonicien sur la connaissance de la connaissance. Le présupposé du rapport de Platon aux présocratiques est donc le point de vue platonicien sur la science elle-même. Platon arrive aux présocratiques en ayant déjà fait système : dans la

---

mêmes constitués de minima numériques *produits à partir de l'Un par l'action exercée sur l'Un par le pair et l'impair, autrement appelés Haine et Amitié. »* (Jean-Paul Dumont, *Les écoles présocratiques*, *op.cit.*, p. xxvi et xxvii, souligné dans le texte.)

[170] Jean Bollack, *Empédocle, I*, *op.cit.*, p.19.

[171] *Ibid.*, p.21.

compréhension de ce retour et de ce recours aux devanciers, il est donc essentiel et décisif de considérer et de tenir le plus grand compte de l'adéquation de ces références présocratiques aux conditions de possibilité ainsi qu'aux formes des objets de la connaissance platonicienne. Platon accueille les présocratiques dans son propre système de connaissance : cela veut dire que le rapport le plus objectif et le plus abouti, de même que la confrontation la plus féconde de Platon aux présocratiques ne sauraient véritablement se faire que sur le sol de l'épistémologie. Engager le rapport de Platon aux présocratiques sur le terrain de l'évolution des idées en métaphysique ou sur la construction des concepts scientifiques est donc un cul-de-sac : Platon a fondé sa propre histoire et sa propre métaphysique : il campe ses propres référentiels. En d'autres termes, Platon ne retourne aux présocratiques qu'à partir et à travers ses propres développements et ses propres attentes sur ce qui revient en propre à la connaissance, sur ce qui, dans son système, revient en partage au savoir véritable. L'enjeu n'est donc pas pour Platon de savoir ce que disent les présocratiques, mais plutôt : *comment ce qu'ils disent peut-il rentrer dans son référentiel méthodologique propre ?*

Dans le système de Platon, et suivant la dynamique interne de ses écrits, cette question épistémologique générale, qui montre le caractère discursif et critique du rapport de Platon aux présocratiques, ne préoccupent plus l'encyclopédie du *Timée*, qui est un texte de maturité et d'abstraction dit par un savant[172] s'adressant à ses pairs[173]. La question de l'héritage présocratique est au centre de quelques dialogues antérieurs, que nous nommerons « dialogues épistémologiques », Platon y traitant de ce qui précède et décide de toute entreprise « scientifique », en tant que principes de la connaissance vraie. Le programme du *Timée* expose une théorie cosmologique dont le cadre normatif repose sur un travail sur la connaissance de la connaissance vraie, sur le destin de la connaissance comme régime de vérité et système de référenciels propres. Pour Platon, la question primordiale est celle-ci : qu'est-ce que connaître, et de quoi peut-il y avoir connaissance ?

---

[172] Timée est présenté comme *« celui d'entre nous qui est le meilleur astronome et qui a donné le plus de travail à pénétrer la nature de l'univers »* (*Timée*, 27a)

[173] *« Découvrir l'auteur et le père de cet univers, c'est un grand exploit et quand on l'a découvert, il est impossible de le divulguer à tous »* (Platon, *Timée*, 28c).

2.3 La Science dans le *Theetete* et le *Parmenide*

Il faut dire que dans le système de Platon, cette question épistémologique est traitée au moins en deux temps, dans le *Théétète* et dans le *Parménide,* et sur deux versants où Héraclite et Parménide seront engagés par Platon, avec des fortunes diverses. Précisons d'emblée que l'enjeu immédiat de cet engagement n'est déjà plus une prise de position ou une allégeance en faveur d'une école présocratique, qu'elle soit ionienne ou pythagoricienne. Il est hautement contemporain : confronté à la vogue sophiste, Platon est conduit aux présocratiques par l'exigence méthodologique d'examiner radicalement les fondements de cette doctrine de la vérité qu'il veut tourner en dérision. Et, par là et en même temps, de trouver dans l'ère présocratique une forme de philosophie première ou doctrinale susceptible d'illustrer ou de correspondre à sa propre conception de l'épistémologie et de la science.

2.3.1. Le *Théétète* et la théorie de la relativité du vrai

Dans le *Théétète*, le projet épistémologique prend la forme d'une analyse de ce « *en quoi* consiste la science » [174]. Déjà, le dialogue du *Menon* indiquait que la modalité de l'acquisition du savoir et de la science se trouvait dans le souvenir :

> *« La nature entière étant homogène et l'âme ayant tout appris, rien n'empêche qu'un seul ressouvenir (c'est ce que les hommes appellent savoir) lui fasse retrouver tous les autres, si l'on est courageux et tenace dans la recherche ; car la recherche et le savoir ne sont au total que réminiscence »*[175].

En enquêtant sur la nature de la science, le *Théétète* poursuit ce projet de la maïeutique socratique, sans pour autant prétendre d'emblée toucher à la vérité de la science elle-même, cette dimension ultime, proprement platonicienne, apparaissant plus clairement dans l'exposé du *Parménide*. Il est de bon ton que le dialogue du *Théétète* s'engage, non pas à proposer les thèses de Platon sur la question de la science, mais à sonder la validité de celles avancées par ses adversaires. Ainsi, la position des sophistes, que Platon a en ligne de mire, va être considérée comme le modèle même de ce que la science ne saurait être. Pour cela même, dans la classification des dialogues

---

[174] Platon, *Théétète,* 151 d. Texte cité : *Parménide, Théétète, Le Sophiste*, texte établi et traduit par Auguste Diès, Paris, Tel Gallimard, 1992, p.73.

[175] Platon, *Ménon,* 81 d. Texte cité : *Protagoras, Gorgias, Ménon,* texte établi et traduit par Alfred Croiset, avec la collaboration de Louis Bodin, Paris, Tel Gallimard, 2003, p.181.

platoniciens, le *Théétète* est dit de genre peirastique[176]. En effet, le jeune Théétète propose trois réponses sur la question de ce que peut être la science. La première, que la science est la sensation. La deuxième, que la science est l'opinion vraie. La troisième, que la science est l'opinion vraie appuyée par la raison. Les trois définitions de Théétète sont repoussées par Platon, aucune ne méritant ni le nom de vérité, ni celui de méthode adéquate à sa recherche.

Mais la première de ces réponses nous intéressera particulièrement à ce stade de notre exposé, puisqu'elle est, pour Platon et par l'examen qu'il en fait, l'occasion d'une rencontre évaluative des positions des présocratiques. Voici, du reste, cette première réponse de Théétète : *« à mon jugement, celui qui sait sent ce qu'il sait et, à dire la chose telle au moins actuellement elle m'apparaît, science n'est pas autre chose que sensation »*[177]. Qu'est-ce à dire ? Que la science est l'art de la relativité, chacun y allant de sa sensation ou plutôt, de sa manière de sentir. Platon trouve chez Protagoras et plus largement dans la sophistique l'expression de ce rapport presque physique, subjectif et corporel au vrai, chacun étant maître de son chemin dans cette (pseudo)philosophie. D'où la réponse à Théétète :

> *« Tu as donc parfaitement raison de dire que la science n'est pas autre chose que la sensation, et c'est au même sens que reviennent et la formule d'Homère, d'Héraclite, de toute la tribu qui les suit : « toutes choses se meuvent comme eaux qui courent », et celle de Protagoras le très sage : « l'homme est la mesure de toutes choses », et celle de Théétète, qui déclare qu'à ce compte la sensation devient la science »*[178].

La première conséquence d'une telle doctrine est de faire de chacun le savant de tout, mais de tout de son propre savoir, qui ne peut être que fractal, l'universalité de la connaissance résidant exclusivement dans la portion que couvre ma subjectivité. Cette approche condamne la science à n'être que ce que chacun en dit, et rien d'autre. La seconde conséquence est dans le

---

[176] Pour situer le *Théétète* dans le genre platonicien à plusieurs variables, suivons Emile Chambry, qui cite en cela une classification qui remonte à Diogène Laerce : *« Le dialogue* [platonicien] *a deux formes, il est* diégétique *(sous forme d'exposition) ou* zététique *(sous forme de recherche). La première se divise en deux genres :* théorique ou pratique. *Le théorique se subdivise à son tour en deux espèces :* métaphysique ou rationnelle *; le pratique aussi se subdivise en deux espèces :* morale *et* politique. *Le dialogue* zététique *peut avoir, lui aussi, deux formes différentes : il peut être gymnique (d'exercice) et* agonistique *(de combat). Le genre gymnique se subdivise en* maïeutique *(qui accouche les esprits) et en* peirastique *(qui éprouve, qui sonde).* L'agonistique *se subdivise également en deux espèces :* l'endictique *(démonstrative) et* l'anatreptique *(réfutative) ».* (E. Chambry, introduction au *Théétète / Parménide*, Paris, GF, 1967, p.12. Souligné dans le texte.)

[177] Platon, *Théétète,* 151 e, éd. Auguste Diès, *op.cit,* p.73.

[178] *Ibid.*, 160 d-e, p.81.

raccordement de cette doctrine aux théories des sages présocratiques. Pour Platon, cette doctrine sophistique qui consiste à dire que « la science n'est autre chose que la sensation » n'est pas neuve, puisqu'elle s'accorde avec celle d'Homère, d'Héraclite et de « toute la tribu » qui les suit. Cela signifie que la vérité des choses serait dans le mouvement, le repos étant le facteur de leur destruction même. Platon qui, rappelons-le, a épargné Parménide et son école, disqualifie ainsi la théorie héraclitéenne, qui repose la vérité des choses sur le mouvement radical, universel, et qui confine à tirer la vérité de tout et finalement de rien. Dire donc de la science qu'elle ne saurait être la sensation, c'est, finalement, rejeter la doctrine du mouvement universel, avec lequel l'être de l'être sera toujours de n'être pas. Ce qui, de l'avis de Platon, est une absurdité, car d'aucune manière de cette mobilité radicale rien ne saurait être. Qu'est-ce donc que la science, pour Platon ? Le *Parménide* se charge d'y répondre.

2.3.2 La science selon le *Parménide*

On peut lire, dans l'introduction à un ouvrage de haute érudition sur les sophistes, que *« Parménide rejetait totalement les sens et Platon ne leur accordait pas un rôle plus important que celui de servir d'un point de départ que l'esprit devait rapidement laisser derrière lui. »*[179] Cela est vrai dans la mesure où la critique de la sensation et de la relativité du vrai sur laquelle s'engageait le *Théétète* impliquait conséquemment que la connaissance devrait être cherchée du côté de l'absolu et de l'universel, autrement dit pour elle-même. Cela est cependant moins vrai si on considère le poème de Parménide du point de vue de sa dialectique propre, où la quête de l'être, comme on l'a déjà souligné, n'oublie pas le chemin de l'opinion, celui des simples « mortels » où, selon Parménide, s'engagent et s'égarent Héraclite et ses disciples. Si bien que Nietzsche[180] a raison de dire qu'en s'en tenant à la dimension métaphysique du poème, où Parménide traite de l'unité et de l'être, Platon n'a fait qu'hypostasier un fragment de la pensée de l'Éléate, au détriment de ce chemin de l'opinion qui est le sentier d'une philosophie de la vie.

La position de Guthrie devient même franchement suspecte, du moment où l'on sait que son énoncé voile une affirmation plus qu'implicite de la continuité mécanique de Parménide à Platon. Or, au regard de la démarche du *Parménide*, de cette continuité il n'en est rien, et ce ne sont pas les raisons de le prétendre qui manquent. D'abord, Platon, après avoir écarté la sensation

[179] W.C.K. Guthrie, *Les sophistes,* traduit de l'anglais par J.-P. Cottereau, Paris, Bibliothèque philosophique Payot, 1988, p.15.
[180] Nietzsche, F. (1870). La philosophie à l'époque tragique des Grecs. trad. Jean-Louis Backes, Michel Haar et Marc B. de Launay.

comme fondement de la connaissance dans le *Théétète*, renonce, on vient de le dire, à suivre Parménide dans ses réflexions sur l'opinion des mortels, probablement parce que cela déboucherait sur une nouvelle évaluation de la sensation, et donc sur un retour à Héraclite. Et pour cela même, le *Parménide* ne parle que d'un Parménide, celui qui a énoncé le monisme et la plénitude de l'être. Ensuite et surtout, ce choix partial et orienté est finaliste, il se fait en vue d'un projet et d'un problème proprement platoniciens, que le *Parménide* met à l'étude, en complément du *Théétète* : *par où procède le fondement de la connaissance ?*

Dans le *Parménide,* Platon, reprenant Zénon d'Élée, affirme qu'*« il y a une forme en soi de la ressemblance, et, à cette forme, une autre qui s'oppose : l'essence du dissemblable»*[181]. De cette discussion fictive entre Parménide, Zénon et Socrate, le principe fondamental de la théorie des Formes finit par émerger, dans le propos de Socrate, des différentes possibilités théoriques qui s'affrontent autour de la question du fondement de la connaissance. Ce principe stipule que ce qui est « en soi », la Forme, existe et devient ce par rapport à quoi le reste de la réalité ne fait que participer en tant que ce qui ressemble à. Ainsi, il faut *« que ces Formes soient en permanence dans la réalité à titre de paradigmes ; que les choses leur ressemblent et en soient des copies, et que cette participation des choses aux Formes consiste en cela seul qu'elles en sont images »*[182].

L'apparition du couple Modèles/imitations (ou Formes / copies) traduit l'attachement de Platon à une science qui opère à partir d'une topographie dualiste où le modèle sert de repère fixe d'où appréhender le mobile. Dans un environnement platonicien où rien de sensible ne saurait être objet de science[183], l'émergence de la clairière des Formes dans cette topographie donne à voir que la sphère de la science et du connaissable est une sphère du fixe. Ce fixe, dont les Formes ou Idées en sont la figure, constitue l'autrement et le suprêmement étant que Platon présentait ailleurs sous le nom du *« réel qu'est l'invisible »*[184].

Cette sphère est le site duquel la science vient et retourne : chez Platon, savoir, c'est tourner autour des Formes. Telle est la révolution copernicienne qu'introduit le *Parménide* dans l'épistémologie première, où connaître doit désormais signifier connaître ce qui est sans mesure (la sensation et ses

---

[181] Platon, *Parménide,* 129 a, éd. Auguste Diès, p.12.
[182]*Ibid.*, 132 d, p.16. Nous écrivons « Formes » pour marquer le caractère paradigmatique de ce concept.
[183]Voir Platon, *République,* 529 a.
[184] Platon, *République,* 529 b, *op.cit.*

adjuvants) à partir de la mesure (les Formes). Or, cette topographie inédite est ce qu'il y a de moins parménidien dans l'épistémologie platonicienne.

En effet, toute la discussion que Socrate mène dans le dialogue fictif avec Parménide et Zénon ne porte pas sur la fiabilité de ce modèle Formes/imitations que Platon introduit d'entrée. Elle porte sur ses difficultés, telles qu'elles peuvent être envisagées du point de vue de l'unité parménidienne. Ce souci de la dialectique n'est pas en soi une remise en question de la topographie Formes/imitations, sur la pertinence de laquelle les interlocuteurs n'ont plus aucun doute, encore moins une apologie du monisme et de la fixité ontologique qui surplombe la théorie parménidienne. Il s'agit de la recherche épistémologique sur la science par où elle vient. Platon y expose ses propres réponses à la question du fondement et de la nature de la science véritable, au regard et compte tenu des orientations et des objections conventionnelles susceptibles d'être formulées à partir de la dialectique parménidienne.

Ainsi, dans ce dialogue, il n'est pas question de la description ou du commentaire platonicien de la réponse parménidienne à la question de l'être et de la connaissance, mais de l'énoncé d'une réponse proprement platonicienne soucieuse de se confronter aux lumières critiques successives de Zénon et de Parménide. La réponse platonicienne ainsi soumise au jugement parménidien traverse tout le dialogue. Platon énonce *sa* théorie des Formes ou Idées en soi que nous venons d'aborder, et écoute ensuite les formulations parménidiennes, dans l'intérêt d'en tenir compte pour travailler à la maîtrise de l'enchaînement dialectique nécessaire pour établir la véracité de sa propre théorie.

Or, cette écoute donne aussi lieu de voir autre chose, à savoir comment, dans sa profondeur, l'émergence de la topographie Formes / copies, qui fixe d'emblée les repères à partir d'où connaître, étale une limite foncière de la théorie parménidienne de la connaissance. Cette limite consiste à dire que la dialectique parménidienne relève plus d'une gymnastique intellectuelle de type sophiste que d'une théorie véritable de la connaissance. Dans le *Parménide,* neuf hypothèses, pas moins, ont été énoncées par le couple Zénon / Parménide pour dire de l'être et du non-être s'ils sont ou ne sont pas. Au bout, la question de l'être et de ses modalités n'est pas tranchée et ne saurait l'être, au vu de l'équivalence des arguments pour ou contre l'unité. La plénitude de l'être devient, du point de vue de la théorie des Idées ou des Formes, un principe qui ne se démontre et ne se démonte pas.

Ce paradoxe est en soi représentatif de la série d'absurdités et de contradictions auxquelles le monisme des Éléates ne saurait se soustraire. Si bien que, loin de toute adhésion imaginaire que ses adversaires lui imputent, Platon est, dans le *Parménide,* sur la même pente critique que l'était le *Théétète* à l'égard du mobilisme universel de la tradition héraclitéenne. Après le mobilisme universel, Platon s'en prend donc aux fondements de la pensée parménidienne, qui « partage les esprits » avec Héraclite. En situant sa propre théorie aux antipodes du monisme parménidien, Platon prend d'autant plus fermement position qu'il veut échapper aux deux pôles de ce « partage des esprits ». La quête fructueuse d'un fondement inébranlable de la science, qu'il trouve dans la figure de la Forme, repose sur la volonté doctrinaire de trouver *son* propre chemin. Dès lors, la légitimité et la force du compromis éclectique que Platon trouve entre le mobilisme absolu d'Héraclite et le monisme pur de Parménide tiennent donc d'une démonstration que font le *Théétète* et le *Parménide* réunis : pris séparément, mobilisme absolu et repos immuable sont des doctrines stériles.

En somme, le mouvement radical, forme héraclitéenne de la connaissance, répugne à Platon, qui est à la recherche d'un système de connaissance fondé sur le fixe. Dans le même sens, l'attrait pour le repos qu'il trouve chez Parménide est très vite balayé par l'impossibilité théorique d'élaborer une doctrine de la connaissance sur ce qui ne paraît finalement être aux yeux de Platon qu'une forme savante de scepticisme. Il reste néanmoins vrai que des redevances platoniciennes à ces deux figures de l'épistémologie première de l'ère présocratique existent, et sont de trois ordres.

D'abord, ces deux doctrines ont le mérite d'avoir précédé la démarche platonicienne, et de lui donner ainsi un point d'impulsion et une perspective. En effet, en soldant la querelle sur le mouvement et le repos par la théorie des Formes ou Idées, Platon donne un contenu synthétique à sa propre doctrine qui inscrit l'être et la connaissance dans une perspective du fixe auquel le mobile participe comme imitation.

Ensuite, ce dépassement est en même temps une adhésion. En effet, si l'on se situe du point de vue de la cosmologie, on notera que Platon ne revient pas sur les termes d'une recherche sur la causalité du monde qui doit à Héraclite sa première condition épistémologique. Selon Gregory Vlastos, le fragment 30 que nous avons déjà cité, en indiquant l'unité d'un monde *incréé* et fondé sur une seule et même substance (le feu), faisait entrer pour la première fois dans l'histoire de la philosophie grecque *« une cosmologie sans une cosmogonie » (cosmology without a cosmogony)*[185]. La théorie des Formes est donc continuatrice de cette tradition épistémologique, de même que de celle qui, à partir de Parménide et surtout de Zénon, cherche la connaissance à

---

[185] Gregory Vlastos, *Plato's Universe,* chap.1: « The Greeks discover the Cosmos », *op.cit,* p. 6.

travers le repos qui achève la procédure discursive de la dialectique. Reste que l'introduction de la théorie des Idées, qui indique que c'est la Forme qui précède et décide de la rationalité de l'univers, modifie radicalement la perspective cosmologique traditionnelle.

Enfin, et au bout du compte, le *Timée* dessine un univers conforme, autant par ses choix épistémologiques que par sa configuration, aux présupposés téléologiques de l'épistémologie première qu'est la doctrine des Formes. La disponibilité préalable de cette téléologie indique que le problème cosmologique dont traite le *Timée* que nous décryptons au début de la seconde partie n'est pas à prendre du côté de la constitution d'une théorie de la science du monde, mais plutôt du côté de ses applications théoriques.

CHAPITRE 3
LEMAITRE ET L'HORIZON GRAVITATIONNEL

> *« La Relativité Générale permit à la cosmologie de sortir du domaine de la philosophie et de la métaphysique et de devenir un des domaines à part entière de la science. »*[186]

Le lecteur pressé doit être assuré d'une chose : il n'est pas question de reprendre une enquête sur la manière dont le thème et les principes cosmologiques de souche présocratique apparaissent à Georges Lemaître, l'inventeur du concept de la singularité cosmique (ou plus prosaïquement de la théorie du *big bang*). Il s'agit ici de mettre en lumière comment, tournant le dos à la perspective métaphysique platonicienne, l'appropriation et la réinterprétation de ce thème et de ces principes se fait à partir de la cosmologie aristotélicienne qui, nous a dit Jean Tricot, est « purement descriptive », et ne s'accompagne « d'aucune théorie sur la formation de l'Univers ». Cela signifie que, en s'en tenant à une phénoménologie de la présence des choses, Aristote ouvre la voie à une connaissance de la nature telle qu'elle apparaît, aujourd'hui, à la raison scientifique. Ce qui est mis en première ligne dans ce troisième chapitre, c'est un paradoxe : avec Lemaître, l'entrée de la question cosmologique dans une conceptualisation propre à la physique contemporaine, comme épistémologie de l'univers primordial, s'éloigne de manière décisive de Platon et de ses préoccupations métaphysiques, mais en s'encrant profondément dans la tradition de l'unité cosmique dont Platon fut l'héritier, l'interprète et dans une certaine mesure le continuateur.

En effet, comme chez Platon, cette mise en conformité de l'unité cosmique avec ses outils conceptuels locaux a également, chez Lemaître, sa « longue durée » propre, qui traverse toutes les cosmologies post-platoniciennes. Ce que nous exposerons ici, c'est que, dans son fond, cette longue durée tient au destin de l'unité cosmique, désormais modifié par deux paramètres introduits par le « croisement » de l'histoire de la philosophie et la (pré) histoire de la science physique. Le premier de ces deux paramètres décisifs pour la cosmologie de Lemaître, c'est la thématisation de l'unité cosmique *après* la *Métaphysique* et la *Physique* d'Aristote, qui donnent une large part au concept de réalité physique. En même temps, en matière cosmologique, Aristote platonise encore. En effet, par sa régularité et sa fixité, l'unification du mouvement que décrit Aristote constitue un retour à l'architecture platonicienne des Formes. Cette architecture s'applique par exemple à la matière,

---

[186] John Gribbin, *A la poursuite du Big Bang* [1988], traduit de l'anglais et préfacé par Michel Cassé, Monaco, Édition du Rocher, coll. Esprit/Matière, 1991, p. 123.

increée et sujette aux lois des substances qui sont des entités invariables comme les Formes. Cette description aristotélicienne ouvre cependant la voie à la gravitation, en posant ou en rendant possibles les termes scientifiques dans lesquels Newton devait écrire son système du monde.

Le deuxième paramètre est la critique galiléenne du caractère local du mouvement très lié, comme on le verra, à l'argument cosmologique d'Aristote. En s'appuyant sur la poussée d'Archimède, le principe héliocentrique de Copernic et le réalisme mathématique, Galilée propose le principe d'inertie, inconnu par Aristote, et nous dirons pourquoi. Ce principe d'inertie sera décisif pour les usages physiciens de l'unité cosmique, notamment après les apports newtoniens. Or on remarquera, dans la deuxième partie de la présente étude que, d'un point de vue théorique, Lemaître doit l'essentiel de sa formulation aux possibilités techniques que lui offre la physique quantique. Pourtant il reste vrai, d'un point de vue épistémologique, que sa cosmologie demeure l'un des lieux appropriés d'application du principe de l'inertie, puisqu'elle s'appuie très largement sur les propositions du système classique, mais telles qu'elles sont revisitées par l'insolence du génie d'Einstein.

3.1 La theorie aristotelicienne du mouvement

Partir d'Aristote, c'est chercher, dans la physique antique, les raisons de l'impossibilité de théoriser et de résoudre le problème de la gravité en mécanique et, en même temps, comprendre en quoi le fondement de la gravitation se trouve dans la théorie aristotélicienne du mouvement. Commençons par la question de la gravité en mécanique : deux postulats aristotéliciens, en devenant dogmatiques, l'ont rendue insoluble. Ces postulats, ce sont : l'impossibilité de la force à distance, et la nécessité d'une force constante pour maintenir un corps en mouvement rectiligne. Ces deux dogmes sont aujourd'hui balayés par la théorie physique. L'impossibilité de la force à distance est résolue par la théorie du champ électromagnétique ou celle du champ gravitationnel. Quant à la nécessité d'une force constante pour maintenir un corps en mouvement, elle n'est plus de mise dès lors qu'il est établi que la trajectoire d'un solide tombe en ligne parabolique, et non en ligne droite comme l'envisage la théorie aristotélicienne du mouvement.

Pour autant, si on se met du point de vue de la construction du concept de la gravitation, la naïveté de la thèse aristotélicienne n'enlève rien à son importance épistémologique. Au lieu de s'attacher à penser qu'il ne s'agissait là que de l'enfance de la connaissance scientifique, on peut se poser la question de fond : pourquoi et comment la physique d'Aristote n'était pas en mesure de produire autre chose qu'un système où le mouvement, et par conséquent l'action à distance, sont impossibles ?

3.1.1 La pesanteur du principe dual

La piste que nous suivrons pour répondre à cette interrogation consistera à dire que, comme chez Platon où on a évoqué un principe dual de la distinction entre Modèle et copie, Aristote garde une dualité structurelle entre le fond métaphysique et la physique. Mais cette dualité sert de base à un système qui place d'emblée la science dans le monde, et non plus dans une sphère du réel invisible. La portée de cette dualité structurelle est de garantir l'unité d'un univers à plusieurs variables, qui offre une topologie morcelée où, à la division entre le monde sublunaire et le monde supralunaire, se greffe celle de l'être en acte et de l'être en puissance. On peut montrer que, contrairement aux paralogismes en circulation sur la cosmologie antique, cette orientation plutôt géocentrique a permis de fonder une science globale de l'Univers sur le format de la sphère. Jean-Jacques Szczeciniarz a commis un essai dans ce sens, et présente cette expression aristotélicienne de l'unité cosmique en ces termes :

> *« L'unité de l'être en puissance et de l'être en acte se réalise dans et par la cosmologie. Si l'être en puissance est dans l'Univers aristotélicien la marque du monde sublunaire, alors que le monde supralunaire est celui où tout est en acte, dans le cosmos considéré comme totalité finie, on trouve l'accomplissement de l'unité synthétique de la puissance et de l'acte »*[187].

Le maintien de la pertinence de cette unité à toutes les dimensions du cosmos montre bien le réalisme aristotélicien. Ainsi, pour aller au monde sublunaire, Aristote se prive d'une remise en question des phénomènes, de type platonicien, au profit d'une *« analytique du sensible, à lire dans les choses mêmes »*[188]. Comme pour le reste des composantes de son Univers, Aristote se prescrit de suivre le monde sensible selon son *logos* fondamental, sa « rationalité » propre, et donc en l'absence de toute Forme intelligible constituante. Cette analytique, qui accorde un primat ontologique au sensible, fait du corps physique un objet qui *« a en lui toute la positivité »*[189]. Cela veut dire que le *« monde nous donne ce par quoi il peut être rationalisé et mathématisé, la mathématisation ne faisant que réexprimer cette potentialité : les formes du monde présentent cette expression »*[190] .

Dès lors, quels sont la place et le statut du mouvement local dans cette structure d'ensemble ? Jean-Jacques Szczeciniarz note, en suivant Aristote dans sa thèse géocentrique du *Traité du Ciel*, que le *« mouvement local est*

---

[187] Jean-Jacques Szczeciniarz, *La terre immobile. Aristote, Ptolémée, Husserl* Paris, Puf, 2003, « Cosmologie », p.37.
[188] *Ibid.*, p. 19.
[189] *Ibid.*, p.41.
[190] *Ibid.*, p.36.

l'élément essentiel qui manifeste l'organisation du cosmos, il est aussi une condition de l'appréhension de sa rationalité »[191]. Chez Aristote, le mouvement local a donc deux dimensions. D'un côté, une dimension purement mécanique, qui « manifeste l'organisation du cosmos » comme lieu des choses qui, dans le monde sublunaire, ne sont qu'en puissance. Cette dimension peut être dite « scientifique » : elle est l'objet de la physique et d'une analytique du sensible qui se prêterait à une approche inductive et physicienne. De l'autre, on note la dimension purement philosophique, voire métaphysique, qui implique une « appréhension de la rationalité » du mouvement local, autrement dit son inscription dans la globalité de l'architectonique aristotélicienne du monde.

Cette appréhension nécessite un recours aux principes qui régissent l'Univers d'Aristote, autant dire un retour à la métaphysique d'Aristote, les principes de raisonnement et de discernement valables pour la dimension scientifique n'étant plus alors pertinents. Sur ce point, Jean-Jacques Szczeciniarz a raison de dire que c'est en retenant et en critiquant la seule nature scientifique du mouvement local aristotélicien que Galilée a réussi la destruction révolutionnaire de la cosmologie aristotélicienne[192]. Mais, pour le reste, nous ne suivons pas sa voie.

En effet, les explications que Jean-Jacques Szczeciniarz donne de la place de la nature philosophique et théorique du mouvement dans le monde préconstruit d'Aristote sont justes et pertinentes. Ce qui nous pose problème, c'est que dans le rapport que la nature philosophique du mouvement entretient à la nature scientifique du mouvement local, son analyse ne place pas le poids du substantialisme aristotélicien au centre de cette impossibilité qu'a le système mécanique issu de ce rapport primordial d'envisager le mouvement local *autrement*. Si l'on cherche à prendre les choses à la racine, on conviendra que la piste la plus sérieuse se trouve, c'est notre point de vue, dans le fond métaphysique qui, chez Aristote et en tant que paradigme méthodologique pertinent en toutes circonstances lorsqu'il s'agit de mécanique, s'impose comme principe de départ et cadre d'application à la mécanique discursive, et donc à la nature scientifique du mouvement que critique Galilée.

3.1.2 Conséquences du substantialisme aristotélicien

Nous l'avons signalé en début de l'introduction à cet essai : la métaphysique aristotélicienne construit une science des substances sur

[191] *Ibid.*, p. 17.
[192] Sur ce point, voir M. Clavelin, *La philosophie naturelle de Galilée*, Paris, 1968 et Alexandre Koyré, *Études galiléennes,* Paris, 1939.

laquelle repose l'interprétation de la nature. Rappelons deux conséquences de ce substantialisme, telles qu'elles s'étendent à la mécanique de la nature, et plus spécialement aux principes de la physique aristotélicienne :

1. L'incorruptibilité des substances garantit à elle seule l'incorruptibilité des êtres de la nature. Telle est la formulation de *l'argument cosmologique,* autrement dit, la version aristotélicienne d'une interprétation réaliste de l'universalité des éléments constitutifs du monde et de leurs propriétés[193]. Avec cet argument cosmologique, l'univers apparaît comme une totalité unifiée dans laquelle les substances, êtres fixes et réalités ultimes, viennent en tête de toutes les autres catégories[194]. La physique aristotélicienne tire ainsi son principe ultime de la disposition en système d'un ordre cosmologique où se retrouvent les lois de l'harmonie entre les choses, selon les exigences de la logique des substances. Dans un tel dispositif, point de place pour le mouvement ;

2. La mécanique des choses sensibles, ou plutôt le fonctionnement de la réalité physique fournit, par conséquent, la clé de lecture du passage déductif de la métaphysique à la physique. En effet, les notions d'espace, de temps et de mouvement auront ici un rôle central. Aristote postule que l'espace est le lieu immobile et fini[195], conformément à une métaphysique de l'Harmonie qui a horreur du vide. Dans ce dispositif, le mouvement lui-même est « *moins un état qu'un processus, un devenir par lequel se constituent, s'actualisent, s'accomplissent les êtres. De même que le devenir a pour but l'être, le mouvement a pour but le repos* »[196].

Ce que veut dire Daniel Parrochia, c'est que le mouvement est en lui-même, chez Aristote, une absence d'être ; il est passager parce qu'il n'affecte pas les êtres, il n'apparaît que comme absence de repos. Aristote a voulu dire que le mouvement n'est rien en soi lorsqu'on touche à l'être; néanmoins, seule la divisibilité du temps à l'infini s'harmonise dans l'éternité avec le mouvement parvenu au « *repos immuable lié à l'être pleinement réalisé* »[197].

---

[193] Deux publications récentes rediscutent de l'argument cosmologique chez Aristote : Fabienne Baghdassarian, *Aristote. Métaphysique. Livre Lambda. Présentation et traduction.* Paris, Librairie Philosophique J. Vrin (coll. « Bibliothèque des textes philosophiques - La Métaphysique d'Aristote »), 2019 et Lindsay Judson, *Aristotle. Metaphysics Book Λ,* Oxford, Clarendon Press, 2019 (Clarendon Aristotle Series).

[194] *Métaphysique*, L, I, 106 qa 19-26. Pour une autre approche du même argument, voir *Métaphysique*, Z, I.

[195] *La physique* d'Aristote propose une théorie de l'espace, du temps et du mouvement dans les exposés suivants : II, 2, 1961. III, 10, 218 a 33 et ss. VIII, 1, 251 b 19-26.

[196] Daniel Parrochia, *Le Réel*, Ed. Bordas, Coll. "Philosophie présente", chap. 2, p. 41.

[197] *Ibid.*, p. 39.

La station est donc chez Aristote le parfait état des choses. Elle suppose que tout ce qui est en mouvement ne peut l'être que sur quelque chose de plus substantiellement immobile. Toute théorie qui part de ce postulat fixiste aboutit à la négation des rapports de forces entre les objets cosmiques, ceux-ci étant prédisposés, à suivre Aristote, à ne refléter que les substances par nature immobiles. Ce sont bien les lois de la métaphysique qui coordonnent le fonctionnement de l'ordre cosmique, pas les lois internes aux choses, qui sont *ad hoc*. On voit bien, sur ce point, que la physique d'Aristote platonise encore, puisqu'elle n'est sur son fond qu'une téléologie de la prédisposition et de la présence des choses. Dans la mécanique des corps sensibles développée par Aristote, la quête platonicienne de l'être derrière le devenir des phénomènes est reproduite par les substances, qui relaient ainsi le rôle constituant des Formes intelligibles.

3.2. La gravitation avant Einstein

La méthodologie générale de la science cosmologique consiste à tirer des lois éprouvées de la théorie physique toute la structure et le processus global de la formation des éléments cosmiques[198]. Cet objectif du travail théorique et observationnel des cosmologistes a l'avantage opératoire de permettre une classification et une typologie *a posteriori* des formes et des résultats de l'enquête de laboratoire en fonction des prémisses *a priori* de la recherche. Or, ces prémisses théoriques reposent parfois entièrement sur des modèles disponibles en physique théorique. Suivant ce rapport entre théorisation en physique et formulation des modèles cosmologiques, on peut dire d'emblée de la singularité cosmique de Georges Lemaître qu'il s'agit d'une figure de la cosmologie relativiste, l'épithète, qui renvoie à la théorie physique qui la sous-tend, conférant sa légitimité à l'hypothèse. Le but de la présente section est de montrer comment cela n'est vrai qu'en partie.

En effet, nous soutenons qu'une prise de vue rapprochée sur le terrain de la théorisation montrerait que la généalogie de la singularité cosmique comme modèle cosmologique ne renvoie pas d'abord à la théorie de la relativité générale, encore moins à la relativité en général. Surmontant la relativité elle-même, cette généalogie tient compte de ce que nous appelons ailleurs le « *conditionnement à la source* »[199], où l'on voit comment la théorie einsteinienne s'inscrit dans ce que Richard Feynman a si bien nommé « *la*

---

[198] Merleau-Ponty, Jacques. *La Science de l'univers à l'âge du positivisme: étude sur les origines de la cosmologie contemporaine*. Vrin, 1983.

[199] Voir Ange Bergson Lendja Ngnemzué, *Georges Lemaître : une exégèse de la singularité cosmique*, mémoire de l'université Paris I-Panthéon Sorbonne, D.E.A. d'histoire et philosophie des sciences, sous la direction de Michel Bitbol, Paris, octobre 2001.

tradition de la découverte de la loi de la gravitation »[200]. Qu'est-ce donc que la gravitation, avant toute prise einsteinienne sur ce concept central de la physique et telle que cette prise elle-même opère ? Pour répondre à cette question d'histoire et d'épistémologie de la cosmologie dite de singularité cosmique, nous tentons de restituer ici et à grands traits les contextes de questionnement, les savoirs et les débats qui ont nourri la problématique contemporaine, en se construisant autour de la théorie aristotélicienne et contre elle. En effet, en se nouant autour des observations astronomiques, ces différents débats ont conduit à des raffinements et à des certitudes qui se fédèrent pour constituer la théorie gravitationnelle contemporaine dont dépend largement la singularité cosmique de Georges Lemaître.

3.2.1 Qu'est-ce que la gravitation ?

On nomme gravitation la loi physicienne qui exprime l'attraction universelle, c'est-à-dire cette propriété qu'ont tous les objets pesants de l'univers de s'attirer mutuellement[201]. En termes plus appropriés, « *La loi de la gravitation affirme que deux corps exercent l'un sur l'autre une force qui varie comme l'inverse du carré de la distance qui les sépare et comme le produit de leurs masses*»[202]. La gravitation est donc la multiplication d'une constante par le produit des deux masses et divisée par le carré de la distance. En des termes plus transparents, poursuit Feynman, « *un corps réagit à une force en accélérant, c'est-à-dire en changeant sa vitesse d'une quantité inversement proportionnelle à sa masse, modifiant d'autant plus sa vitesse que sa masse est plus faible, en proportion inverse de cette masse* »[203].

D'où : $\boxed{F = G\frac{mm'}{r^2}}$

Avec : F = force d'attraction ; G = constante de gravitation ; m = masse du premier corps ; m' = masse du deuxième corps; r = distance des deux corps.

Cette conceptualisation galante et relativement simple ne doit pas nous faire perdre de vue les difficultés qu'ont surmontées les anciens et les classiques pour définir la loi du mouvement. C'est pourquoi nous reprenons ici les grandes étapes de la longue marche de l'élaboration de la loi de la

---

200 Richard Feynman, *La nature de la physique*, traduit de l'américain par Hélène Isaac, Jean-Marc Levy-Leblond et Françoise Balibar, Paris, Ed. du Seuil, 1980, p. 15.

201 Voir Ohanian, H. C., & Ruffini, R. (2013). *Gravitation and spacetime*. Cambridge University Press ; Ciufolini, I., & Wheeler, J. A. (1995). *Gravitation and inertia* (Vol. 101). Princeton university press et Feynman, R. (2018). *Feynman lectures on gravitation.* CRC Press.

202 Richard Feynman, *op. cit.*, p. 16.

203 *Idem.*

gravitation. L'enjeu est de montrer comment des multiples péripéties de la gravitation ont pu soulever des difficultés et conduire à des solutions cosmologiques erronées (comme l'univers statique), au point où la solution dynamique de Georges Lemaître, en soi révolutionnaire, tire le meilleur parti de ces errements des devanciers.

3.2.2 La révolution copernicienne

Même si elle prête aujourd'hui à sourire dans les milieux spécialisés de la mécanique cosmique, la formulation aristotélicienne garde une force dans l'histoire des sciences : elle est le point zéro et le socle de la marche vers la gravitation du point de vue de la science pure. En effet, la théorie aristotélicienne du mouvement va peser sur le raisonnement en mécanique de la nature jusqu'à l'introduction de la « révolution copernicienne ». La proposition, faite en 1543 par Nicolas Copernic[204], de considérer les planètes comme un ensemble en mouvement rotatif autour du soleil central, va être la première à renverser véritablement l'observation aristotélicienne de la mécanique supralunaire, celle des choses en acte. Cette proposition est révolutionnaire au double sens où il s'agit de dire d'une part que les corps célestes (ici les planètes) sont en mouvement réel sur eux-mêmes et que, d'autre part, le mouvement et l'action à distance des corps célestes ne constituent pas des exceptions, mais sont au contraire conformes à la nature des choses.

Contrairement donc à Aristote, Copernic prétend que la nature est constituée des corps en mouvement. Même si elle n'est pas neuve[205], cette proposition introduit un nouveau système du monde, sa force principale étant de permettre à l'astronomie de se poser les bonnes questions touchant à la nature du mouvement des astres, à la vitesse des corps célestes ou encore à la position exacte de la Terre dans le système.

3.2.3. La fermentation classique

L'un des effets directs de la découverte révolutionnaire que fait Copernic du mouvement universel des corps est d'avoir ouvert de nouvelles pistes de

[204] Pour saisir la pensée et les contributions de la pensée copernicienne à l'évolution des idées en physique et en astronomie, voir Koyré, A. (1933). Copernic. *Revue Philosophique de la France et de l'Étranger*, *116*, 101-118, et Szczeciniarz, J. J. (1995). *Copernic et la révolution copernicienne* (Doctoral dissertation, Paris 10).

[205] On retrouve l'une des premières formulations de cette théorie chez Archimède, dans son traité de l'*Arénaire*, œuvre numérisée par Marc Szwajcer, d'après une traduction littérale de F. Peyrard, et publié à Paris, chez François Buisson, libraire-éditeur, MDCCC VIII, disponible sur http://remacle.org/bloodwolf/erudits/archimede/fluides.htm.

recherche en physique et en astrophysique. Mais très vite, l'enjeu, de loin le plus important de cette révolution, fut le consensus des savants sur la nécessité de s'appuyer sur les observations et les hypothèses inédites qu'elle ouvrait pour fonder une nouvelle astronomie. Or, dans la nouvelle interprétation des mouvements des objets célestes, la formulation de la gravitation allait se dérouler dans un cercle d'astronomes que tout divise.

Pour intervenir dans ce débat sur la refondation, l'astronome danois Tycho Brahé (1546-1601) prit le parti de l'observation pour devancer et départager les théories rivales. Il observa minutieusement les planètes et nota très précisément leurs positions dans le ciel. Richard Feynman a souligné en quoi la portée de ce sens du détail surpasse et de loin les attentes de l'astronome danois :

> *« C'est là la clé de la science moderne et ce fut le commencement d'une véritable compréhension de la Nature, cette idée d'observer la chose, d'en enregistrer les détails et d'espérer que l'information ainsi recueillie suggérera une interprétation théorique »*[206].

Passant aux actes, Tycho Brahé installa sur son île près de Copenhague une gigantesque station d'observation spatiale et rassembla des données qui seront capitales au raisonnement et à la contribution de son assistant allemand Johann Kepler. Astronome et mathématicien (1571-1630), Kepler étudia, le premier, le type de mouvement exécuté par les planètes autour du soleil, en procédant par essais successifs. Ce qui lui permit de trouver les trois premières lois du mouvement ou de la gravitation des corps célestes :

1. *1re loi :* les planètes décrivent autour du soleil des ellipses, c'est-à-dire des courbes sous forme de cercles aplatis avec le soleil à l'un des foyers.
2. *2e loi :* pour balayer la même surface et rester sur la même orbite, la planète va plus vite lorsqu'elle se rapproche du soleil et plus lentement quand elle s'en éloigne.
3. *3e loi :* la taille de l'orbite détermine le temps mis par la planète pour faire le tour du soleil.

En somme, comme le souligne encore Feynman,

> *« Kepler avait donc trouvé ces trois lois que l'on peut résumer en disant que les orbites sont des ellipses, que des aires égales sont balayées en des temps égaux et que la durée d'un tour complet varie*

---

206 Richard Feynman, *op. cit.*, p. 17.

comme la puissance trois demis de la taille, c'est-à-dire la racine carrée du cube de la taille »[207].

Après Kepler, il fallait déterminer la cause du mouvement rotatif des planètes autour du soleil. Galileo Galilée (1564-1642), mathématicien, physicien et astronome italien, construisait presque au même moment que Kepler son système des étoiles avec le même sérieux mathématique. Dans son *Dialogue sur les deux grands systèmes du monde* (1632), il va énoncer les deux thèses révolutionnaires qui vont bouleverser la physique et l'astronomie.

La première thèse consiste à montrer, au cours de la première journée du *Dialogue,* que la terre n'est pas le centre de l'univers, qu'elle est une planète comme toutes les autres. Cette thèse, apparemment anodine, a deux implications : d'une part, elle confirme le principe héliocentrique de Copernic, qui affirmait que la terre n'était pas le centre du système des planètes. D'autre part, elle scelle la fin de la division traditionnelle entre corps sublunaires et corps célestes, division qui a un poids capital dans l'astronomie aristotélicienne comme nous l'avons vu. Cela signifie que Galilée tourne le dos à toute l'astronomie qui le précède, et ouvre le cycle d'une mécanique unifiée, qu'on ne va pas tarder à nommer du nom de système de gravitation. Par cette mécanique unifiée, la terre, les étoiles et ce qu'on appellera plus tard les exoplanètes sont soumis aux mêmes lois physiques.

La seconde thèse est d'affirmer le principe d'inertie, en s'appuyant sur deux principes alors connus : le théorème d'Archimède, qui stipule que tout corps placé dans un milieu fluide est soumis à une force verticale ascendante nommée poussée d'Archimède (π). Cette force est égale au poids du volume du fluide déplacé. D'où son expression mathématique :

$$\boxed{\pi = \delta v g}$$

Avec π = poussée d'Archimède; δ = masse volumique ; v = volume du corps immergé du fluide déplacé ; g = action de la pesanteur, suivant le principe héliocentrique de Copernic, que nous venons de signaler. La conséquence ultime de ce principe, c'est de permettre à Galilée de dégager la condition générale de son système cosmique : « *Il est impossible de déceler le mouvement d'un système mécanique par des expériences menées à bord de ce*

[207] Richard Feynman, *ibid.*, p. 20. Sur une approche philosophique des travaux scientifiques de Kepler, voir Wolfgang Pauli, *Le cas Kepler* [1952], précédé de *Les conceptions philosophiques de Wolfgang Pauli* [1969], par Werner Heisenberg, Bibliothèque Albin Michel, 2002.

système lui-même »[208]. Galilée, comme Archimède avant lui, explique ainsi son système à partir d'un point d'impulsion extérieur.

Ce postulat implique chez Galilée l'abandon de l'expérience usuelle au profit d'un réalisme mathématique appelé à conditionner l'élaboration des lois. C'est pourtant en observant le comportement des objets courants en mouvement que Galilée va produire la loi décisive de l'inertie, qui est la quatrième en gravitation après les trois lois précitées de Kepler. En effet, c'est en voulant expliquer *expérimentalement* le balancement des pendules et le roulement des boules sur un plan incliné que Galilée va découvrir le principe de l'inertie des corps, et le formuler ainsi : *Si rien ne perturbe le déplacement en ligne droite d'un objet propulsé à une certaine vitesse, l'objet se déplacera infiniment à la même vitesse et ce sur la même ligne droite.*

Cette découverte met définitivement un terme à la spéculation aristotélicienne sur le mouvement local : le mouvement ne dépend plus de la composition physique des corps qui ont chacun « une place » dans la nature ; il n'existe qu'en relation aux corps immobiles. Cela veut dire que le mouvement se reconnaît et se mesure à ses seuls effets, et qu'un mouvement sans effet est nul. La relativité rentre ainsi en physique, si on entend par ce concept que le mouvement n'est pas un mouvement en soi, ou mouvement pour une autre substance ou modèle autre que soi, autrement dit situé en dehors (espace, temps, forme intelligible, etc.), mais mouvement d'un corps en relation à, ou respectivement à un référentiel. Désormais, avec cette découverte galiléenne, *« le mouvement est affaire de point de vue. »*[209] L'exemple du déplacement en ligne droite d'un objet propulsé à une certaine vitesse est d'autant plus fatal à Aristote qu'il prouve plusieurs choses que la loi d'inertie permet d'envisager :

- Qu'il y a conservation indéfinie de l'énergie reçue par le corps qui se déplace. Cela signifie qu'un objet qui ne subit aucune force se déplace en ligne droite et à vitesse constante.
- Que cette impulsion peut s'associer à la propriété de la pesanteur qui lui imprime une impulsion à chaque instant possible de son déplacement : Galilée en déduit une proportionnalité entre espace parcouru et carré du temps.

On peut enchaîner les conséquences du principe d'inertie à l'infini, ce qui montre bien que l'exemple du déplacement rectiligne de l'objet propulsé est

---

[208] Galilée, cité par Roland Omnes et *al.*, in *L'espace et le temps aujourd'hui*, Paris, Seuil, 1983, p. 31.
[209] Françoise Balibar, *Galilée, Newton lus par Einstein. Espace et relativité,* Paris, Puf [1984], 6e édition, 2002, p.18.

une idéalisation qui fonctionne. Cette idéalisation, qui crée et fonde la relativité en physique, en mettant en relation mouvement d'une chose et référentiel, est juste et irréfutable, lorsque toutes les conditions décrites par l'expérience sont réunies.

Mais, il y a une question fondamentale et troublante à laquelle le principe d'inertie tel qu'il est formulé par Galilée ne répond pas : *que se passe-t-il lorsque le déplacement ne s'effectue pas en ligne droite ?* Le physicien anglais Isaac Newton (1642-1727), le premier, va répondre de manière satisfaisante à cette question cruciale. Mathématicien, physicien et astronome, il suppose qu'il faut une force pour modifier la vitesse, *de quelque façon que ce soit.* La courbe de l'objet qui se déplace est déterminée par son accélération multipliée par un coefficient que l'on nomme la masse de cet objet. D'où la loi générale que tire Newton de cette observation : *La force se mesure comme le produit de deux effets.*

En fait, cette loi exprime tout le progrès que Newton a fait faire à la contribution galiléenne dans le domaine de la théorie physique classique (la Mécanique). Galilée, en pensant le mouvement en termes de trajectoire, d'accélération et de vitesse, restait sur le plan de la cinématique : il cherchait à décrire *comment* le mouvement se déroule. La loi générale de Newton reflète le plan sur lequel il place son raisonnement : il veut expliquer le *pourquoi* du mouvement. Sans renier le socle galiléen, l'introduction newtonienne du concept de force déplace donc le problème du terrain de la cinématique à celui de la dynamique[210]. Dire que la force se mesure comme le produit de deux effets, c'est affirmer en effet que la force est ce qui sert à rattacher les effets cinématiques décrits par Galilée à l'ensemble des causes dont ils sont le reflet. Pour la recherche physicienne, ce concept de force, au-delà de compléter la chaîne des facteurs du mouvement, revêt une importance révolutionnaire :

> *« La force chez Newton – et donc dans toute la physique classique- est d'abord pensée par référence à son absence. En tant que cause du mouvement, elle est définie par les effets cinématiques qu'elle provoque sur un mobile, effets* déviants *par rapport à une situation de référence correspondant à l'absence de force. Autrement dit : une fois posée en principe, la correspondance entre le mouvement en ligne droite à vitesse croissante et l'absence de force, toute déviation par rapport à cette situation (soit que la trajectoire du*

---

[210] Sur l'analyse de la force chez Newton, voir Radelet-De Grave, P. (1988). Les forces et leur loi de composition chez Newton. *Revue philosophique de Louvain*, 505-522, et Pinet, P. (2004). La philosophie de la matière de Galilée à Newton. *Revue d'histoire de la pharmacie, 92*(341), 67-82.

mobile s'écarte de la ligne droite et s'incurve, soit que sa vitesse varie), doit, par définition de la force, *être attribuée à une force.»*[211]

Philosophiquement, la profondeur de la théorie physique de Newton réside dans ceci : le mouvement est une relation de forces. L'absence de mouvement est une apparence, une vue de l'esprit, et la nature elle-même n'est qu'un faisceau de forces.

3.3 INCURSIONS ET CONTRIBUTIONS EINSTEINIENNES

Si Einstein est un physicien de génie, c'est d'abord pour avoir lu avec plus d'exigences que d'autres les théories de ses prédécesseurs que furent Galilée et Newton. Galilée, en découvrant l'inertie, a inventé la relativité telle qu'on l'entend aujourd'hui, et Newton en a tiré les conséquences les plus spectaculaires pour sa mécanique. Si bien que, pour nous, Einstein est avant tout un lecteur averti de la relativité galiléo-newtonienne, et qui, à partir des failles qu'il découvre, va tirer les conséquences les plus inattendues pour le raisonnement et le système classique[212]. Comme on le verra progressivement dans la suite de cette étude, Lemaître sera pour Einstein ce qu'Einstein a été pour Galilée et Newton, mais dans une moindre mesure, d'ailleurs confinée à ce domaine *ad hoc* de la physique contemporaine qu'est la cosmologie : un lecteur assidu, critique et, sur la fin, exigeant à l'égard des formes d'interprétation qui ne le satisfont plus. Lemaître évolue à bord d'un registre théorique qui doit beaucoup de ses outils au système gravitationnel de la relativité. Pour comprendre les usages que fait Lemaître des propositions révolutionnaires de ce système, il serait intéressant de prendre les propositions de la relativité au cœur des effets d'érosion sur le système classique et des efforts d'ajustements que fait Einstein sur sa propre démarche.

On peut dire que la contribution einsteinienne à la gravitation comporte deux aspects sur lesquels nous voudrions ici revenir : 1) une critique générale et radicale apportée aux considérations classiques sur le mouvement par la théorie d'une part, et 2) une autre critique, interne à la nouvelle théorie, que Einstein apportera à la relativité restreinte. La critique générale du mouvement classique concerne les incongruités du système galiléo-newtonien sur les concepts décisifs de simultanéité et de distance, et la critique interne porte sur les faiblesses techniques de la relativité restreinte.

---

[211] Françoise Balibar, *Galilée, Newton lus par Einstein, op.cit.,* p.69. Souligné dans le texte.
[212] Cet avis est aussi celui de Françoise Balibar, *Galilée, Newton lus par Einstein, op.cit.*, avant-propos et chapitre 3 : « Einstein : Newton, verzeih' mir (Newton, excuse-moi !) », p.104-117.

3.3.1. Einstein et les incongruités du système classique

Michel Paty[213] a noté que, pour plusieurs raisons, les rapports de la théorie physique d'Albert Einstein à la physique classique, et notamment à Isaac Newton qui en est la figure dominante, sont faits de continuités et de ruptures. Pour justifier les continuités, nous ne retiendrons que deux de ces raisons complexes. D'abord, la place qu'Einstein lui-même accordait à la stature de Newton dans l'histoire de la physique, à la suite de la présentation en 1919 de la théorie de la relativité générale, pourtant considérée comme une remise à plat de la gravitation newtonienne qui aboutit à une plus grande « complétude logique ». Einstein notait ceci à cette occasion :

> « [Il ne faut] *absolument pas penser que l'œuvre puissante de Newton puisse être réellement dépassée par cette théorie, ni par aucune autre. Ses idées, si belles et lucides, garderont à jamais leur signification sans égale en tant que fondations de toute la structure conceptuelle de notre temps dans le domaine de la philosophie naturelle* »[214].

La deuxième raison qui fait de la physique d'Albert Einstein un aboutissement dont l'œuvre de Newton fut l'un des artificiers est la place que le système gravitationnel classique occupe dans l'histoire et l'enchaînement des idées fondamentales de la pensée physicienne moderne. Abraham Pais215 a souligné que la théorie physique d'Albert Einstein est l'aboutissement d'un processus en temps long qui couvre plusieurs générations de physiciens. Pour lui, si la théorie de la relativité restreinte, plus tardive,

> *« représente l'achèvement du travail de Maxwell et de Lorentz, sa relativité générale achève la théorie de la gravitation de Newton et incorpore la conception proposée par Mach de la relativité de tout mouvement (...) l'œuvre d'Einstein représente le couronnement du travail de ses précurseurs, contribuant aux fondements de leurs théories et les révisant »*[216].

Pour autant, on ne peut minimiser les discontinuités spectaculaires et révolutionnaires que la physique einsteinienne découvre dans l'œuvre de ses devanciers. À ce propos,

---

213 Michel Paty. Einstein et la pensée de Newton. *La Pensée,* 1987, p. 17-37.
214 Einstein, cité par Michel Paty, *op.cit.,* p.20.
215 Pais, Abraham, 1982. *Subtle is the Lord. The science and life of Albert Einstein,* Oxford University Press, Oxford.
216 *Ibid.*, p.15.

« Il n'est plus besoin de souligner la différence considérable, sinon la rupture, entre l'espace et le temps absolus, indépendants l'un de l'autre, cadre invariable des événements (même si ces derniers ne sont perçus que par des mouvements relatifs), et l'espace-temps qui systématise le point de vue des mouvements relatifs ; ou entre la masse, grandeur invariable affectée aux corps, représentant la quantité de matière qu'ils contiennent (selon la définition proposée par Newton) et la masse variable, équivalente à l'énergie, de la relativité restreinte; ou encore entre l'espace physique euclidien de la mécanique classique et celui à courbure de la relativité générale »[217]

Michel Paty a raison d'insister sur les éléments de permanence, qui soulignent selon lui le fait que *« les idées fondamentales de Newton sont toujours présentes, même au travers de concepts transformés »*[218]. Nous pensons que cette transformation des concepts newtoniens, qui fait le caractère révolutionnaire de la physique d'Einstein, prend sa source dans la volonté résolue et permanente du père de la relativité restreinte et générale de procéder à partir de l'observation du fonctionnement du système classique. À ce propos, le travail épistémologique d'Einstein a surtout consisté à mettre en évidence les incongruités du système classique.

Ainsi, les incohérences du système galileo-newtonien sur la simultanéité et la distance sont abordées par Einstein à partir du « péché originel » de ce même système : l'indépendance de l'espace et du temps comme cadres généraux du mouvement. Du point de vue du théoricien de la relativité, *« L'idée de l'existence indépendante de l'espace et du temps peut être exprimée de cette façon frappante : si la matière disparaissait, seuls l'espace et le temps resteraient (comme une espèce de scène pour les processus physiques) »*[219].

Pour les perspectives développées dans la présente étude, cette remarque sur le système classique veut dire deux choses. D'abord que, du point de vue de la théorie classique, les phénomènes et leurs mouvements se déroulent dans l'espace selon des principes physiques identiques ; pour cela même, phénomènes ondulatoires et phénomènes mécaniques se comportent identiquement dans leurs mouvements spatio-temporels. Or, constate Einstein, en suivant rigoureusement cette hypothèse, on n'aboutit pas aux résultats galiléens en matière de distance et de simultanéité. De ce point de vue, le système de référence doit jouer un rôle primordial dans la définition du mouvement. C'est en suivant ce raisonnement qu'Einstein procède à la critique de la simultanéité telle que formulée par le système classique. En

[217] Michel Paty. Einstein et la pensée de Newton, *op.cit.*, p.21.
[218] *Ibid.*, p.22.
[219] Albert Einstein, *La relativité*, trad. M. Salovine, Paris, Payot, 1969, p. 165.

théorie classique en effet, deux éclairs simultanés émis de deux points A et B pris sur une même droite sont observés par un témoin situé en un point M à la condition que A et B soient équidistants de M (**AM + BM = O).** Ce que stipule la relation de Chasles :

$$\overrightarrow{AM} + \overrightarrow{MB} = \overrightarrow{AB}.$$

La principale implication de cette conclusion est que le temps est une variable indépendante du point choisi sur le repère x, y, z. Einstein va montrer que cette implication était contraire aux observations. En conservant le dispositif expérimental classique, il choisit deux observateurs situés l'un dans le train en vitesse (donc en mouvement) et l'autre sur le talus : il est évident que le voyageur du train pensera que l'éclair émis en B vers où va le train précède celui émis en A d'où vient le train ; quant à l'observateur du talus, il pensera exactement le contraire. La nouvelle conclusion qu'en tire Einstein est à l'opposé des déductions classiques : les événements, simultanés par rapport au train (en mouvement), ne le sont pas identiquement par rapport au talus (statique). *Le temps est donc rattaché au référentiel (spatial) et est de ce fait relatif (à l'espace).* Autrement dit, « *Chaque corps de références (système de coordonnées) a* son temps propre*, une indication de temps n'a de sens que si l'on indique le corps de références auquel elle se rapporte »*[220].

Le concept de « temps propre » implique que le référentiel absolu doit être remplacé par le référentiel relatif. C'est la fin du repère à trois dimensions qui s'avère ainsi impropre pour la description du mouvement des corps : temps et espace sont donc relatifs, ils appartiennent au même corpus fondamental. Ce qui permet à Einstein de formuler la loi générale de la relativité restreinte :

> *« Si K' est relativement à K un système de coordonnées qui effectue un mouvement uniforme sans rotation, les phénomènes de la nature se déroulent relativement à K' conformément aux mêmes lois générales que relativement à K »*[221].

La deuxième signification de la remarque einsteinienne pour la présente étude est sur le changement de conception concernant la distance. En effet, Einstein s'en prend à la métrique classique, remarquant que le calcul des distances est soumis aux lois identiques dans la théorie classique, tout ceci indépendamment de la position du corps en mouvement. La relativisation de la simultanéité et la loi générale de la relativité restreinte permettent d'envisager une autre hypothèse : *le calcul de la distance est lié au référentiel.* Or, si nous revenons au train, on verra bien que le calcul de la longueur du

---

[220] Einstein, *La relativité*, éd. Petite Bibliothèque Payot, Paris, 1964, p. 35-36. Nous soulignons.
[221] *Ibid.*, p. 21.

train par le voyageur à l'intérieur ne saurait être identique en termes de résultat au calcul de cette même longueur à partir du talus. De celui-ci, le référentiel dont dispose l'observateur est souple et il s'efforcera de fixer les points où le train passera, par exemple, la locomotive et le dernier wagon. Au contraire, le voyageur usera d'un dispositif plus stable, la règle graduée, par exemple, qui fournira une autre mesure. Il s'en suit que *seule la vitesse du référentiel permet de déterminer la distance et l'intervalle de temps entre deux points A et B et non plus, comme en régime classique, la position de l'observateur.*

3.3.2 Énoncés et critiques des lois de la relativité

À sa formulation, le principe général de la relativité restreinte gardait aux yeux d'Einstein une lacune structurelle : il se fixait sur un espace et un temps euclidiens[222]. En géométrie, un espace euclidien est un ensemble de points à travers lesquels sont repérés les vecteurs. Parler d'un espace-temps euclidien, c'est parler du déplacement de points. Ainsi, en supposant tous les observateurs à la même origine, on peut représenter le point considéré par un vecteur. Ceci rend l'observation de relativité restreinte parcellaire, le référentiel étant un cadre limite.

L'objection est sérieuse et trouve sa preuve dans la propagation de la lumière dont la trajectoire est modifiée dans le champ de gravitation. De ce fait, la relativité restreinte est limitée quant à l'explication des phénomènes de gravitation. Il devenait nécessaire de postuler une généralisation adéquate pour tous les cas pris dans le système gravitationnel.

Einstein s'appliqua à la tâche et affina la relativité entre 1907 et 1916. Suivant le raisonnement de Jean-Pierre Luminet, historien de la cosmologie[223], il faut remonter l'origine des problèmes que cette nouvelle théorie générale va résoudre à 1864. En effet, cette année-là, le physicien James Clerk Maxwell[224], face à la difficulté d'expliquer l'action à distance dont nous avons parlé et ce malgré les applications pratiques de la gravitation classique, avança l'hypothèse d'un champ réparti dans tout l'espace. La contribution de Maxwell consista à prétendre que

---

[222] Sur ce point, voir Gourgoulhon, Eric (2012). *Relativité restreinte : Des particules à l'astrophysique,* EDP sciences et Semay, Claude, & Silvestre-Brac, Bernard (2016). *Relativité restreinte* -3e éd. Dunod.

[223] Voir Alexandre Friedmann, Georges Lemaître, *Essais de cosmologie*, précédés de *L'invention du Big Bang* par Jean-Pierre Luminet, textes choisis, présentés, traduits du russe et de l'anglais et annotés par J.-P. Luminet et A. Grib, Sources du savoir, Seuil, nov. 1997, p. 21-24.

[224] Maxwell est l'auteur du célèbre *Treatise on electricity and Magnetism*, Oxford, Oxford University Press, 1873, trad. franç., *Traité d'électricité et de magnétisme*, Paris, Jacques Gabay, 1989.

« [Si l'on rattache] *les attractions et répulsions magnétiques et électriques à l'action d'un milieu environnant, et trouvé qu'elles dépendaient de l'inverse du carré de la distance, il était naturel de se demander si l'attraction gravitationnelle qui suivait la même loi de distance ne pouvait pas elle aussi être rattachée à l'action d'un milieu* »[225].

À côté de son travail mathématique décisif à la loi de la relativité restreinte, Hendrik Lorentz développa une théorie électromagnétique qui suggérait, à la suite de Maxwell, de prendre la gravitation comme le fait d'une interaction se propageant à la vitesse de la lumière[226]. Henri Poincaré adopta cette théorie de Maxwell-Lorentz pour mieux développer son propre « style scientifique », qui consistait, contrairement à Lorentz et à Einstein par exemple, à

« faire de la théorie électromagnétique, une théorie de « physique mathématique » dans un sens aussi plein que la mécanique analytique lagrangienne, modèle ou idéal commun aux physiciens théoriciens de l'époque (sans « réduction mécaniste », c'est-à-dire sans recourir à des modèles mécaniques particuliers) »[227].

Poincaré obtint, dans un article de 1905, l'invariabilité de la forme de lois physiques sous les transformations de Lorentz. Il confirmait aussi par sa propre voie la théorie de la relativité, en conjecturant l'existence d'ondes gravitationnelles de vitesse cinétique :

« Poincaré obtenait ainsi l'invariance de la vitesse de la lumière et une forme invariante des équations de Maxwell-Lorentz sous les transformations de référentiel de Lorentz, ce qui impliquait le respect du principe de relativité. Les équations de la théorie électromagnétique invariantes de Lorentz correspondaient à une électrodynamique relativiste »[228].

---

225 J.-P. Luminet, *op. cit.*, p. 21.

226 Voir Lorentz, Hendrik-A. "La thermodynamique et les théories cinétiques." *Journal de Physique Théorique et Appliquée* 4.1 (1905): 533-560 et, du même auteur, [1904]. Electromagnetic phenomena in a system moving with any velocity smaller than that of light,Verslagen Konignklijke Akademie van Wetenschapen Amsterdam. Proceedings of the section of science 6, 1904, 809-831.

227 Michel Paty. Pensée rationnelle et création scientifique chez Poincaré. Colloque Henri Poincaré " Science et pensée ", Table-ronde 1, Jan 2005, Sophia-Antipolis, Nice, France. ffhalshs-00170799f, p.6.

228 *Ibid.*, p.7. Au-delà de la théorie électromagnétique, l'article de Poincaré constatait aussi *« que le caractère fini de la vitesse de propagation de la lumière, si cette vitesse était aussi celle de la gravitation, obligeait à modifier la loi de Newton »* (Michel Paty, Pensée rationnelle et création scientifique chez Poincaré, *op.cit.*, p.5).

Il y avait dans ces différentes formulations et solutions théoriques des solutions partielles ou trop théoriques au vrai problème à résoudre : l'énigme de la gravitation. Ces différentes théories étaient donc de la matière à formalisation, puisqu'elles n'offraient pas de solution consensuelle entre théoriciens. Albert Einstein, contemporain de Lorentz et Poincaré, menait depuis des années

> *« une réflexion sur les problèmes de l'électromagnétisme qui prenait appui sur la première théorie de Lorentz, en les abordant sous l'angle des principes théoriques qui devraient gouverner les théories en jeu, et notamment de la question de la relativité du mouvement quand on considère ensemble les corps matériels et l'éther électromagnétique et optique »*[229].

La force de la démarche d'Einstein est d'avoir compris, dès 1907, que la solution de l'énigme de la gravitation se trouvait dans la modification des lois de Newton pour les rendre compatibles avec la relativité restreinte. Partant du principe d'équivalence, c'est-à-dire de l'égalité parfaite entre masse inertielle et masse gravitationnelle suggérée par Poincaré et que confirmait l'expérience, Einstein supposa que l'objet qui tombe en chute libre échappe à l'attraction gravitationnelle. Cette intuition ouvrait les portes à toutes les hérésies à l'égard du système classique, et à toutes les généralisations relativistes touchant à la gravitation. En conséquence, Einstein montra trois choses grâce à cette hypothèse :

1. Que la force n'est pas d'action instantanée comme le pensait Newton. Elle est le produit du référentiel en mouvement accéléré ;
2. Pour cela même, tous les référentiels en accélération uniforme sont équivalents, ce que ne peut permettre de comprendre la relativité restreinte qui opère, nous l'avons dit, sur un champ euclidien ;
3. Si masse et énergie sont convertibles au nom de la relation : $\mathbf{E = m\,c^2}$, alors le déplacement de la lumière doit obéir à la loi de la chute des corps[230]. De cette façon s'explique expérimentalement la déflexion de la lumière près du soleil.

Il faut souligner que la pensée d'Einstein évolue sur la question au regard des données astronomiques et de la conceptualisation mathématique. D'après une chronologie établie par J.-P. Luminet [231], c'est l'astronome allemand Erwin Finlay Frenndlich[232] qui proposa à Einstein en 1911 de prendre en compte les

---

[229] *Idem.*

[230] Brillouin, Léon. "L'énigme E=mc2: Énergie potentielle et renormalisation de la masse." *Journal de Physique* 25.10 (1964): 883-886

[231] J.-P. Luminet, *L'invention du Big Bang*, *op. cit.*, pp. 21-24.

[232] Sur ce point, voir Wetzel, Christian Klaus Carl. *The metric of the expanding universe*. Diss. Georgia Institute of Technology, 1978.

observations astronomiques dans la confrontation de ses hypothèses aux faits[233]. En plus de la déflexion de la lumière, cet intérêt permit de montrer qu'aux yeux de la loi, la lumière émise par les astres massifs doit décaler vers les plus grandes longueurs d'ondes par perte d'énergie et refroidissement au contact du champ gravitationnel.

L'année suivante, ce sont justement les travaux des mathématiciens qui permirent à Einstein de marquer un nouveau pas vers l'avant. Les recherches menées par Einstein en 1912 sur la base des conseils de Frenndlich décèlent une incompatibilité des transformations de Lorentz avec toute description non-newtonienne fondée sur le Principe d'Équivalence. Pour corriger cette incompatibilité et coller la théorie aux observations astronomiques, Einstein et Grossmann (mathématicien et ami du physicien) publient, en 1913, un article sur le formalisme gravitationnel en s'appuyant sur le calcul tensoriel utilisé par Riemmann, Ricci et Lovi-Civita dans la géométrie non-euclidienne[234]. À propos de cette publication conjointe, Jean-Pierre Luminet fait cette remarque, essentielle, que « *Pour la première fois, la gravitation était décrite en termes d'un tenseur métrique dont les coefficients jouent le rôle de potentiels gravitationnels* »[235].

Ce progrès notable fut raffiné en 1915 par les travaux conjoints de Hilbert et Einstein qui furent décisifs pour la théorie de la relativité générale[236]. Ainsi, après avoir observé le 18 novembre 1915 que sa démarche expliquait le périhélie de la planète Mercure[237], Einstein exposa une semaine plus tard son travail fondateur - et fondamental : *Les Équations du champ de la gravitation*[238]. Cet article de quatre pages exposait la forme définitivement correcte de la relativité générale, cinq jours après l'article - purement

---

[233] Sur la prise en compte de ces observations, voir Foures-Bruhat, Yvonne. "Sur l'intégration des équations de la relativité générale." *Journal of rational mechanics and analysis* 5.6 (1956): 951-966

[234] Einstein, Albert, and Marcel Grossmann. *Entwurf einer verallgemeinerten Relativitätstheorie und einer Theorie der Gravitation.* BG Teubner, 1913 (Einstein, Albert, et Marcel Grossmann. Projet d'une théorie générale de la relativité et d'une théorie de la gravité. BG Teubner, 1913). Pour la contribution personnelle de Grossmann à la théorie gravitationnelle, voir Sauer, Tilman. "Marcel Grossmann and his contribution to the general theory of relativity." *THE THIRTEENTH MARCEL GROSSMANN MEETING: On Recent Developments in Theoretical and Experimental General Relativity, Astrophysics and Relativistic Field Theories.* 2015.

[235] Ibid., p. 23.

[236] Sur l'importance de cette collaboration, voir Earman, John, and Clark Glymour. "Einstein and Hilbert: Two months in the history of general relativity." *Archive for History of Exact Sciences* 19.3 (1978): 291-308.

[237] Le périhélie est dans le mouvement des planètes le point de l'orbite où la planète est la plus proche du soleil.

[238] Einstein, "Die Feldgleichungen der Gravitation", Preussische Akademie der Wissenschaften, Sitzungsherichte, 1915, pp. 844-847.

mathématique - de Hilbert, *Grundlagen der Physik*[239], qui interprétait la gravitation d'après la formalisation des principes de variation et les identités remarquables. Les équations définitives de la théorie de la relativité générale datent donc de 1915 et portent la signature conjointe de Hilbert et Einstein.

En somme, la loi de la relativité générale peut être ainsi énoncée : « *tous les corps de référence, quel que soit leur état de mouvement, sont équivalents pour la description de la nature (formulation des lois générales de la nature)*»[240]. Cela veut dire que les systèmes de référence sont identiques, et qu'on peut, en considérant que tous ces systèmes sont des microsystèmes de la gravitation, parvenir à déceler le comportement et les fondements généraux de tout l'univers grâce aux opérations théoriques et expérimentales menées sur un référentiel particulier. En un mot, la loi d'ensemble s'applique à la partie et réciproquement. Ainsi formulée, la relativité généralisée exclut la valeur séparée de l'inertie et de la gravité et consiste même en leur fusion. D'où l'une des premières certitudes de la théorie, que relève le physicien allemand Werner Heisenberg en ces termes :

> *« La pierre angulaire de la relativité généralisée est le lien entre inertie et gravité. Des mesures très sérieuses ont montré que la masse d'un corps, en tant que source de gravité, est exactement proportionnelle à sa mesure en tant que mesure de l'inertie du corps ; les mesures les plus précises n'ont jamais montré le moindre écart à cette loi »*[241].

Par conséquent, si la gravitation est un ensemble de forces produites par la masse, elle devient tributaire des propriétés de l'espace et variable d'après les plans gravitationnels. La traduction concrète en est que l'espace de l'ensemble vectoriel à quatre dimensions *se crée* en raison de la matière et de l'énergie désormais convertibles. Autrement dit, la géométrie de l'espace vectoriel x, y, z, t participe de façon fondamentale à la répartition des masses (et désormais de l'énergie) dans le cosmos. D'où l'importance cosmologique de la théorie de la relativité généralisée, qui va peser sur la formulation de Lemaître comme nous le verrons plus loin.

Au total, nous pouvons dire que la loi de la relativité généralisée est la pierre angulaire de la cosmologie contemporaine, qui est le système à bord

---

[239] Hilbert, D. "Die Grundlagen der Physik (Les Fondements de la Physique) Conférence devant la Société royale des Sciences, Göttingen, le 16 novembre 1915... soit 9 jours avant Einstein." *Publication dans Gesellschaft der Wissenschaften in Göttingen* (1915): 395.

[240] Einstein, *La relativité*, op. cit., p. 73.

[241] Werner Heisenberg, *Physique et philosophie, la science moderne en révolution,* traduit de l'anglais par Jacqueline Hadamard, Paris, Albin Michel, 1971, p. 151-152.

duquel navigue la singularité cosmique de Georges Lemaître. Répondant à la question des forces gravifiques, la relativité généralisée permet de construire et de constituer la gravitation en « système des systèmes ». Cette loi est surtout la preuve que, contrairement à Platon et Aristote qui ne faisaient pas de la cosmologie observationnelle, faute d'outils et sans doute à cause du surpoids du système métaphysique dans lequel circulaient leurs raisonnements, Lemaître va travailler sa cosmologie dans une culture où ce sont les difficultés rencontrées dans l'explication des phénomènes de la nature et non les formulations mathématiques ou philosophiques qui conduisent à la découverte des lois. De ce point de vue, la proposition de l'héliocentrisme de Copernic n'est pas seulement un déclic, mais une rupture : seule la nature produit des lois explicatives de sa mécanique. Cette vérité simple et fondamentale a mis quatre siècles à se construire pour transposer et traduire l'unité cosmique, concept d'origine et de signification philosophiques, en termes scientifiques et surtout gravitationnels, grâce au génie des théoriciens de la physique. Or, la gravitation est fondamentale du point de vue cosmologique, puisqu'elle permet, d'après Georges Lemaître, de poser la question de l'origine du monde du point de vue scientifique :

> « *Le problème cosmogonique ne s'est posé d'une façon un peu précise que lorsque Newton eut découvert la loi de l'attraction universelle. La loi d'attraction étant connue, la mécanique permet de calculer l'état d'un système à un instant quelconque, pourvu qu'on connaisse les conditions initiales, c'est-à-dire les positions et les vitesses de tous les points du système à un instant considéré comme initial* »[242].

On a bien vu comment, en cosmologie relativiste dans laquelle circule Lemaître, Einstein est plus qu'un devancier : il est un fondateur et un théoricien. C'est pourquoi, et on le verra plus loin, Einstein est présent de manière cruciale jusque dans la voie singulière que Lemaître va emprunter lorsqu'il sera question de mettre en place sa propre lecture de ces « conditions initiales » sur lesquelles repose la construction de son propre modèle d'univers à partir d'un atome primitif.

---

[242] Georges Lemaître, *Hypothèse de l'atome primitif, op. cit.*, chap. IV, « Hypothèses cosmogoniques », p. 119.

DEUXIEME PARTIE :
DU DEMIURGE ET DE L'ATOME PRIMITIF

« La science moderne est plus abstraite que la philosophie grecque »[243]

En cosmologie contemporaine, l'espace-temps et la matière sont les cadres *a priori* de toute théorie de l'univers primordial[244]. Ces concepts sont des outils de la physique, qui est implicite chez Platon, explicite et gravitationnelle chez Lemaître. La démarche et la crédibilité de la cosmologie de Platon et de Lemaître reposent sur l'articulation de l'intuition d'un univers qui émerge d'un principe unique et totalisant (l'unité cosmique) à la somme des acquis d'une théorie générale, fortement métaphysique chez le premier, relativiste et quantique chez le second. La suite de cette étude l'établira davantage : si Lemaître puise presque exclusivement dans la richesse heuristique de la physique gravitationnelle telle que refondue par la relativité et la théorie quantique des champs, Platon ne dispose pas d'une « marge de manœuvre » importante. On a vu que la théorie des Formes signifie une révolution critique et radicale, la formulation platonicienne introduisant la téléologie en cosmologie : les Formes, par le finalisme qu'elles impliquent pour la recherche cosmologique, se constituent comme le dépassement des approches cosmologiques présocratiques, toutes portées par un mécanisme de principe. Dans tous les cas, Platon, en matière de théorisation cosmologique, procède à une sélection au « cas par cas » entre les différentes unifications antérieures ou contemporaines, qu'elles remontassent aux éléates, aux atomistes ou aux pythagoriciens : nous l'avons clairement laissé entendre en première partie sur la thématisation et les usages platoniciens du principe d'unité. Il reste que Platon et Lemaître sont deux cosmologues artificialistes, qui construisent leurs hypothèses cosmologiques en se fondant sur des notions inédites, de leur propre invention, introuvables, ni dans l'histoire de la cosmologie, ni dans les théories physiques qui accompagnent leurs raisonnements astronomiques.

Si la perspective platonicienne est profondément mathématique, ces ressources et ces notions sont métaphysiques, ou, tout au moins, sont forgées ou sont mises en place dans le cadre d'une construction de type métaphysique. Elles se nomment Idées, Formes éternelles ou universelles dont on a vu le statut épistémologique. Elles se nomment aussi démiurge, du nom du dieu artisan sur lequel nous planchons dorénavant, sorte de déification d'un concept de pure fabrication platonicienne qui assure la liaison purement

---

[243] Werner Carl Heisenberg, *Physique et philosophie*, *op.cit.*, p. 78.
[244] Burdet, G., and M. Perrin. "Spéculation sur la cosmologie quantique primordiale." *letters in mathematical physics* 30.4 (1994): 317-325.

fonctionnelle entre ce que prévoient les normes idéelles issues des modèles, « forme en soi » et le monde qui apparaît, simple copie de ces modèles, « sujette à la naissance et visible »[245].

Chez Lemaître, et on le montrera, ces ressources sont constituées par un usage inédit ou plutôt un déplacement décisif de la formulation quantique de l'atome, et par la présentation de cet atome quantique lui-même comme « atome primitif » duquel découlera toute la scène du monde.

On peut dire de ce rapprochement qu'il est un peu abusif, précisément parce que la théorisation platonicienne peut paraître de pure élucubration intellectuelle, tant le fossé est grand entre l'astronomie de son époque et le champ des enquêtes de Georges Lemaître, qui baignent dans un environnement de l'avant-guerre marquée par une explosion de la recherche astronomique, et par *« l'augmentation progressive de la précision des données d'observation conduisant à un fructueux dialogue entre la théorie et l'expérience »*[246] .

Cette objection est tellement vraie, surtout si l'on y ajoute cette remarque bachelardienne selon laquelle chaque science n'a que l'âge de ses instruments de mesure. La théorie platonicienne et celle de Lemaître ne seraient tout simplement pas « synchrones » et comparables de ce point de vue, qui fait que toute l'astronomie et toute la recherche cosmologique n'a été depuis Platon et jusqu'à la découverte du fond de rayonnement cosmique (1965) que des balbutiements. Les outils de mesure et d'observation, absents chez Platon, sont décisifs en cosmologie moderne. On verra comment ils sauvent et imposent la théorie de Lemaître contre l'avis de ses multiples détracteurs au rang desquels figure Einstein lui-même.

Seulement, ce n'est pas sur l'âge des instruments de mesure qu'il faut asseoir toute différence profonde et féconde entre Platon et Lemaître. Toute théorie cosmologique étant valable par son rapport aux instruments conceptuels qu'elle mobilise, on gagne à s'intéresser à la mise en place du champ épistémologique dans lequel les deux savants inventent leurs modèles d'univers respectifs. Comme on le notera en lisant les deux chapitres qui suivent, la différence fondamentale entre la démarche de Platon et de Lemaître tient au poids et aux enjeux de la théorie (méta) physique dans lesquels s'inscrivent et évoluent les artifices du démiurge et de l'atome primitif.

---

245 Platon, *Timée,* 48e.

246 Thibaut Damour, préface à Uzan, Jean-Philippe, and Patrick Peter. *Cosmologie primordiale, op.cit.*, p.11.

On voit que s'il use largement du formalisme mathématique et d'astronomie, Platon veut avant tout trouver un sens cosmologique à son système métaphysique, et ne recule pas devant la nécessité de forger des concepts inédits. L'introduction du démiurge ou de la *« khora »,* par exemple, comme on le verra, obéit à cette optique artificialiste qui est au centre de la fabrication platonicienne d'un univers au prolongement des Idées. On ne peut en dire autant de Lemaître qui, devant l'échec des modèles statiques d'Einstein / De Sitter et de bien d'autres, veut résoudre un problème très local à l'astronomie et à la physique de son temps, savoir la constitution d'une théorie cosmologique en harmonie avec cette révolution copernicienne qu'introduisent la relativité et la théorie quantique.

À condition d'en préciser les termes, Platon et Lemaître veulent apporter des « preuves » cosmologiques -autant dire sectorielles, locales- d'un système (méta) physique général qui, dans leurs démarches respectives, fonctionne comme paradigme d'interprétation du monde. D'où le rôle différent joué par la théorie (méta) physique qui sert de fondement et de cadres techniques aux cosmologies étudiées. L'examen topologique de l'arrimage des artifices du démiurge et de l'atome primitif aux théories à bord desquelles ils émergent et s'imposent comme concepts centraux est l'objet des deux prochains chapitres. On y voit comment la théorie de la physique *(phusis)* comme ressource technique de la cosmologie de Platon y est aux ordres d'une métaphysique des Idées, si elle n'en est la variante. Cette métaphysique produit jusqu'au concept organisateur du démiurge (chapitre 4). On y voit aussi comment, contrairement à Platon, Lemaître va mettre le système physique, autrement dit la gravitation, au service de la perspective dynamique et hérétique qu'il veut fonder (chapitre 5).

CHAPITRE 4
LE DEMIURGE ET LES TROIS ESPECES

> *« De nombreux physiciens ont récemment remis à l'honneur le rôle joué par l'orientation du regard et par l'intuition dans l'institution des concepts et des idées qui sont nécessaires à l'élaboration d'un système de lois naturelles (c'est-à-dire d'une théorie scientifique) -alors même que ces concepts et ces idées dépassent généralement de beaucoup la simple expérience (...) Cette conception de la connaissance de la nature remonte, on le sait, à Platon »* [247].

Contrairement à Georges Lemaître qui, on l'a annoncé, ne peut élaborer son hypothèse de la singularité cosmique que sur la base d'un système gravitationnel indépassable en astronomie et en cosmologie contemporaines, la théorie physique est une ressource *ad hoc* de la cosmologie de Platon. Cette cosmologie platonicienne tire son fondement premier et ultime de son « monde des Formes intelligibles », et le démiurge prolonge cette primauté en y adjoignant la scène du monde sensible. Qu'est-ce que le démiurge, et pourquoi Platon repose sur lui la configuration de la scène du monde ? Comment le démiurge s'inscrit-il dans la chaîne des éléments qui constituent la recette de l'univers de Platon ? Répondre à ces interrogations au fil de ce chapitre, c'est enquêter sur trois choses qui nous paraissent capitales à la compréhension de la théorie cosmologique de Platon.

D'abord, qu'est-ce donc que le démiurge ? Nous enquêtons d'entrée sur le statut du démiurge, qui nous semble moins une « divinité fabricatrice », une figure de la théologie platonicienne qu'une variable d'ajustement jouant le rôle de concept de dépassement et de régulation de la *phusis.* Notre position est que le démiurge est l'artifice pour dire l'ordonnance d'un monde dont les Formes seules tiennent le principe et la lettre. Prendre le démiurge dans sa démiurgie propre, c'est expliquer comment, entre le modèle et son extériorité, se glisse un principe médian d'ordre et d'intelligence. Tels sont les termes de l'investiture du démiurge, placé sous le contrôle des Idées, et aux prises avec le monde sensible[248].

---

[247] Wolfgang Pauli, *Le cas Kepler*, *op.cit.*, p.31-32.

[248] Ce principe d'analyse est plus ou moins partagé par D. Keyt, "The mad craftsman of the Timaeus", *Philosophical Review* 80, 1971, p.230-235, et Wood,R.J., "The demiurge and his model" *Classical Journal* 63,1968,p.255-258; au contraire de Richard D. Mohr , qui persiste à voir dans le démiurge une catégorie théologique. Voir, de Mohr, "Plato's theology reconsidered. What the demiurge does",*Harvard Theological Quarterly* 2,1985, p. 131-144.

Ensuite, nous aborderons la question du « cahier des charges » du démiurge, qui prescrit d'instituer, à travers le miroir de la Forme, une normativité dans ce désordre de fait que constitue le monde sensible. L'enjeu est de mettre cet ordre du désordre en phase avec l'ordre du « réel invisible » que constituent les Formes. Dans cette marche vers l'ordre dont la tâche incombe au démiurge, comment les concepts connexes de temps, espace et matière, qui constituent la matière première de toute théorie cosmologique, sont-ils constitués et disposés pour former le cadre primordial de l'ordonnancement de la nature ? Répondre à cette interrogation, c'est plancher sur l'entrée du démiurge dans la *doxa* originaire dont le dépassement par conceptualisation est à l'origine de sa propre formulation. En effet, on sait de ces concepts que, même s'ils sont nourris et habités de l'histoire et de la culture « scientifique » de leur temps, ils restent proprement platoniciens, internes au système finaliste et téléologique que constitue la théorie des Formes.

4.1 LE DEMIURGE THEOLOGIQUE

En toute apparence, la démiurgie du *Timée* est d'abord une question théologique, Platon ayant plusieurs fois présenté le démiurge, cet ouvrier (*démiurgos*) comme un dieu *(dé theos)* et plus rarement encore comme *o theos,* le dieu. Mais quelle place occupe-t-il dans la classe des dieux platoniciens ? Il faut répondre à cette interrogation non à partir de Platon, qui n'a pas spécialement statué sur la hiérarchie de ses éléments théologiques, mais en suivant le néoplatonisme. La position de Proclus sur la hiérarchisation platonicienne du divin est l'une des plus classiques et des plus complètes. Nous tenterons d'en suivre l'argumentation, non pas pour adhérer à sa position qui n'est aboutie et complète qu'autant qu'on oublie le texte platonicien. Si nous suivons Proclus, c'est pour démontrer par suite que la présence du démiurge dans la hiérarchie du divin chez Platon n'en fait pas un dieu au sens de puissance créatrice. Nous montrons que Platon parle du démiurge pour désigner un simple artifice de jonction entre le diffus du monde sensible et le fixe du monde intelligible.

4.1.1. La théologie platonicienne selon Proclus

Du point de vue de Proclus, Platon a établi une science véritable des êtres premiers : la *théologiken épistémè*, savoir ou science de l'être divin[249]. Cette science porte sur les éléments constitutifs de l'univers des « réels invisibles »,

---

[249] Proclus, *Théologie platonicienne,* texte établi et traduit par H.S. Saffrey et L.G.Westerink, Paris, Collection des Universités de France, Société d'édition « Les Belles Lettres », Livre I, 1968, § 1-3.

qui, selon Proclus, culminent à l'Un (*Enos*). On voit donc que, plus explicitement que Plotin[250], Proclus cherche à répondre au problème de la causalité radicale chez Platon en saisissant la manière dont il expose l'émergence des hénades (divinités) d'une cause unique qui est l'Un-Bien. Si l'on suit Proclus, chaque dialogue qui traite du sujet théologique dévoile un nouvel élément constitutif de cette procession platonicienne vers l'Un.

4.1.1.1. Circuit platonicien

Proclus, huit siècles après Platon, ouvre son analyse de la théologie platonicienne par un exercice d'inventaire du cycle des cours qui nous sont parvenus sous forme des dialogues. On a, d'un côté, les dialogues qui traitent principalement de l'Un. Ce sont : *Philèbe, Phèdre, Sophiste, Timée, Cratyle, Banquet, Phédon.* De l'autre, les dialogues qui parlent accessoirement ou succinctement du divin : *Gorgias, Protagoras, République, Lois, Lettres.*

La première catégorie de dialogues nous intéresse, autant parce qu'il est important de savoir comment Proclus aborde cette procession platonicienne vers l'Un, que de voir comment la théologie et la cosmologie du *Timée* s'insèrent dans l'ensemble de ce mouvement. Dans la *Théologie platonicienne* de Proclus, c'est le dialogue du *Philèbe* qui est présenté comme développant la science la plus aboutie de l'Un-Bien, analogiquement nommé « vivant-en-soi », *« Principe unique de tout l'univers »*[251]. Cela implique que dans son essence et sa définition, l'Un-Bien est absolu et éternel :

> *« Si l'éternité est au vivant intelligible ce que le temps est au vivant sensible, si l'univers participe, immédiatement au temps (le temps en effet est né avec le ciel), force est, j'imagine, que le vivant-en-soi jouisse à titre premier de l'éternité »*[252].

En suivant ce chemin, Proclus prétend que le *Philèbe* établit l'éternité du principe d'impulsion de l'univers, qui est l'Un-Bien. En dessous de ce principe, le *Phèdre* traite des *« classes de dieux intelligibles et intellectifs et les ordres des dieux détachés du monde qui président immédiatement aux révolutions célestes »*[253]. D'après cette théorie, on voit bien que c'est la théologie du *Phèdre* qui présente les dieux qui sont garants des mouvements et de l'équilibre cosmiques. Complétant cette tâche de régulation, le *Politique* montre *« la démiurgie opérée dans le ciel, les deux cycles périodiques de*

---

[250] Voir Plotin, *Ennéades*, II, 1, 5, 9 ; III 7 et V.
[251] Proclus, *Théologie platonicienne,* Livre I, § 5.
[252] *Ibid.*, Livre III, 16, p.55.
[253] *Ibid.,* Livre I, 1-3.

l'univers et leurs causes intellectives »[254]. Pour sa part, la théologie du *Sophiste* porte sur *« tout ce monde sublunaire et condition propre aux dieux qui l'ont reçu pour leur domaine »*[255]. Enfin, le dialogue du *Timée* retrace *« la théorie relative aux dieux intelligibles, l'exposé divinement inspiré sur la monade démiurgique et la vérité très complète relative aux dieux encosmiques »*[256].

En somme, Proclus proclame que, par cette voie où il y a une hiérarchisation platonicienne successive dans l'exposé des objets théologiques, l'Un est atteint, non pas de manière positive et objective, mais par analogie. Le démiurge est bien un dieu médian, qui porte et remplit un rôle de rouage dans cette dialectique de l'ascension vers l'Un d'où il procède lui-même.

4.1.1.2. Limites de la démiurgie théologique

Pour Proclus, de l'Un dérive *« tous les ordres de dieux »*. L'Un serait donc chez Platon la *« cause unique transcendante et imparticipable, premier principe (qui) préexiste à tous les êtres et aux dieux mêmes qui produisent les êtres »*[257]. Il reste cependant évident, en suivant le principe d'unicité qui fait descendre les dieux et le reste de la réalité de l'Un, que Proclus affiche une démarche dans laquelle l'effort épistémologique ultime est de convertir ou d'interpréter à la lumière du plotinisme l'ensemble de la métaphysique platonicienne qu'il conceptualise sous la modalité de la « théologie ». Cette ressource plotinienne, que Proclus avoue être au fondement de sa propre science[258], fait des dieux une émanation de l'Un.

Cette position est en cohérence avec les présupposés de Plotin. Il en faut davantage pour qu'elle devienne platonicienne. En effet, Platon fait-il culminer *réellement* sa cosmologie et sa théologie au *Philèbe* ? En d'autres termes, les dialogues « théologiques » de Platon ne sont-ils que des chemins vers le Bien qu'expose le *Philèbe* ? Résoudre ces questions radicalement, c'est partir d'une autre : qu'est-ce que le Bien dans le *Philèbe* ?

Contrairement aux affirmations de Proclus, le Bien dont parle Socrate à Philèbe et Protarque n'est pas présenté comme le Dieu en vue de quoi sont disposés les différents dieux rencontrés dans les dialogues de Platon. Il n'est même pas la catégorie majeure dans une chaîne des « dieux ». Autrement dit,

---

[254] *Idem.*
[255] *Idem.*
[256] *Idem.*
[257] Proclus, *Théologie platonicienne,* Livre III, p.29.
[258] Dans la *Théologie*... I, Proclus parle de « Plotin l'Égyptien », comme étant le premier des néo-platoniciens, qui est la tradition d'appartenance de Proclus.

les dieux des dialogues de Platon ne sont pas des dérivées du Bien du *Philèbe,* même si le Bien est par ailleurs présenté comme une Forme majeure. Or, cette « majorité » n'est pas une préséance ontologique, elle ne signifie pas que, dans l'être, le Bien vient en tête des autres catégories. Dire que le Bien est une Forme majeure, c'est simplement affirmer que, pour être, le Bien suppose l'être et l'idée d'être. Le Bien ne saurait donc être saisi sous une seule Forme ou Idée, mais potentiellement sous trois : la Beauté, la Proportion et la Vérité[259]. À aucun moment, Platon ne détache le Bien de la « sphère » des Formes, il ne l'abstrait pas, ne le transcende pas, enfin, ne l'hypostasie point comme causalité radicale ou toit du monde.

En somme, le divin du *Philèbe* peut, après analyse, tarder à refléter une théologie systématique qui ne serait d'ailleurs pas conforme à la réalité de cette époque qui porte bien le nom d'antiquité grecque païenne. Si bien que l'entreprise de Proclus de démontrer une théologie platonicienne doit être perçue comme un anachronisme de plus, comme l'histoire de la philosophie sait en construire avec talent sur les savants de cette époque. Au même titre que la christianisation thomiste du premier moteur aristotélicien, Proclus, en bon théologien chrétien, tente de christianiser Platon. Pour Albert Rivaud[260], il est probable que la tentative consiste, comme c'est le cas avec l'École de Chartes, à faire coïncider les thèses astronomiques de Platon avec l'exégèse du monde telle qu'elle est présentée dans la Bible, au livre de la Genèse. Dans une telle perspective, Proclus est en pleine tentative de christianisation de Platon.

Or, si on s'en tient aux thèses de Platon, on notera que l'auteur du *Timée* semble abandonner, ou tout au moins hésiter devant la radicalisation de l'artisan du monde qui, après sa tâche, « rentre dans son repos accoutumé »[261]. En reculant devant cette théologie positive toujours possible, Platon fixe, pour ses exégètes, une limite, objective et infranchissable, à toute analyse de sa cosmologie comme exaltation de Dieu. On peut bien comprendre pourquoi ceux de ces exégètes qui sont de souche chrétienne sont troublés par les effets épistémologiques de cette limite. Ainsi analysons-nous cette exaspération de Monseigneur Auguste Diès :

> « *La lecture des dialogues* [de Platon] *laisse presque inévitablement dans notre esprit un certain malaise. Tout est dieu ou divin chez ce*

[259] Voir Platon, *Philèbe,* 27b.

[260] Albert Rivaud, notice au *Timée,* in Platon, *Œuvres complètes,* Tome X, *Timée-Critias,* texte établi et traduit par Albert Rivaud, 4e tirage revu et corrigé, Paris 1963.

[261] Platon, *Timée* 42 e.

trop divin Platon : les Idées ou Formes intelligibles- l'Idée du Bien, l'Idée du Beau- l'Intellect- l'Âme -le Monde -les astres- notre intellect et notre âme à nous- sans parler de ces dieux de la mythologie, que le Timée *mentionne si tôt après les astres, avec une ironie non déguisée. Nous sommes portés à nous demander avec un peu d'impatience : quel est donc, dans tout cela, le Dieu de Platon ? »*[262]

4.2. Le demiurge cosmologique

Pour nous, et en dépit des efforts qu'il fournit en bon chrétien pour déceler le Dieu de Platon, la question que pose Auguste Diès est déjà une réponse : la construction du monde et du système platonicien n'a pas eu de souci de Dieu. *Ion* semble même avoir abandonné la spéculation et les incantations sur le divin aux poètes qui, des dieux, furent *« auprès de nous les interprètes étant possédé chacun par celui* [des dieux] *dont il subit l'influence »*[263]. Le moins que l'on puisse dire, c'est que même en s'obstinant à faire du démiurge un dieu, on ne peut en faire un « créateur » précisément parce qu' « *il n'a pas pu triompher de la résistance de la matière »*[264].

Le démiurge cosmologique, c'est donc une manière de dire que ce concept n'apparaît chez Platon que dans cette perspective de la manipulation de la matière de l'univers, qu'on nommera cosmologie rationnelle ou idéaliste selon qu'on voudra. Ce concept apparaît pour satisfaire une exigence de connaissance, et plus précisément de connaissance rationnelle : Platon, comme tous les cosmologues qui suivront, tente d' « inventer l'univers »[265], de créer un modèle cosmologique de toutes pièces en mettant justement à mal tous les mythèmes, notamment de type théologique, qui ont jusque-là poussé au sujet du cosmos sans aucune contribution de la raison.

Dans cette perspective, Gregory Vlastos a raison de souligner que le démiurge est la Raison personnifiée *(Reason personified).* Pour nous, cet énoncé permet de sortir pour la première fois du mécanisme présocratique, de purger la cosmologie de l'utopie d'une cause matérielle dont les physiologies *(physiologoi)* furent les interprétations, à travers les hypothèses variées comme la théorie atomistique du Clinamen, la théorie héraclitéenne du devenir chaotique de la totalité, etc[266]. Il a aussi raison de présenter le *Timée*

---

[262] Auguste Diès, *Autour de Platon, op.cit,* p. 555.
[263] Platon, *Ion,* 535 a.
[264] A. Varoqui, *Socrate et Platon,* éd. La Source, N'djamena, rép. Du Tchad, 1988, p.17.
[265] Luc Brisson et Meyerstein, *Inventer l'univers* : *le problème de la connaissance et les modèles cosmologiques,* Les Belles Lettres, 1991.
[266] Gregory Vlastos, *Plato's Universe, op.cit.,* chap.2 : « Plato's Cosmos, I : Theory of Celestial Motions. », p.23-65.

comme un exposé sur le travail d'invention artistique d'un univers par le démiurge, qui prend la matière du stade du chaos vers l'harmonie, notamment sous la contemplation d'un Modèle[267].

Cette démarche platonicienne, qui introduit le finalisme dans la recherche cosmologique, marque une rupture importante dans l'approche philosophique de l'univers. Par contre, Vlastos a tort de prétendre que Platon remplace l'utopie d'une cause matérielle et mécanique du monde par une « cosmogonie théologique » (« *a theological cosmogony* »). Il nous semble que le *Timée* n'est ni une cosmogonie, ni un récit de fondation théologique. Il faut même dire que, du point de vue de la dynamique propre de son épistémologie, Platon ne saurait procéder autrement.

En effet, le « démiurge » apparaît pour la première fois dans le texte du *Timée* non comme un dieu, mais dans un ensemble, au pluriel, et formant un groupe dans un corps social. Cet énoncé est alors pris dans un sens large, cosmopolitique, ancré dans un environnement sociopolitique, le personnage de Critias l'Ancien revenant sur une organisation primitive de la cité athénienne où les démiurges formaient précisément une classe sociale qui n'était point la plus haute :

> *« En premier lieu, le groupe des prêtres s'y trouve à part, séparé des autres. Puis vient le groupe des démiurges, -chaque espèce de démiurge exerce son métier séparément, sans se mêler à aucun autre- le groupe des bergers, celui des chasseurs, celui des paysans »*[268].

La multiplicité des « espèces » montre que les démiurges ne constituent pas un ordre homogène. Ils désignent un « groupe », où chacun des démiurges évolue « *sans se mêler à aucun autre ».* Dans cette hétéronomie liée à la division (sociale) des tâches, seul l'exercice séparé des métiers fonde l'unité de la « classe » des démiurges. Bien plus, la démiurgie n'est qu'une catégorie qui se duplique : plusieurs corps célestes appartiennent, par expansion, à cette catégorie. Il y va ainsi de l'astre terrestre :

> *« La terre, notre nourrice, enroulée autour de l'axe qui traverse le tout, le dieu l'a établie pour être gardienne et* démiurge *de la nuit*

[267] « He *undertakes to depict the origin of the cosmos as the work of a god who takes over matter in a chaotic state and moulds it in the likeness of an ideal model, the Platonic Idea of Living Creature* » (Gregory Vlastos, *Plato's…*, p.25).

[268] Platon, *Timée,* dans *Timée/ Critias*, présentation et traduction par Luc Brisson, Paris, GF Flamarrion, 1992, 24 b, p. 110.

et du jour, elle qui est la première et la plus ancienne de toutes les divinités qui sont nées à l'intérieur du ciel »[269].

De même, le démiurge n'est ni omniscient, ni omniprésent. Dans le cas de certaines « espèces de vivants » mortels, « le dieu qui a engendré cet univers-ci » délègue. Il demande par exemple aux divers dieux, *« tant ceux dont nous observons les évolutions circulaires que ceux qui ne se montrent que quand ils le souhaitent »*, de devenir *«* les démiurges *de ces vivants, prenant modèle sur la puissance que j'ai déployée pour assurer votre naissance »*[270]

Il n'est pas prudent, après avoir lu cela, de tenir rigueur à Platon d'avoir fait usage des figures du mythe et du récit pour mettre en scène le démiurge et sa tâche. Ces figures ont un effet de style et de stratégie de persuasion : Platon use des mythes, qui sont, non pas une survivance du poème présocratique, mais des stratégies performatives de mise en scène de la connaissance, des allégories de simplification des exposés en vue de stimuler la discussion et la compréhension du récepteur[271]. Le mythe a pour fonction de déployer la dialectique et de rendre accessibles des démonstrations ou des développements qui, autrement, seraient trop techniques. Déjà, avec la célèbre allégorie de la caverne, on voit à l'œuvre cette stratégie dans tout son éclat au livre VII de la *République*.

Nous considérons ici que, ne prendre en compte que l'aspect du récit et de l'allégorie empêcherait de voir ce qui est épistémologiquement capital : le démiurge ne remplit qu'un rôle de régulation, de mise en ordre d'un ensemble d'éléments. L'anthropomorphisme et l'animisme de Platon, qui expliquent la prolifération des âmes affectées dans le *Timée* à tous les corps du ciel (terre, monde, démiurge, etc.), sont une force de style et de rhétorique qui ne concerne pas l'essentiel. Sans doute, l'accoutumance aux représentations onto-théologiques incite à considérer le démiurge comme un dieu, comme une cause qui cause sans être causée, et à disqualifier d'office l'entreprise inédite en cours : penser le monde et sa formation à la lumière de la raison[272].

---

269 Platon, *Timée*, 40b-c. Nous soulignons.

270 Platon, *Timée*, 41 a-c. Nous soulignons.

271 Sur le mythe chez Platon, voir Luc Brisson, « Le Timée comme mythe et comme modèle cosmologique », *Lectures du Timée de Platon,* Publication du groupe Philosophie de la MAFPEN de Lille, Lille, 1994, p.38-48 ; *Platon, les mots et les mythes : comment et pourquoi Platon nomma le mythe,* Paris, éd. La découverte, 1994 ; J-F. Mattéi, *Platon et le miroir du mythe,* Paris, PUF, 2003 ; Jean-François Pradeau, *Les mythes de Platon* [Texte imprimé] : anthologie / textes choisis et présentés par, Paris, Flammarion, 2004 ; Karl Reinhardt, *Les mythes de Platon* [texte imprimé], traduit de l'allemand et présenté par Anne-Sophie Reineke, Paris Gallimard, 2006.

272 Cette position est éclairée par Luc Brisson et F. Walter Meyerstein dans *Inventer l'univers : le problème de la connaissance et les modèles cosmologiques,* Paris, Les Belles lettres, 1991.

Or, du point de vue du *Timée*, le démiurge n'obéit qu'à sa tâche et aux principes qui s'y rapportent. Il ne vaut que par son art. Cette accoutumance à la tâche, que recèle déjà le sens large du démiurge, est valable pour le sens serré et cosmologique qu'en donne le *Timée*. Dans sa nature cosmologique, le démiurge reflète -au sens où le miroir « reflète » -*« pour quelle raison* [a été constitué] *(...) le devenir, c'est-à-dire notre univers »*[273].

Dans l'orientation explicitement finaliste de cette formulation platonicienne, le démiurge occupe la fonction centrale du concept unifiant et totalisant de ce qu'on nommera, à partir d'Aristote, la nature. C'est le toit et la caution architecturale de l'univers pris dans sa continuité et son harmonie. En cela, il n'est pas un dieu mythique mais un dieu de raison ou, si l'on veut, un artifice de la raison cosmologique. Une telle perspective recèle divers niveaux de préoccupations très imbriquées : prendre le démiurge dans sa tâche, à l'œuvre et, exercice plus rude, montrer comment il est le *« fabricant et le père de l'univers »,* et assumer d'en porter la clarté entre érudits : *« lorsqu'on l'a trouvé, il n'est pas possible d'en parler à tout le monde »*[274].

Le démiurge apparaît donc au cœur d'une enquête astronomique et cosmologique. L'enquête où s'engage Timée a sa visée propre. La première exigence est de concevoir le démiurge lui-même au cœur des choses, de dégager et de conférer à travers sa présence un statut ontologique et épistémologique à l'univers. Ce faisceau d'attentes est tellement fondamental et complexe que répondre à la question de savoir ce que c'est que le démiurge, c'est aussi répondre à la question sous-jacente, celle de la tâche à laquelle il est astreint et des principes qui l'y assignent.

Partons donc du projet et de ses principes. Le projet dont parle Timée, celui des intervenants du dialogue qui est *« le plus versé en astronomie et celui qui a fourni le plus d'efforts pour pénétrer la nature de l'univers »* est de deux volets : parler de la *« mise en ordre de l'univers »,* et, ensuite, de la *« nature de l'homme »*[275] . Nul doute que, seul le volet cosmologique de la *« mise en ordre de l'univers »* nous intéresse ici. Pour Platon, l'enjeu est de *« discourir sur l'univers d'une certaine manière, selon qu'il fut engendré ou encore pour dire qu'il n'est pas engendré » (Timée,* 27c*)*. Ce principe, qui pose clairement

---

[273] Platon, *Timée*, 29 d.

[274] Platon, *Timée*, 28c. Dans une note sur cette perspective d'érudition que le *Timée* donne du démiurge et de son savoir, Luc Brisson précise : *« L'impossibilité de parler du démiurge à tout le monde dépend d'une incapacité de la part du destinataire : rares sont aujourd'hui ceux qui peuvent comprendre la théorie de la relativité, même si celui qui explique cette théorie recherche l'auditoire le plus large » (*Luc Brisson, présentation et traduction du *Timée,* op.cit., note 105, p.230).

[275] *Timée*, 27a. Cette thèse se penche sur la première dimension : la mise en ordre de l'univers.

la question de l'univers de Platon en termes de temporalité[276], ne détourne pas Platon de son approche fondamentalement duale de la connaissance en termes de ce qui est en soi et de ce qui est en apparence. Le projet cosmologique obéit à ce principe qui justifie d'emblée le cœur de la batterie de principes de raisonnement que Platon va mettre en place :

> *« Qu'est-ce qui est toujours sans jamais devenir, et qu'est-ce qui devient, sans être jamais ? De toute évidence, peut être appréhendé par l'intellect et faire l'objet d'une explication rationnelle, ce qui toujours reste identique. En revanche, peut devenir objet d'opinion au terme d'une perception sensible rebelle à toute explication rationnelle, ce qui naît et se corrompt, ce qui n'est réellement jamais. De plus, tout ce qui est engendré est nécessairement engendré sous l'effet d'une cause ; car, sans l'intervention d'une cause, rien ne peut être engendré. Aussi, chaque fois qu'un démiurge fabrique quelque chose en posant les yeux sur ce qui toujours reste identique et en prenant pour modèle un objet de ce genre, pour en reproduire la forme et les propriétés, tout ce qu'il réalise en procédant ainsi est nécessairement beau ; au contraire, s'il fixait les yeux sur ce qui est engendré, s'il prenait pour modèle un objet engendré, le résultat ne serait pas beau »*[277].

En s'en tenant au double rapport entre engendré et inengendré, entre ce qui est « identique » et ce qui « se corrompt », Platon fixe la matrice de sa cosmologie et le démiurge lui-même dans une tâche artisanale et esthétique : produire du beau à partir des critères qui précèdent le producteur lui-même et s'imposent à lui, en même temps que le monde en devenir sur lequel il opère. Il faut bien se rendre compte de ce qu'une telle formulation valide ou introduit comme fondamentalement nouveau dans la recherche cosmologique. Tournant le dos aux développements présocratiques, Platon, le premier, pose que l'ordre cosmique n'est ni naturel, ni mécanique. Il est le produit d'un intellect, celui du démiurge, qui ne triomphe pas cependant de la matière. Le caractère cosmologique de la démiurgie de Platon est aussi marqué par cette nécessité de garder du monde sensible la trace, et c'est de cette trace qu'il faut partir.

---

[276] Voir Brisson, Introduction au *Timée*, op.cit., p. 36-38 ; J. Whittaker, Phoenix 27, 1973, p.389 et J. Dillon, *American Journal of Philosophy*, 110, 1989, p. 57-60.
[277] Platon, *Timée*, 27d-28b.

4.3 LE MONDE SENSIBLE ET SES CADRES D'INTELLECTION

Qu'est-ce donc que le monde sensible, en termes de composés et de contenu « sensibles » ? La question exige deux niveaux d'analyse : un premier niveau où l'on recense ce qui compose le monde sensible comme monde du divers et du chaos, et un second niveau purement conceptuel où ce divers lui-même peut se constituer comme objet d'une intellection qui englobe la totalité. Dans le premier niveau, il faut cerner du monde de Platon la structure pré-démiurgique, qui marque l'irréductibilité du monde sensible. D'emblée, Platon valide l'existence primitive de cet ordre pré-démiurgique, réalité en soi qui n'est soumise aux manœuvres organisatrices du démiurge que parce que le *logos* y est absent. Cette validation ne souffre pas d'une construction de concepts nouveaux de type platonicien, l'auteur du *Timée* suivant en cette matière purement et simplement la tradition et l'astronomie de son temps. Il emprunte à Anaximandre le concept de l'Indéterminé (*Apeiron archè)* et à Empédocle sa théorie des quatre éléments (eau, air, feu, terre). Dans le second niveau, on voit le début de l'appropriation platonicienne du monde en devenir. Les concepts de lisibilité de « toute cette masse invisible » qu'est l'Indéterminé apparaissent être le temps, l'espace et la matière *(khora).* L'apparition de ces notions permet de fixer l'énoncé du monde sensible dans la figure des concepts, et de rendre formellement possible*, in fine*, l'opération de la mathématisation démiurgique de l'ordre cosmique.

4.3.1. L'indéterminé ou le désordre pré-démiurgique

Platon valide le concept cosmologique de l'*Apeiron archè* qui, on l'a vu, fut l'œuvre d'Anaximandre, le physiologiste ionien. Dans le *Timée,* l'*Apeiron archè* est introduit sous le nom de l'Indéterminé, réalité primitive initialement *« dépourvue de tout repos, changeant sans mesure et sans ordre »*[278]. C'est un ensemble d'éléments diffus, se comportant « sans raison ni mesure » (49 d). Né avant le Ciel, il est le chaos primitif nécessaire et éternel. Il s'ensuit que l'Indéterminé est en être et non en devenir. Ce chaos primitif, composé d'éléments désordonnés, est nommé *anagkè,* et ainsi présenté, sous forme imagée, comme un personnage peu malléable, et même franchement rebelle à toute intelligence. Avec le monde sensible qui, lui, est né avec le ciel, l'Indéterminé forme l'ordre de la matière que le démiurge, comme on le précisera, doit rendre « intelligible », sous l'énoncé conceptuel et générique de la *khora*[279].

---

[278] *Timée*, 29 e. Nous suivons ici la traduction d'Albert Rivaud, *op.cit.*

[279] Berque, Augustin. "La chôra chez Platon." *Espace et lieu dans la pensée occidentale.* Paris: La Découverte (2012): 13-27.

Toujours est-il que la validation du concept de l'Indéterminé engage la description du *Timée* dans un commerce entre le Modèle, *« espèce intelligible et immuable »* (48e) avec ce qui ne se réduit pas intellectuellement, et d'où part le tout du monde. Pour la démiurgie, cela signifie l'impossibilité même de remplir une fonction de création : le démiurge est contemporain de la matière originelle du monde sensible. Il ne peut donc y jouer qu'un rôle d'interprète, d'organisateur, qui amène le monde sensible *« du désordre à l'ordre »* (30a). Le démiurge n'a pas à l'égard du monde une préséance ontologique et prométhéenne, mais une préséance logique, normative, qui réside dans l'usage de son prédicat ontologique principal : le *Nous*, l'intelligence. Le qualificatif d'artisan, de fabricant et plus précisément de *tektainomenos* (travailleur du bois) qu'affecte Platon au démiurge (28 c) trouve là tout son sens : l'artisan ne produit pas son œuvre *ex nihilo*, il manipule, « fabrique quelque chose » à partir d'une ou des matières premières, en l'occurrence à partir de l'Indéterniné.

Cette orientation fonctionnaliste et finaliste de la tâche du démiurge est conforme à une épistémologie platonicienne où, on l'a dit, est d'abord posé un ordre des Idées, un horizon des fondements logiques des choses qui, s'il est en soi, n'est pas que le reflet d'une ontologie purement hypostasiée des êtres premiers hégémoniques et prométhéens, comme le suggère Proclus. Pour la cosmologie platonicienne, si la théorie des formes intelligibles est l'horizon de tous les horizons du fondement, l'*Απειφον αρχη/Apeiron archè* conserve sa propre radicalité de ce qui vient avant et se tient en face. Encore une fois, cette radicalité de l'Indéterminé, figure oppositionnelle aux Formes intelligibles, fonde et légitime le démiurge comme copule ou principe d'un ordre et d'une mesure à faire passer d'une extrémité à l'autre. Le démiurge est un axe, le point zéro de l'ordre, entre la mesure du modèle qu'il doit contempler et l'absence de mesure que constitue l'Indéterminé - nous reviendrons sur cette topologie platonicienne.

4.3.2. Les quatre éléments et les mathématiques (52 d-55 c)

Le recours aux quatre éléments d'Empédocle (terre, eau, feu, air) s'ajoute à l'Indéterminé et apparaît comme le second emprunt majeur de Platon à la cosmologie présocratique. Mais, il n'est pas sûr, comme peut le laisser sous-entendre la présentation de Francis M. Cornford dans sa traduction anglaise du *Timée*, que Platon se contente, par cet emprunt, d'une simple construction des figures des quatre corps premiers (53 c-55c), et cela au terme d'une description du chaos (52d-53 c)[280]. Nous pensons que, au lieu de suivre et de reproduire l'astronomie présocratique comme c'est le cas avec l'Indéterminé,

[280] Voir Francis M. Cornford, *Plato Timaeus, op.cit.*, p.54 et ss.

l'usage des quatre éléments a une visée proprement platonicienne. Il cherche, au-delà d'établir l'irréductibilité du monde sensible, à fixer le point d'impact du monde sensible sur le projet de monde « parfait » en cours. Avec les quatre éléments, Platon opte déjà pour l'engendrement du monde, c'est-à-dire, contrairement à la perspective naturelle et mécanique d'une tradition léguée par les présocratiques, pour le processus de la formation de l'univers posé dans le projet de Platon comme principe d'ordre et produit de la raison (mathématique). Il ne se place plus du côté pré-démiurgique ou empirique, mais du côté de ce que la physique d'aujourd'hui, depuis la convertibilité de l'énergie et de la matière ($E=Mc^2$) découverte par Einstein et encore plus depuis l'interprétation de Copenhague qu'on doit aux théoriciens quantiques, nommera *« la structure élémentaire de la matière »*. Platon ne s'embarrasse plus, comme Empédocle, des représentations dramaturgiques du type de l'odyssée de la nature : il est porté sur la forme mathématique et finale d'un univers dont le démiurge est en cours de fabrication.

Platon introduit dans la théorie d'Empédocle un aménagement de fond : au lieu de les prendre comme la matière résiduelle de l'univers, Platon précise le rôle de chacun desdits éléments dans une forme plus large, qui les inscrit dans une structure qui les précède : les quatre éléments sont *premiers en être et non en ordre*. De plus, si la terre et le feu vont de soi et sont présentés comme les éléments les plus primordiaux, l'air et l'eau, eux, n'apparaissent qu'au détour d'une démonstration mathématique. Selon Platon,

> *« Sans le feu, rien ne saurait jamais devenir visible ; et rien ne saurait par ailleurs être tangible sans quelque chose de solide ; or rien ne saurait être solide sans terre. De là vient que c'est avec du feu et avec de la terre que le dieu, lorsqu'il commença de le constituer, fabriqua le corps du monde »*[281].

Pour Platon, la terre et le feu permettent de remplir chez l'observateur la double condition de possibilité d'un monde sensible : être vu et touché, c'est-à-dire, au fond, être accessible par le truchement des deux sens majeurs de l'espèce humaine : la vue et le toucher. Le feu est le symbole de la vue, et la terre celui du toucher[282]. Ainsi, Platon introduit, avant la physique quantique, la condition de l'observateur dans la possibilité même du monde. Mais ces deux premières conditions du monde sensible, purement empiriques, sont nécessaires et non suffisantes, dans un projet avant tout esthétique.

Selon Platon, le feu et la terre ne peuvent à eux seuls *« former une composition qui soit belle »*. D'où l'exigence, pour Timée, de recourir à la

---

281 *Timée, idem.*

282 Voir Luc Brisson, présentation et introduction du *Timée*, *op.cit.*, note 132, p. 231.

démonstration mathématique, par l'usage des concepts de proportion et d'analogie, pour démontrer la nécessité de deux autres éléments, l'air et l'eau, privés de solidité (l'eau) et de visibilité (l'air). Nous reviendrons plus loin sur la mathématisation de la cosmologie platonicienne. Signalons, pour l'instant, que cette orientation platonicienne permet de changer les termes de la problématique empédocléenne, qui confinait le rapport entre les éléments, purement matériels, à une confrontation conflictuelle d'où ne sortait d'harmonie que l'expression du triomphe cyclique – et donc provisoire- de l'amour sur la haine et réciproquement.

Platon dépasse ce plan conflictuel en cherchant une horizontalité et une symétrie entre les éléments, qui ne sont pas tous de même nature, n'obéissent pas aux rapports mécaniques, et ne remplissent pas les mêmes fonctions dans la construction de l'unité cosmique. Reste que, chez Platon, l'entrée en scène de l'air et de l'eau sous des rapports mathématiques réhabilite ce que nous pressentions plus avant, chez Empédocle lui-même, à savoir l'appartenance à *« la série pythagoricienne des principes qui laisse peu de place à la matière »*[283].

Platon poursuit donc la dématérialisation de la matière entreprise par Empédocle en conformité avec ce que le principe quadruple tient de la schématisation pythagoricienne de l'unité cosmique. Le recours aux mathématiques pour expliquer la nécessité de l'air et de l'eau comme éléments primordiaux serait la première station, toute pythagoricienne, dans la dématérialisation platonicienne du monde sensible. Ce recours permet de fixer entre la terre et le feu *« un lien qui les unisse »*. L'air et l'eau constituent alors ce lien mathématique unifiant, ils remplissent dans l'ordre des éléments premiers un rôle analogique, du grec *ana logon* qui *« désigne une identité entre deux rapports, du genre a/x=x/b (ou x/a = b/x, pour être plus près du texte) si on ne prend en considération que trois nombres, ou du genre a/b=c/d, si on prend en considération quatre nombres »*[284].

La distinction devient ainsi nette entre deux éléments solides que sont la terre et le feu, et deux éléments proportionnels que constituent l'air et l'eau, qui pourtant *« forment tous une unité »*. Du fait de l'origine hybride des éléments solides et proportionnels, il s'en suit que l'unité cosmique n'est pas chez Platon une pure abstraction du monde sensible. Il précise cette hybridité en ces termes :

---

[283] Voir « Empédocle et les quatre éléments », § I.2., chap. 2, infra, et les remarques de Jean-Paul Dumont, note 76, supra.
[284] Luc Brisson, *ibid.*, note 133, p. 231.

« Il convenait que ce monde fût un solide, et, en ce qui concerne les solides, ce n'est jamais une seule médiété, mais toujours deux qui établissent entre eux une proportion. Voilà bien pourquoi le dieu, ayant placé au milieu, entre le feu et la terre, l'eau et l'air, et ayant introduit entre eux, autant que c'était possible, le même rapport, qui fasse que ce que le feu est à l'air, l'air le soit à l'eau, et que ce que l'air est à l'eau, l'eau le soit à la terre, a constitué à l'aide de ces liens un monde visible et tangible »[285].

4.4 L'ARCHITECTURE COSMIQUE : FORME, TEMPS ET ESPACE (KHORA)

Platon repose son architecture cosmique sur trois piliers dont la manipulation seule permet au démiurge, en cela limité, d'exercer son « talent ». Dans le *Timée*, ces trois piliers sont clairement présentés de la manière suivante : *« il faut se mettre dans la tête qu'il y a trois choses : ce qui devient, ce en quoi naît ce qui devient, et ce à la ressemblance de quoi naît ce qui devient »*[286]. Déchiffrons, à partir des indications données précédemment par Platon lui-même : *« ce à la ressemblance de quoi naît ce qui devient »* renvoie au Modèle ou Forme, *« espèce intelligible et immuable »* (48e). Ce qui « devient », c'est la copie du Modèle qu'est la réalité sensible, *« sujette à la naissance et visible »*. Enfin, *« ce en quoi naît ce qui devient »*, c'est le *« réceptacle* (dékhomenon) » de cette naissance, la *« place* (khora) » de tout ce qui se meut dans la valse du devenir.

Observons deux choses au sujet de cette répartition qui recoupe objectivement la dualité Modèle/copie. La première, c'est qu'il apparaît que, même s'il est en devenir, le monde sensible est irréductible chez Platon, fût-ce parce qu'il est en un lieu, le « réceptacle ». La seconde chose est d'enjeu cognitif et topologique : la validation platonicienne de cette présence du monde sensible n'a qu'un rôle d'étape. Elle ouvre sur la question de cette cosmologie qui est métaphysique dans son intention et dans sa finalité. En clair, l'apparition des « trois choses » cosmiques qui existent selon Platon montre combien cette cosmologie repose la question de sa philosophie de la connaissance : *qu'est ce qui est en être et qu'est-ce qui est en devenir, et qui n'est donc qu'en tant que n'être pas ?* Pour Platon, formuler une réponse cosmologique à cette question, c'est renoncer à l'abstraction pure pour l'examiner à travers ce qui se voit ou ce qu'il veut donner à voir, par un déplacement de curseur où le réel auquel il veut conduire l'observation a déjà été déclaré comme « invisible ». La réponse cosmologique à la question de l'être et du devenir consiste à disposer ce qui est en soi et ce qui ne l'est pas sur l'échiquier d'un monde « visible et tangible »,

---

[285] Platon, *Timée*, 32 b.
[286] Platon, *Timée*, 50c-d.

distinct de l'immédiateté pure, puisque soumis à des régularités qui n'en relèvent pas.

Dans cette voie, nous montrons maintenant qu'avec la démiurgie du *Timée,* Platon semble résoudre cette question de fond en produisant une catégorisation où la Forme intelligible, l'espace *(khora)* et le temps n'apparaissent qu'inscrits dans ou portés par un *support de lieu.* Autrement dit, ils apparaissent comme des entités dont l'une des propriétés principales est d'être « quelque part » sur l'échiquier. *Fabriquer le monde, c'est dire la topologie et l'harmonie de l'être en maîtrisant le devenir.* Le démiurge est à ce point tenu de localiser et de percevoir comme locale la présence de la forme intelligible (ou modèle) et du réceptacle. Présences d'être, Forme intelligible et réceptacle imposent au démiurge de tirer de la localité desdites entités une figure harmonique, mathématique, qui assujettit ce qui tient du temps et qui en est le corollaire : le monde sensible.

4.4.1. La topologie du Modèle et de la copie

Suivant Platon,

> *« Il faut convenir qu'il y a une première espèce : la Forme intelligible qui reste la même, qui est inengendré et indestructible, qui ne reçoit pas autre chose venant d'ailleurs en elle-même et qui elle-même n'entre en aucune autre chose où que ce soit, qui est invisible et ne peut être perçue par un autre sens, voilà ce qui a été attribué comme objet de contemplation à l'intellection. Il y a une seconde espèce qui porte le même nom que la première et qui lui ressemble, qui est perceptible par les sens, qui est engendrée, qui est toujours en mouvement, qui vient à l'être en un lieu quelconque pour en disparaître ensuite, et qu'appréhende l'opinion jointe à la sensation»*[287].

Cette présentation renouvelle et réaffirme l'opposition doctrinale Formes intelligibles/images, qui constitue le dualisme fondamental de l'épistémologie platonicienne. La dualité Modèle/copie, qui en est l'un des synonymes, se forme de deux entités aux antipodes. Cependant, si cette division tient comme principe théorique dans d'autres enquêtes platoniciennes[288], elle doit être ajustée au moment de rentrer dans l'analyse cosmologique. Platon ne peut plus tenir pour insurmontable cette opposition dans la nature de ces entités distantes, du moment où l'enquête cosmologique valide d'emblée l'existence d'un monde sensible, non pas comme une hypothèse, mais comme quelque

---

[287] *Timée*, 51 d-52 a.

[288] Par exemple dans l'allégorie de la caverne, sur la nature de la connaissance philosophique, dans le *Théétète* sur la théorie du vrai, etc.

chose de « tangible » et de « visible » : « il y a une première espèce », et « il y a une seconde espèce », le monde perçu. La recherche cosmologique est une enquête nouvelle, d'un type nouveau, qui porte sur la saisie des apparitions et des êtres qui composent l'univers. L'un des enjeux de cette saisie est alors de forcer les frontières entre copie et Modèle, de modéliser ce dualisme de façon qu'il puisse expliquer ou tout au moins être commode à l'univers, présenté d'emblée comme un *« vivant unique, visible, ayant à l'intérieur de lui tous les vivants qui lui sont apparentés par nature »*[289].

Affirmer ainsi l'unicité et l'unité du monde amène à réajuster les termes de ce dualisme fondamental de la doctrine, afin qu'il intègre et explique tous les rapports entre la première et la seconde des « espèces » ou entités qui « cohabitent » au sein de ce monde unique. Et le *Timée* opère ce déplacement du curseur en énonçant dans une même série Modèle, copie et réceptacle, apparentés « par nature ». Du point de vue cosmologique, cela signifie que Modèle et copie ne sauraient ni s'expliquer, ni se comprendre séparément, l'un sans l'autre. À suivre le texte, ils sont même unis dès l'origine par deux principes à partir desquels identifier leur position et leur rôle dans la topographie platonicienne de l'univers.

Le premier de ces deux principes, c'est l'autonomie du Modèle et l'hétéronomie de la copie. L'autonomie est tirée de l'éternité et de la perfection de la Forme, qui n'a besoin de rien d'autre que lui-même pour être. Affirmer cette autosuffisance, c'est dire que la raison d'être de son être est dans son être. Inengendré, le Modèle trouve son être en lui-même, et exclut par son atemporalité toute probabilité d'un commerce avec le devenir du monde sensible, que le démiurge doit pourtant s'efforcer de modéliser à sa ressemblance.

D'où le second principe, qui est la nécessité, pour le monde sensible, de n'être qu'en tant que *copie de*, forme en devenir de la Forme éternelle et immuable. Cette nécessité fait que la copie est justement de la Forme le reflet, la preuve par l'apparence que l'être n'est pas l'apparence. En cosmologie platonicienne, cette nécessité appelle un facteur ontologique et constituant : la copie est articulée au Modèle comme à ce de quoi elle tient son épaisseur propre. Sans cette articulation, la Forme, isolée dans sa province du « réel invisible », ne « contaminerait » et n'irradierait pas le monde sensible du rayonnement de son autonomie. Modèle et copie, autant dire être et devenir se tiennent : dans un univers unifié, ils en occupent des provinces.

Le démiurge, dont la fabrique d'un univers beau justifie l'énonciation, a pour fonction d'unifier ces « provinces » en se pliant aux modularités propres

---

[289] *Timée*, 30 d.

à cette province des provinces qu'est le « microcosme » des Formes. Et cela pour une raison simple :

> *« Chaque fois qu'un démiurge fabrique quelque chose en posant les yeux sur ce qui toujours reste identique et en prenant pour modèle un objet de ce genre, pour en reproduire la forme et les propriétés, tout ce qu'il réalise en procédant ainsi est nécessairement beau ; au contraire, s'il fixait les yeux sur ce qui est engendré, s'il prenait pour modèle un objet engendré, le résultat ne serait pas beau »*[290].

4.4.2 Le temps et l'être

Platon soutient que *« ce que l'être est au devenir, la vérité l'est à la croyance »*[291]. Cela veut dire qu'en dépit de l'affirmation de la Forme et de la copie comme deux espèces inscrites dans l'univers unique qu'il veut fabriquer et présenter, Platon choisit de retourner au principe fondamental de sa philosophie qu'est l'organisation du monde et de la connaissance autour des seules Formes intelligibles. Aussi, si la distorsion du dualisme Modèle/copie permet de dégager une topologie de l'univers où Modèle et copie sont présentés comme des « espèces », cette démarche a ses limites, surtout lorsqu'on entre dans le domaine de la philosophie de la connaissance où il faut les valider selon les critères de l'« être » et du « devenir ».

Dans l'épistémologie platonicienne, cette validation seule confère le statut d'objet de savoir. Or, l'espèce «perceptible par les sens », dépourvue d'autonomie et sujette au changement doit, pour sa propre validation, se plier aux modalités de l'autonomie du Modèle.

Dès lors, la « première espèce » que constitue la Forme ou Modèle ne remplit plus une fonction purement topologique et locale. Elle exprime, plus largement, le fait que l'autonomie, qui est sa propriété essentielle, doit être le principe premier extensible à toutes les autres espèces. Du point de vue de la connaissance de l'univers, ce concept d'autonomie induit que la Forme cumule les prédicats d'être et de savoir, parce qu'elle est, dans la topologie platonicienne, la figure de la sphère du fixe, du stable et du permanent. En tant que copie, la seconde espèce a un statut précaire, et n'est pas comptable dans cette progression platonicienne dans la constitution de l'objet cosmique. L'absence de la propriété d'autonomie fait que la copie n'est pas (encore) un élément comptable de l'univers de Platon, au moment où il s'agit de savoir ce qu'il est, autrement dit de le constituer comme objet de connaissance. On peut alors parler de « déchéance » logique de l' « espèce visible », dont le statut

---

290 Platon, *Timée,* 28 a-b.
291 Platon, *Timée,* 29 c.

topologique ne se prolonge pas en statut cognitif dans la philosophie platonicienne de la connaissance.

Le temps est le concept décisif par lequel va procéder cette mise à l'écart de l' « espèce visible », ainsi disqualifiée sur le plan cognitif. Comme concept de négation, le temps apparaît après un constat : il n'est pas possible d'adapter le monde en fabrication « en tous points au vivant qui est engendré »[292]. Le démiurge doit alors rendre le monde, représentation des « dieux éternels » par vocation, « encore plus semblable à son modèle », ou le laisser en l'état, sujet au changement. Cela implique qu'il faut en finir avec ces représentations sensibles, pour constituer le monde à partir des représentations plus hautes : celles issues de la contemplation des Modèles. Le temps devient alors l'artifice par lequel expliquer la bonne foi de ce renoncement au monde sensible.

Platon l'introduit de manière assez spéciale : le temps n'est pas une donnée naturelle, un simple milieu indéfini où se déroule l'ensemble des phénomènes- on verra chez Lemaître tout l'intérêt d'une telle unification, où la matière primordiale garde toute la mémoire de l'univers. Au contraire, la cosmologie de Platon n'accorde aucun crédit cognitif ni au chaos primitif, ni à cette « province » de sa propre topologie qu'est le monde sensible. Ce discrédit du monde sensible fait que le concept de sa propre intellection ne saurait être tiré de son bord : le temps n'est pas du monde sensible, il est « né avec le ciel », précisément pour subsumer et décrire les phénomènes, ou plutôt le monde sensible en devenir qui n'est pas, qui ne peut être que sur le mode du n'être pas[293].

Le temps apparaît dans le raisonnement du *Timée* pour achever le processus par lequel, pour ainsi dire, la cosmologie platonicienne, tournée vers les Formes, veut donner un coup de grâce aux apparitions. Dans une recherche où le statut d'objet de connaissance n'est accordé qu'au stable et au permanent, le temps est le concept qui justifie pourquoi la radicalité désormais affirmée du principe d'autonomie, applicable à l'être, autant dire à « l'éternité qui reste dans l'unité », ne saurait s'appliquer au monde sensible, qui n'est que « copie » d'être. Ainsi faut-il entendre pourquoi le démiurge, au lieu de prendre les choses « en l'état », a eu *« l'idée de fabriquer une image mobile de l'éternité »*[294].

Dans la progression platonicienne vers une modélisation d'où l' « espèce visible » est exclue, cette « image mobile » devient le contenant de tous les contenus du monde sensible. Ainsi, jours, mois, années, *« tout cela, ce sont*

---

[292] Platon, *Timée,* 28 a-b.

[293] Sur le temps chez Platon, voir Vieillard-Baron, Jean-Louis. Le problème du temps: huit études. Paris, Vrin, 1995 et Brague, Rémi. *Du temps chez Platon et Aristote: quatre études.* FeniXX, 1982.

[294] *Timée*, 37 d.

les divisions du temps, et les expressions « il était », « il sera », ne sont que des modalités du temps »[295]. Si ces manières variables de dire l'avant et l'après concernent les phénomènes qui sont « nés avec le ciel », leur appartenance au temps, qui les assujettit au devenir, les exclut d'emblée du champ des objets de connaissance. Si bien que c'est de « façon impropre » que « nous les appliquons à l'être qui est éternel »[296]'.

Le temps, comme marque de ce qui apparaît et disparaît, de ce qui a un avant et un après, devient l'image, c'est-à-dire la figure de l'illusion d'être, le symbole d'un manque radical d'éternité, qui est le premier prédicat de l'être. Le temps est donc une « image » enveloppante non pas pour décrire l'être du monde sensible, mais plutôt pour établir en quoi ce monde sensible lui-même n'est déjà en soi qu'une absence d'être. Son apparition dans la chaîne platonicienne des concepts descriptifs du monde permet de préciser et de fixer définitivement la frontière entre « il y a » et « il est », par une distinction nette de ce qui tient de l'être et de ce qui tient du devenir.

Les trois « espèces » que sont le Modèle, la copie et le réceptacle relèvent du « il y a », de cette topologie horizontale de laquelle part Platon. Avec l'apparition du temps, ne s'impose pas une nouvelle distinction, mais l'exigence d'affirmer une opposition en ligne verticale entre ces « espèces », où, *in fine*, seuls le modèle et le réceptacle relèvent du domaine du « il est ». Si bien que le temps permet de comprimer la sphère des apparitions et de disqualifier, pour la connaissance cosmologique, le monde sensible.

Seulement, l'apparition du concept du temps ne bouscule pas que les apparitions elles-mêmes, prises dans leur absence de statut cognitif. Elle brise aussi une manière traditionnelle d'articuler le temps à la description du monde. Ce que Platon laisse entrevoir derrière cette « image mobile » qui lui permet de décrire l'illusion de cette autre image plus structurelle et plus fondamentale qu'est le monde sensible, c'est déjà la critique toute neuve d'une description traditionnelle de la totalité cosmique et, par ricochet, l'introduction d'une conception purement locale de l'être et du changement, si chère à la formulation einsteinienne du référentiel ou, plus proche de Lemaître, à la conception quantique d'un univers « fractal ».

En confinant le temps à la description de l'« espèce visible » et en devenir, Platon rejette le changement comme changement de la totalité en devenir. En effet, cette radicalité, repérée et déjà décrite chez Héraclite et les ioniens, est largement remise en cause par la problématique d'un temps platonicien qui n'est pas cosmique, total, mais local, du moment où il n'affecte que les choses qui

[295] *Timée*, 37 e.
[296] *Timée*, *idem*.

apparaissent. Le temps platonicien qui n'affecte que les apparitions est une manière de dire que le tout n'est pas en devenir. Ce n'est plus vrai, d'un point de vue cosmologique, que « tout coule et rien ne demeure » *(panta rhei kai ouden menei)* : seul le monde sensible est soumis au devenir. La rupture est ainsi faite entre une cosmologie totalisante et une cosmologie des fractions du tout entre lesquelles il faut trouver les régularités et fixer les « jeux de rôles ». *Pour la première fois, le changement radical héraclitien est abordé à l'échelle d'une « espèce », d'une province, fût-elle peu fiable, de la topologie de l'être.*

De même, si le temps décrit l'illusion ontologique d'un monde sensible en devenir perpétuel, il marque les limites d'une totalisation ontologique de type parménidien. Platon, en réservant l'autonomie, la stabilité et finalement la « cognitivité » à l'être en soi qu'est le Modèle intelligible, ne retourne pas à la thèse de la pleine positivité de l'être élaborée par Parménide et dont la dialectique de Zénon[297] a si brillamment défendu la plausibilité. Chez Platon, l'être est local, il se dit, dans la philosophie de la connaissance, du Modèle et du réceptacle, catégories d'interprétation cosmologique d'une métaphysique idéaliste autonome à l'égard d'éventuels devanciers. Le temps permet à Platon de montrer en quoi il s'écarte de cette thèse parménidienne : en affirmant une extériorité au modèle dont le démiurge lui-même ne triomphe pas, en validant l'existence des corps célestes (terre, soleil, etc.) en mouvement, Platon renonce à cette pleine positivité de l'être et à la fixité parménidiennes.

Le temps n'est donc pas confiné à la description du monde sensible qui, du point de vue de la philosophie de la connaissance et du modèle cosmologique que Platon explore, n'est pas. Son introduction sert aussi le travail de distanciation et de refondation de la recherche cosmologique, que Platon élabore en s'écartant des postures traditionnelles sur la totalité, et sur ce qui peut être connu. L'introduction du réceptacle reste sans doute l'une des innovations épistémologiques les plus décisives.

4.4.3. Le réceptacle *(khora)*

Dans la chaîne des « espèces » qui forment la topologie platonicienne, le réceptacle est le troisième terme aux côtés du Modèle et de sa copie qu'est le monde sensible. Mais contrairement au monde sensible, le réceptacle va

---

[297] Le XIX è siècle a particulièrement commenté la pensée de Zénon d'Elée. Voir par exemple Dunan, Charles Stanislas. *Les arguments de Zénon d'Élée contre le mouvement.* F. Alcan, 1884 : Tannery, Paul. "Le concept scientifique du continu Zénon d'Elée et Georg Cantor." *Revue Philosophique de la France et de l'Étranger* 20 (1885): 385-410 ; Evellin, François, Georges Lechalas, and G. Milhaud. "Encore à propos de Zénon d'Elée: I Le mouvement et Les Partisans Des indivisibles." *Revue de Métaphysique et de Morale* 1.4 (1893): 382-404 et Brochard, Victor. "Les prétendus sophismes de Zénon d'Elée." *Revue de Métaphysique et de Morale* 1.3 (1893): 209-215.

constituer chez Platon le second pôle dans la topologie de l'être[298]. D'emblée, suivons Platon pour comprendre la logique d'un tel cheminement, qui montre en quoi l'entrée dans la cosmologie trouble quelque peu l'axiome métaphysique d'une réalité fondée uniquement sur le Modèle. Voici les termes, un peu longs et très imagés de Platon pour présenter cette troisième « espèce » :

> *« Par ailleurs, il y a une troisième espèce, un genre* [...] *qui est toujours, celui du « matériau » qui n'admet pas la destruction,* qui fournit un emplacement à tout ce qui naît, *une réalité qu'on ne peut saisir qu'au terme d'un raisonnement bâtard qui ne s'appuie pas sur la sensation ; c'est à peine si on peut y croire. Dès lors que vers lui nous dirigeons notre attention, nous rêvons les yeux ouverts et nous déclarons, je suppose, qu'il faut bien que tout ce qui est se trouve en un lieu et occupe une place, et qu'il n'y a rien qui ne se trouve ou sur terre, ou quelque part dans le ciel. Toutes ces choses-là et d'autres qui sont leurs sœurs et qui touchent aussi à ce qui appartient non pas au monde du rêve, mais à celui de la réalité, l'illusion dans laquelle nous maintient le rêve ne nous permet pas de nous éveiller et d'en parler en faisant les distinctions qu'impose la vérité. Une image, en effet, du moment que ne lui appartient même pas cela même dont elle est l'image, et qu'elle est le fantôme toujours fugitif de quelque chose d'autre, ne peut pour ces raisons que venir à l'être en quelque chose d'autre et acquérir ainsi une existence quelconque, sous peine de n'être rien du tout ; pour ce qui existe réellement en revanche, nous avons le secours du discours que l'exactitude rend vrai : en effet, tant que les deux choses l'une est ceci et l'autre cela, l'une ne peut jamais venir à l'être en l'autre, puisqu'une chose ne peut être en même temps deux choses. »*[299]

On notera que, suivant ce texte, dans la structure de la réalité qu'il forme avec les deux autres entités que sont le Modèle et la copie, le réceptacle est une entité dont la saisie claire et distincte échappe aussi bien aux sens qu'à l'intellect. Platon, qui en perçoit la nécessité du fait de l'exigence théorique de fixer les événements du monde sensible sur une scène originaire *(« il faut bien que tout ce qui est se trouve en un lieu ou occupe une place* (khora) *»)*, est obligé d'en démontrer la plausibilité en passant par un raisonnement qu'il qualifie lui-même de « bâtard ». Et il a raison : il s'agit avant tout de penser l'image, cette fois de l'immobilité par-delà la mobilité des phénomènes.

---

[298] Sur le sujet, voir Joseph Moreau, « L'idée platonicienne et le réceptacle », *Revue de philosophie de la France et de l'Étranger* 86, 1988, p.137-149.
[299] Platon, *Timée,* 52 a-c. Nous soulignons.

On a vu comment le temps a précédemment permis à Platon de disqualifier le monde sensible, de mieux montrer en quoi son inscription dans le devenir le rendait peu conforme à l'orthodoxie de son ontologie. Penser la *khora* en recourant à un « raisonnement bâtard » doit être entendu comme un paradoxe. En effet, ce raisonnement ne saurait être conforme à l'orthodoxie platonicienne, qui thématise les images comme absence de raison d'être en soi, absence d'être, « *du moment que ne lui appartient même pas cela même dont elle est l'image, et qu'elle est le fantôme toujours fugitif de quelque chose d'autre* » ; en même temps, ce raisonnement est nécessaire, parce que la *khora,* par sa permanence et sa nécessité, est plus qu'une image : elle est de l'être. Ainsi se cristallise, dans la thématisation de la *khora*, la tension essentielle entre être et devenir.

Platon se tire de ce paradoxe grâce à une démarche très subtile. Dans une contribution très centrée sur la question, Luc Brisson décrypte la stratégie et la démarche platonicienne pour se tirer d'embarras[300]. Brisson fait d'abord remarquer, pour expliquer l'émergence de la *khora* comme troisième espèce, que stabilité et permanence sont, chez Platon,

> « *Deux caractéristiques que l'on retrouve à la fois au niveau des formes et au niveau de cette entité en quoi se manifeste le devenir. Dès lors s'impose l'existence des trois entités suivantes : une image qui n'est pas, car elle devient, et deux « quelque chose » qui sont, car ils ne sont pas soumis au devenir* »[301].

L'identité des caractéristiques implique donc une communauté d'appartenance de la Forme et du réceptacle au pôle ontologique de la topologie platonicienne. Or, cette communauté ne suffit pas à gommer la distinction, réelle et nécessaire, entre ces deux « quelque chose », la Forme trouvant en elle-même son statut, et le réceptacle se constituant « être » uniquement en tant que ce en quoi « vient à l'être l'image ». Brisson indique alors deux principes par lesquels Platon surmonte cette difficulté, et finalement le paradoxe de la tension entre être et devenir que recèle cette troisième entité (la *khora*):

> « *1) L'impossibilité pour une forme intelligible de se trouver en quelque chose d'autre qu'elle-même puisque c'est en elle-même qu'elle trouve son être ; ce ne sont donc pas les formes intelligibles*

---

[300] Luc Brisson, « La « khora » dans le *Timée* de Platon : ce en quoi se trouvent et ce de quoi sont constituées les choses sensibles », in Françoise Monnoyeur (dir.) *Qu'est-ce que la matière ? Regards scientifiques et philosophiques,* Paris, Librairie générale française, 2000, p.23-44. Voir aussi Jean-François Pradeau, « Être quelque part, occuper une place : topos et khora dans le *Timée* », *Les Études philosophiques,* 1995, p.375-399.
[301] Luc Brisson, « La khora », p.27.

qui entrent et qui sortent de cette troisième entité, mais leurs images. 2) La nécessité pour toute chose sensible, qui n'est qu'une image, de se trouver en quelque chose qui lui confère l'être, d'où l'importance de prendre en considération l'aspect constitutif de cette troisième entité, sous peine de donner prise à la critique d'Aristote en Physique, *IV, 2 »*[302]

On voit bien que, suivant ces deux principes, l'être du réceptacle et l'être du Modèle ne s'accordent que dans leurs propriétés, pas dans leur raison d'être. Platon, pour sortir du paradoxe et de la tension de l'être et du devenir qu'implique l'énoncé du réceptacle, le fixe en autre lieu que le modèle, en élargissant le domaine de l'être et les modalités d'acquisition de son statut. En cela, Platon renonce à l'idéalisme vermoulu qu'on retrouve dans l'orthodoxie de sa métaphysique d'où il tire la Forme intelligible, pour donner libre cours à une cosmologie qui, si elle a renoncé au monde sensible, tente d'en garder la trace à travers le réceptacle. Platon, pour expliquer la spécificité et la raison cosmologique de ce nouvel être qu'est le réceptacle, l'aborde à partir de l'analyse du discours : qu'est-ce qui peut être dit « ceci » ou « cela », dans ce flux phénoménal qu'est le monde sensible constitué des *« choses qui n'apparaissent jamais chaque fois sous la même forme »*[303]? Résoudre cette difficulté, c'est d'abord distinguer entre ce « flux phénoménal » et ses phases, introduites par le recours à l'expression « chaque fois ». Platon affirme :

« De ce que nous voyons prendre tantôt telle forme tantôt telle autre, du feu par exemple, ne pas dire « ceci est du feu », mais toujours « ce qui chaque fois est tel ou tel, c'est du feu » [...]. Voilà quelque chose de fugitif et qui n'admet pas l'expression « ceci », « cela » ou « cet être », ou toute expression les désignant comme des réalités permanentes. Eh bien, il vaut mieux ne pas parler comme des réalités distinctes, et qualifier ainsi le « ce qui est tel » qui se trouve toujours semblable dans absolument tous les cas et dans chacun d'eux en particulier ; d'appeler « feu » notamment ce qui reste tel à travers tout, et ainsi de suite avec tout ce qui devient. Mais ce en quoi chacune de ces caractéristiques apparaît toujours, *parce que c'est en cela qu'elle apparaît et que c'est de cela qu'elle disparaît, c'est au contraire cela seul qu'on peut désigner par un recours aux termes « ceci » et « cela » ; mais ce qui est de quelque sorte que ce soit, chaud, et tout ce qui vient d'eux, aucune de ces appellations ne doit en revanche lui être assignée. »*[304]

Si l'on suit cette analyse, on serait en droit de dire que le réceptacle, en accédant seul en dehors du domaine des Formes au statut de « ceci » ou de

---

302 *Idem.*
303 Platon, *Timée,* 49 d.
304 Platon, *Timée,* 49 d-50 a.

« cela », accède à l'être. Chez Platon, cette façon pour une entité autre que la Forme d'échapper au devenir a une explication : le temps affecte les choses qui changent, mais qui changent dans un lieu qui ne change pas. C'est ce lieu que Platon nomme dans le texte « ceci » ou « cela », et qui donne son épaisseur ontologique au réceptacle. L'être de ce « ceci » ou « cela » n'occupe pas seulement un autre lieu, il n'est pas seulement une extériorité à l'être de la Forme. S'il présente, comme la Forme, la stabilité et la permanence, il s'en distingue fondamentalement par l'absence de caractéristiques. L'être du réceptacle est d'être un être informe, *« qui ne prend en rien une figure semblable à aucune de celles qui entrent en elle, car elle est, par nature comme* porte-empreinte pour toutes choses *»*[305] .

Cette absence de caractéristique qui s'applique au réceptacle montre bien en quoi Platon, même en « voyageant » du côté de l'extériorité du Modèle, sauve l'axiome central de sa métaphysique : l'être équivaut à la permanence et à la stabilité. Cet axiome, jusque-là réservé aux Formes intelligibles, a pour corollaire que *le devenir est absence de permanence et de stabilité*[306]. L'axiome ne s'applique au réceptacle qu'en tant que conséquence de ce corollaire, qu'en tant qu'une déduction dans la chaîne d'un raisonnement au cours duquel Platon a été forcé de constater la résistance du réceptacle au changement. Or, le réceptacle, malgré sa permanence et sa stabilité, manque de forme. Platon maintient ainsi le privilège de la modélisation aux Formes intelligibles. On voit bien apparaître une ontologie à plusieurs vitesses, où le démiurge ne saurait avoir d'embarras quant à la fabrique du monde, puisque le Modèle demeure, *in fine,* la seule entité qui, de l'être, a une figure, et dont la contemplation et l'imitation peuvent seules garantir la formation d'un monde « beau ».

Il s'ensuit que, dans la topologie platonicienne de l'être, l'exigence théorique de ce troisième terme est *ad hoc*. Elle est le produit de l'analyse générale de l'articulation des deux termes de la dualité Modèle/copie. On a souligné que Platon a réservé le statut d'être à la Forme intelligible *(eidos),* qui est « inengendré et indestructible », en le refusant (ce statut d'être) à la copie de cette Forme, le monde sensible, même s'il en porte le nom. En fixant ainsi le monde sensible « quelque part », Platon se voit objectivement obligé d'admettre que cette scène du monde sensible doit être quelque chose de plus fondamental et de permanent, qui échappe à la mobilité des événements qui s'y déroulent.

Plus qu'un simple lieu, le réceptacle constitue ce qui tient ensemble les phénomènes fugitifs, leur capital génétique commun, dirait-on aujourd'hui, la

---

[305] *Timée*, 50 c. Nous suivons ici la traduction d'Albert Rivaud, op.cit., et soulignons.
[306] Voir Luc Brisson, « La khora », *op.cit.,* p.33.

« matière première » dont découlent et grâce à quoi deviennent finalement lisibles les apparitions, disqualifiées pour cela même du champ des objets de connaissance. Or, cette lisibilité, en garantissant la « traçabilité » des phénomènes à travers le « ceci » et le « cela », accordé à cette scène immuable sur laquelle ils se déroulent, ne trouble pas pour autant le dispositif de la topologie platonicienne. Au lieu de faire vaciller le dogme métaphysique d'un être dont le statut est réservé au seul Modèle, l'accès du réceptacle à l'être est conforme à l'axiome fondamental de la cosmologie platonicienne, qui veut que la permanence et la stabilité soient les conditions à remplir à tout ce qui veut être de l'être. En y parvenant sans Forme ni figure, le réceptacle ne prend que le statut d'un être en second, les Formes intelligibles restant seules en première ligne.

CONCLUSION

Au vu des analyses qui précèdent, on peut convenir que dans la démarche platonicienne, il n'y a pas une visée proprement théologique, mais un effort de reposer l'ordre et l'être (ou l'âme) du monde sur des principes, qui sont des considérations purement « rationnelles ». Aussi, la nécessité épistémologique et théorique de la démiurgie apparaît au sein d'une pensée métaphysique idéaliste, finaliste sur son versant cosmologique, et qui a de fait besoin de se pourvoir d'un principe actif taillé pour une fonction : celle de la mise en conformité des choses avec des fins rationnelles préétablies. Parler du démiurge, c'est d'abord prendre en compte cette exigence fonctionnelle d'organiser le désordre du monde sensible, autrement dit de le plier aux régularités préétablies par les Formes et qui le constituent comme agent d'une préoccupation avant tout « scientifique ».

Le démiurge est un agent cosmique. Il est, dans l'ordre des concepts, la copule qui crée une symétrie entre les Formes en soi, et le divers en devenir des apparitions. Sa fonction n'est pas d'être un dieu, ou le dieu, mais un architecte ergonome, qui produit du rassemblement en ramenant le monde sensible dans la figure de la sphère -on y reviendra-, en s'écartant progressivement de l'ordre du désordre primitif auquel sont rattachées sa propre origine et celle du monde sensible qu'il a pour tâche d'organiser. S'il est une cause, ce n'est pas au sens ontologique et radicalement théologique de la régression à l'infini qui débouche sur le Grand Séparé de la théologie révélée. Dans une telle perspective, il serait question pour le démiurge, en tant qu'être, de produire de l'être, de faire advenir ce qui n'était pas. Le démiurge ne peut être cause qu'au sens logique du principe de causalité[307], c'est-à-dire

[307] La causalité est un thème platonicien, qu'on retrouve dans plusieurs de ses dialogues. Par exemple : *Phédon* 98c ; 99b ; *Philèbe* 27b ; *Lois* X 891e, *Timée* 29d, 46e, 57e, 69a, 87e, 38d, 44c, 46d, 64d.

de ce qui permet à la rationalité de se glisser comme norme dans la construction ordonnée et coordonnée, en termes mesurables et calculables, d'un monde à terme soumis à des proportions mathématiques. En ce sens, il est cause *(aitia)* du monde sensible, auteur de l'harmonie et facteur de proportionnalité dans ce qui, autrement, ne peut être que chaos et diffus des apparitions. Le démiurge est bien le « père de l'univers », c'est-à-dire au sens aristotélicien, la cause efficiente *(causa efficiens).*

D'un côté, cette cause désigne un enchaînement cohérent d'événements autonomes à l'irruption desquels le démiurge ne participe qu'en tant qu'agent d'organisation, et de l'autre, elle ouvre sur la possibilité d'envisager l'existence de la matière potentielle, au sens même d'une forme fuyante dont parle Platon, et que retiendra la physique quantique comme configuration la plus proche de sa propre formulation de la matière[308], et dans laquelle circule la cosmologie de Lemaître comme on le verra. Pour cela même, on a vu comment les principes et les régularités qui articulent la topologie platonicienne de l'être et du devenir, qui implique le temps, le Modèle, le monde sensible et le réceptacle comme concepts structurants, échappent quelque peu au démiurge pour recouper strictement l'axiome principal de la métaphysique platonicienne : être, c'est être permanent et stable.

Travaillant pour l'harmonie et l'adéquation entre ordre du monde des Idées et monde sensible, le démiurge est à la recherche de la symétrie qui, en tant que principe mathématique d'adéquation et de mesure, ouvre sur l'analogie entre ces deux dimensions distinctes et différemment structurées de l'univers de Platon. L'introduction de la cause efficiente et rationnelle dans l'explication du monde, qui rend l'univers mesurable au sens des rapports, de proportions entre les choses ou les ordres de choses, est une innovation qu'on doit à la cosmologie platonicienne. L'artifice du démiurge est purement cosmologique et doit rester la modulation des rapports purement catégoriels et symétriques. Dans ce processus, sa tâche est de procéder à la production, ou plutôt à l'invention rationnelle d'une scène du monde sensible. En fait, on ne peut que se résoudre, à ce niveau, qu'à parler de mathématique, et même de mathématisation de la cosmologie platonicienne.

---

[308] Voir Werner Carl Heisenberg, *Physique et philosophie*, p.72 et ss.

CHAPITRE 5 :
THEORISER LA SINGULARITE COSMIQUE

> *« Lemaître a relié l'expansion théorique de l'espace au mouvement observé des galaxies, jeté les bases physiques du* Big Bang *et anticipé le rôle fondamental joué par la mécanique quantique et l'énergie du vide »*[309]

Deux choses qui répugnent à la théorisation platonicienne de la question cosmologique vont être décisives à la formulation de Lemaître : le mouvement et la confiance en la matière pour lire l'évolution de l'univers, du chaos vers la stabilité. En effet, pour Lemaître, le mouvement explique tout, et il n'y a de mouvement que de la matière, dont la révolution einsteinienne a élargi le domaine d'application et les propriétés, en montrant la convertibilité et la réciprocité du corps solide et de l'énergie. De même, Lemaître fait confiance à la théorie physique de son temps. Il reste relativiste, même s'il rentre très longuement et de manière très marquée en débat avec Einstein sur sa propre cosmologie.

En même temps, et on le montrera aussi, il est très attaché à l'envergure théorique des termes de la formulation quantique. Cela veut dire que, contrairement à Platon, Lemaître n'est pas, en matière cosmologique, un constructeur de concepts. L'échafaudage théorique de l'hypothèse de l'atome primitif, qui prétend que l'univers découle de l'explosion d'un atome initial, doit autant aux acquis de la relativité einsteinienne qu'à la révolution quantique. Parler de l'atome primitif comme nous le ferons ici, c'est exposer ces redevances théoriques, et expliquer également en quoi, en matière cosmologique, la perspective quantique a très tôt emporté l'adhésion de Georges Lemaître. En effet, dès sa thèse de doctorat (PhD) en physique au Massachusetts Institute of Technology (MIT, 1927) [310], Lemaître est très critique vis-à-vis du modèle statique d'Einstein/De Sitter construit dix ans plus tôt. L'argument principal de cette remise en cause, c'est que ce modèle statique porte, comme on le verra, les traces d'une très forte dépendance de ces deux savants à l'égard du raisonnement galiléo-newtonien.

Il est, par contre, porté vers une solution non classique du problème cosmologique. S'il n'est donc pas, comme Platon, auteur d'un système métaphysique de base et fabricant des concepts pour y ramener le réel visible

---

[309] Jean-Pierre Luminet, *L'invention du Big Bang,* Paris, Seuil 2004, p.21.

[310] En juin 1927, le MIT informe Lemaître par courrier de l'obtention de son PhD. Il est dispensé de soutenance orale. Pour les détails sur ce point, voir Engel, Vincent. *Le prêtre et le Big Bang.* JC Lattès, 2013.

et toute sa genèse, Lemaître est cependant porteur d'une hypothèse qui va modeler et réguler ses rapports à la physique de son temps.

Cette hypothèse folle et inédite, c'est la singularité cosmique, ou hypothèse de l'atome primitif, qu'on vulgarisera plus tard, à partir de 1965, sous le nom de la « théorie du big bang ». Ce chapitre veut clarifier ce rapport polémique et opportuniste que la cosmologie de Lemaître, dans sa période « éblouissante »[311] (1927-1945) entretient à la physique et à l'astronomie de son temps. Trois stations sont définies dans cette démarche de clarification : les possibilités théoriques qu'offre la conception relativiste de la gravitation, et qui incitent Einstein lui-même à essayer de proposer une solution statique au problème cosmologique (5.1). Or, avec De Sitter, Einstein tentera sans succès de résoudre les difficultés liées à la solution statique, dont les incongruités vont donner plus de champ à la perspective contraire : la solution dynamique, pour la première fois présentée par le physicien et astronome russe Alexandre Alexandrovich Friedmann (1888-1925). Après avoir fait le point sur cette première solution dynamique (5.2), nous enquêterons sur l'impact de toutes ces perspectives théoriques sur les postulats de Lemaître, et surtout sur la manière dont il introduit la révolution quantique dans sa formulation pour parvenir à la singularité cosmique (5.3).

5.1 Einstein, De Sitter et la solution statique

Si l'on tient compte des développements du précédent chapitre, il sera sans doute conforme à la réalité de dire qu'on ne peut comprendre la cosmologie de Platon qu'à travers les paramètres de sa propre métaphysique. Si ceci est une marque d'autonomie épistémologique, on ne saurait en dire autant de la cosmologie de Lemaître, très dépendante, dans sa genèse propre tout au moins, de la physique et de la cosmologie d'Einstein. Parler de la cosmologie de Lemaître, c'est parler d'abord des usages einsteiniens de la relativité d'Einstein, qui donnent la base théorique et de l'épaisseur à l'hypothèse dissidente de l'atome primitif.

En effet, le génie d'Einstein ne s'est pas contenté de disqualifier la façon classique de raisonner sur la gravitation et ses notions déterminantes que sont la distance et la simultanéité, ou d'introduire la toute nouvelle théorie de

---

311 Suivant son biographe, il y a eu, en termes de recherches et de production scientifiques, « deux Lemaître » : *« l'un étant l'homme jeune et productif contribuant à la science de manière éblouissante, surtout dans le domaine de la cosmologie et, l'autre, celui de l'après-guerre, poursuivant des travaux sans grand avenir ».* (Dominique Lambert, *Un atome d'univers, la vie et l'œuvre de Georges Lemaître,* éditions Lessius, Bruxelles et éditions Racine, Bruxelles 2000, p. 351.). Il est sans doute important de signaler que celui qui nous intéresse dans cette étude, c'est le premier Lemaître, *« l'homme jeune et productif ».*

l'espace-temps, tout cela dans des circonstances, les termes et les conséquences pour le système gravitationnel que nous avons déjà indiquées[312]. Einstein, que va suivre son ami, le mathématicien De Sitter, tentera de tirer une solution cosmologique du modèle gravitationnel induit par la relativité, et spécialement le principe de relativité générale.

Plus clairement, ce que nous voulons retracer dans cette section, c'est la ligne argumentative qui justifie et produit la configuration générale du modèle statique. En outre, nous tenterons d'examiner les contradictions internes et l'arsenal conceptuel du modèle pour expliquer son échec astronomique, notamment sur le plan observationnel. Partant de ces points, nous amorcerons l'analyse des arguments susceptibles de justifier le succès du modèle dynamique dont Friedmann fut le premier physicien à en donner, dès 1922, la pleine formulation.

5.1.1 Einstein : la première solution statique

On peut dire d'emblée que la cosmologie relativiste, dans laquelle s'inscrit le modèle dynamique que va proposer l'hypothèse de la singularité cosmique de Lemaître, est inaugurée par un article écrit par Einstein en 1917[313].

5.1.1.1. La structure inertielle de l'espace-temps

Rappelons que la perspective dans laquelle évolue cette articulation de la relativité à la cosmologie repose sur le principe de la relativité générale et le principe de la relativité restreinte, qui sont les deux théories de l'espace-temps. Autrement dit, ce sont des structures cinématiques « *qui régissent le comportement de toute particule ou de tout champ censés exister dans l'espace-temps* »[314]. Or, et on l'a déjà signalé, le principe de la relativité générale stipule que « *tous les corps de référence, quel que soit leur état de mouvement, sont équivalents pour la description de la nature (formulation des lois générales de la nature)* »[315]. Ainsi, le principe de la relativité générale

[312] Sur ce point, voir chapitre 3 : « Lemaître et l'horizon gravitationnel », notamment la section 2, « Incursions et contributions einsteiniennes », *supra*.
[313] Voir Albert Einstein "Kosmologishe Betrachtungen Zur all ge meinen Relativitätstheorie", Preussische Akademie der wissenschaften, sitzungsberichte, 1917, pp. 142-152. Trad. franç. : "Considérations cosmologiques sur la théorie de la relativité générale", in Einstein, *Œuvres choisies*, t. III, Relativités II, Paris, Le Seuil / CNRS, 1993, pp. 88-98.
[314] John Stachel, « Relativité », in *Dictionnaire d'histoire et philosophie des sciences,* sous la direction de Dominique Lecourt, Paris, Quadrige / Puf, 1999, p.828-830 ; p.828 pour la citation.
[315] Einstein, *La relativité*, *op. cit.*, p. 73.

permet d'envisager l'univers global comme le référentiel des référentiels non accélérés (« inertiels »)[316].

La gravitation n'est donc pas une force, mais une *« modification de la structure inertielle de l'espace-temps »*[317]. Partant d'un tel principe de raisonnement, la solution cosmologique proposée ne peut être que statique : l'univers est considéré à son origine comme une structure sans mouvement. Engagée dans cette voie très vite ralliée par De Sitter, l'incursion cosmologique de la théorie de la relativité de 1917 indique que la courbure de l'espace relativiste se fait de manière uniforme, entraînant une distribution de la matière partout identique. En effet, l'absence de pression entraîne une densité constante et écarte l'idée d'expansion. L'expérience conforte cette perspective : en comparaison de leur rotation autour des masses plus fortes, la révolution des planètes est négligeable à grande échelle. Einstein en conclut à l'absence d'un mouvement qui remonterait loin dans le temps et conséquemment à l'infinité de l'univers dans l'espace et dans le temps. J.-P. Luminet tente d'expliquer ce qui apparaît comme un retour évident d'Einstein à la cosmologie de Newton :

> « *Influencé par une idée de Mach* [318] *selon laquelle une particule unique dans un espace vide de matière n'aurait pas d'inertie, Einstein estime que l'inertie est engendrée par la distribution des masses lointaines. Or, les potentiels gravitationnels (les coefficients g de la métrique) sont déterminés par la distribution de la matière. Pour que l'inertie reste finie, il faut donc que les coefficients de la métrique s'annulent à l'infini ; mais, puisque l'espace n'existe pas sans la gravitation, cela implique la disparition pure et simple de l'espace à l'infini* »[319].

Ce raisonnement conduisit Einstein à l'abandon de l'idée de l'infinitude de l'espace. Il opta pour un *univers fini soumis à la loi de distribution homogène et statique de la matière*. Einstein se représenta l'univers comme un volume de gaz soumis à une température finie, et dans lequel les étoiles sont des molécules. Cette option a une implication troublante : la contenance en étoiles s'annulant à la frontière de la distribution, il en sera de même pour le centre. En d'autres termes :

---

[316] Sur ce point, voir Luminet, Jean-Pierre. "Matière, espace, temps." *Le Temps et sa flèche.* Paris: Flammarion (1994) et Le Bellac, Michel. *Les relativités: espace, temps, gravitation.* Edp sciences, 2015.
[317] John Stachel, « Relativité », *op.cit.,* « La relativité générale », p. 829.
[318] Ernst Mach, physicien allemand dont les travaux sur la gravité et l'origine de l'inertie furent déterminants pour Einstein.
[319] J.-P. Luminet, *L'invention du Big Bang*, *op. cit.*, p. 26.

> « *Le rapport des densités au bord et au centre est égal au rapport des facteurs de Boltzmann :* $e^{-Ek/T}$ *mettant en jeu la différence des potentiels gravitationnels aux deux points de référence. Or, cette différence ne peut pas s'annuler sauf si la différence est partout nulle* »[320].

Einstein faisait donc face à la contradiction interne de son hypothèse et reconnut l'impuissance évidente des réponses suggérées par la relativité générale sous sa forme initiale. Tenant néanmoins à son univers statique, Einstein introduisit la constante cosmologique.

5.1.1.2. La constante cosmologique (λ)

La constante cosmologique *(λ)* fut ajoutée aux équations du champ gravitationnel pour répondre à la question que posait l'attraction gravitationnelle à grande échelle. Pour Steven Weinberg, prix Nobel de physique, « *un tel terme produit une répulsion aux très grandes distances et est rendu nécessaire dans un univers stationnaire pour compenser l'attraction gravitationnelle* »[321]. Cette constante est dite cosmologique précisément parce qu'elle est directement tirée de la structure de l'espace - courbe. Elle est donc indépendante de la matière, malgré son incorporation au tenseur impulsion - énergie. D'où la double condition requise par la solution statique d'Einstein :

1. L'indépendance du temps par rapport à l'espace qui, grâce au choix de la géométrie de l'hypersphère de "rayon" R, est à courbure constante positive. Cette condition garantit la distribution uniforme de la matière.
2. La diagonalité du tenseur métrique.

En clair, on peut considérer que la constante cosmologique est un paramètre pour exprimer la densité moyenne du vide sur les grandes échelles (ici les échelles cosmologiques), avec l'effet équivalent d'une densité volumique qui exerce une pression sur l'univers statique. Avec la constante cosmologique, Einstein obtient un univers cylindrique où l'axe est identique au temps avec l'espace circulaire qui demeure invariable avec ce temps. La constante cosmologique est ainsi reliée à la densité de matière d'une part et, d'autre part, au rayon de courbure de l'espace.

---

320 *Idem.*

321 Steven Weinberg (1977), *Les trois premières minutes de l'univers*, traduit de l'américain par Jean-Benoît Yelnik, Paris, Seuil, 1978, p. 184.

5.1.2 De Sitter : la seconde solution statique

L'astronome hollandais Wilhem De Sitter, la même année qu'Einstein, propose une seconde solution cosmologique des équations de la relativité générale. Partant d'un système de coordonnées où le temps est séparé des coefficients de la métrique, De Sitter trouve une solution légèrement différente de celle d'Einstein. En effet, ce qui va être obtenu avec le maintien de la constante cosmologique à une valeur égale à zéro, c'est l'espace plat de Minkowski, solution unique de la relativité restreinte. D'où l'expression mathématique de l'univers de De Sitter :

$$\varphi = 0, \ \lambda = \frac{3}{R^2}$$

Dans cette expression, si $\lambda > 0$ et constante, l'espace tridimensionnel > 0. De cette façon,

> *« Les composantes du tenseur métrique s'annulent quand la distance à l'origine des coordonnées tend vers l'infini (…). De Sitter en déduit que la fréquence des vibrations lumineuses diminue quand la distance à l'origine des coordonnées augmente ; en conséquence, les raies spectrales des étoiles lointaines ou des nébuleuses doivent systématiquement être décalées vers le rouge, donnant lieu à une vitesse radiale positive* "faussée", *c'est-à-dire à une vitesse de fuite »*[322].

À l'opposé, une vitesse radiale négative traduit un rapprochement vers la source et partant un décalage vers le bleu[323]. Par la description des décalages de raies, De Sitter se rapproche d'un univers de création historique. Mais confiné à la perspective mathématique, De Sitter ne propose, *in fine*, qu'un univers statique, de plus sans matière, et de fait exposé aux critiques valables pour le modèle d'Einstein.

---

322 Luminet, *op. cit.*, p. 28. Nous empruntons à son exposé les formules de mathématiques du paragraphe.

323 Lorsque les raies spectrales décalent vers le rouge, elles tendent vers les grandes longueurs d'ondes. Dans le cas contraire, elles décalent vers le bleu. À mesure qu'on remontera donc dans le temps, les raies spectrales décaleront vers le bleu, c'est-à-dire vers les faibles longueurs d'ondes.

5.2 DU MODELE STATIQUE A FRIEDMANN

Cette section expose les observations critiques sur le temps d'Einstein (5.2.1), pour mieux situer la formulation du modèle dynamique de Friedmann (5.2.2).

5.2.1 Observations critiques sur le temps d'Einstein

Plus que tout autre outil de l'appareil conceptuel d'Einstein, le temps offre la clé fondamentale de la difficulté d'un modèle statique à produire une interprétation plausible de l'origine de l'univers. C'est que, chez Einstein, le temps ne subit pas les modifications appliquées par le tenseur métrique à l'espace. Cette option justifie seule, en dernier ressort, le recours à un univers fait de matière sans mouvement.

Pour nous, le problème vient d'ailleurs. Dans son explication de la démarche d'Einstein, Jean-Pierre Luminet minimise la part de la culture philosophique anticipative d'un cosmos immuable et qui remonte à Aristote, lui préférant des explications techniques ou pragmatiques mais internes à la physique. Sauf que, de notre point de vue, même dans cette perspective, la critique philosophique restera valable à la condition de tenir compte des remarques de la physique quantique sur les limites de la représentation relativiste du réel. En effet, du point de vue quantique, deux difficultés insurmontables peuvent être adressées à la relativité générale, qui a par ailleurs l'ambition de fonder une théorie unitaire du champ de gravitation :

1. La première est que la recherche einsteinienne procède par analyse d'un système cosmique toujours posé comme *en-face irréductible* et indépendant de l'observateur. Comme dans les perspectives de Galilée et de Newton, l'homme est étranger à la nature.

2. La seconde difficulté est dans l'option mathématique de la théorie. Ainsi, l'utilisation des coordonnées de Gauss[324], encore dites cordonnées curvilignes, en permettant une nouvelle géométrie applicable à l'espace quadrivectoriel par la description des mouvements accélérés, ne protège cependant pas la théorie de la relativité généralisée de l'impossibilité qu'il y a à observer de manière directe le référentiel. En théorie quantique, « *l'état d'un système ne peut être caractérisé d'une manière directe mais seulement indirectement à partir de la statistique des résultats qu'on peut obtenir des mesures effectuées sur lui* »[325].

---

[324] Sur les coordonnées de Gauss, voir Ehrhard, Antoine. "Symétrisation dans l'espace de Gauss." *Mathematica Scandinavica* 53.2 (1984): 281-301.

[325] Daniel Parrochia, op. cit., p. 92.

Cette critique double, menée par la théorie quantique, permet de comprendre en quoi la relativité générale garde de la démarche classique la configuration[326]. L'indépendance du réel, fixée dans un espace-temps *a priori*, ne met pas Einstein - et De Sitter, par extension - à l'abri d'une mécanique universelle fixée à l'avance, c'est-à-dire en termes aristotéliciens, *increés*. La relativité se trouve ainsi captive de l'architecture épistémologique fondamentale d'un Temps cosmique immuable et absolu. Nous en déduisons que la solution statique repose philosophiquement sur cette présupposition de l'invariance du Temps. Pour preuve, en touchant au temps, Friedmann réussit à proposer une solution dynamique aux équations d'Einstein[327].

5.2.2 La solution dynamique de Friedmann

Le mathématicien, physicien et astronome russe Alexandre Alexandrovich Friedmann (1888-1925) s'évertua dès 1920 à réinterpréter la gravitation relativiste en partant d'un présupposé théorique : seule la distribution de la masse gravitante définit et détermine la structure de l'espace-temps. Ainsi, *L'univers comme espace et temps* (1923) développera une axiomatique de la relativité générale qui se soldera par une solution dynamique du problème cosmologique comme expression astronomique. Friedmann maintint provisoirement deux choses héritées d'Einstein et de De Sitter : la courbure positive de l'espace et la constante cosmologique.

Par contre, ce qu'il introduisit de décisif, c'est la suppression de l'invariabilité du temps qui seule rend théoriquement stationnaire l'univers d'Einstein/De Sitter. Ainsi, la courbure de l'espace, invariable avec Einstein/De Sitter, varie *avec le temps* chez Friedmann. Dès 1924[328], Friedmann comprit qu'il n'avait plus besoin d'une valeur positive trop élevée de la constante cosmologique pour que son hypothèse marche, la courbure constante négative permettant une expansion permanente sans constante cosmologique.

La variation de la métrique en fonction du temps est donc la conséquence majeure de l'abandon d'un univers statique, tel que décrit par Einstein ou De

---

[326] Einstein, dans une lettre à Max Born datée du 1er juin 1948, affirmant : "*Je ne suis absolument pas un défenseur acharné du schéma dit classique, mais que je crois nécessaire de satisfaire d'une façon ou d'une autre à la relativité générale dont l'heuristique est indispensable, à mon avis, au progrès réel*", cité par Michel Paty, contribution à l'ouvrage collectif *Qu'est-ce que la matière ?*, sous la direction de Françoise Monnoyeur, Paris, Librairie Générale Française, 2000, p. 233.

[327] Cf. Friedmann, "Über die Krümmung des Raumes", Zeitschrift für Physik, vol. X, 1922, pp. 377-386.

[328] "Über die Möglichkeit einer welt mit constanter negativer Krümmung des Raumes", *Zeitschrift für Physik*, vol. XXI, 1924, pp. 326-332.

Sitter. Elle prouve de toute évidence que la solution statique est le produit de l'indépendance du rayon de courbure R à l'égard du temps. En faisant dépendre R (t) de la variable temporelle, Friedmann ouvre la cosmologie aux modèles non-statiques, « *en expansion monotone ou en oscillation périodique selon la valeur choisie pour la constante cosmologique* λ »[329].

Ce commentaire concerne le Friedmann de 1922. Celui de 1924 est déjà trop loin : la constante cosmologique devient tout simplement « superflue » : avec $\lambda = 0$, on obtient une période strictement liée à la masse totale de l'univers et - proposition décisive - la possibilité de *quantifier le temps « depuis la création du monde ». L'univers comme espace et temps* tient là sa thèse cosmologique essentielle, celle d'un univers en oscillation perpétuelle faite de cycles d'expansion - contraction.

> *« Dans certains cas, le rayon de courbure de l'univers part d'une certaine valeur et augmente constamment au cours du temps ; dans d'autres cas, le rayon de courbure varie de façon périodique, l'univers se contractant en un point (de volume nul) puis, à partir de ce point, augmentant de rayon jusqu'à une certaine valeur maximale, puis diminuant à nouveau pour redevenir un point, et ainsi de suite »*[330].

Au vingtième siècle, Friedmann est donc le premier à introduire la dimension de l'histoire dans la formation de l'univers, parlant même de « *la création du monde à partir de rien* »[331]. Nous n'insisterons pas sur les défaillances de la théorie, encore moins sur les critiques des « stationnistes », en tête desquels Einstein, pris sur ce point d'un pêché de conservatisme et d'orgueil qui, comme on le verra, va se manifester encore plus dans ses discussions avec Lemaître. Remarquons seulement que Friedmann a ouvert la perspective dynamique et révolutionnaire d'exploration cosmique.

5.3 La perspective dynamique de Lemaitre

L'hypothèse de la singularité cosmique de Georges Lemaître a été élaborée pendant vingt ans. Sa démarche est originale et solitaire, d'autant plus qu'elle se tisse au début dans l'ignorance complète de la solution non-statique de Friedmann, qu'Einstein ne révèle à Lemaître que lors d'un entretien technique à la Conférence Solvay de 1927. Cette ignorance est attribuée par certains

---

329 Jean-Pierre Luminet, op. cit., p. 43.
330 Friedmann, *Essais de cosmologie*, *op. cit.*, p. 206.
331 *Idem.*

auteurs [332] au défaut de germanité de Lemaître, Friedmann ayant publié ses articles décisifs de 1922 et 1924 en allemand dans la célèbre revue de physique théorique *Zeitschrift für Physik* [333].

5.3.1 L'opposition Friedmann-Lemaître

Même si les équations de Friedmann rentrent dans les analyses de Lemaître dès 1929, deux choses opposent fondamentalement les deux savants dans leurs recherches des solutions dynamiques au problème de l'origine de l'univers : l'axiomatique de Hilbert[334], qui domine l'œuvre de Friedmann, n'est pas du goût de Lemaître qui reste avant tout physicien et préfère l'examen des observations astronomiques aux spéculations algébriques. La seconde chose est la formation scientifique des deux hommes. Si Friedmann n'est arrivé que tardivement à l'astronomie, c'est-à-dire vers les années 1920, Lemaître a par contre consacré ses recherches académiques et théoriques aux sujets astronomiques, vivant et apprenant à l'ombre des grands savants comme Eddington et Hubble.

Tout cela conforte l'idée d'un travail novateur qui, en tant que tel, a subi l'hostilité de certains chercheurs parmi les plus consacrés de la communauté scientifique, dont Einstein et De Sitter. Le propos est ici de retracer les étapes décisives de la construction de la singularité dans la vingtaine d'années sus-indiquée. Dans ce projet, nous suivrons les indications que donne Lemaître dans *L'hypothèse de l'atome primitif* (1946) sur la mise en place des idées - forces de sa théorie : *« Ces trois idées : grandeur de l'espace, expansion et évolution sont présentées ici dans la forme où elles ont été exposées en diverses occasions en 1929, 1931 et 1934 »*[335].

En tenant cependant compte de la chronologie, le propos de Lemaître semble très schématique. En effet, faisant suite à une longue discussion de la solution statique d'Einstein / De Sitter, la conception de l'espace et l'expansion telle qu'exposée en 1929 constitue en soi un aboutissement. Au point où tout

---

[332] Par exemple André Deprit, ancien élève de Lemaître, dans ses annotations à Odon Godart, in « Monseigneur Lemaître, sa vie, son œuvre » et Valérie De Rath dans sa biographie anecdotique du savant belge : *Georges Lemaître, le Père du Big Bang*, voir références en bibliographie.

[333] Respectivement vol. 10, pp. 377-386 (1922) (reçu le 29 juin 1922) et vol 21 (1924) (reçu le 07 janvier 1924), pp. 326-332.

[334] Sur une approche des travaux de Hilbert en philosophie des sciences, voir Audureau, Eric. "Méthode axiomatique et négation chez Hilbert." *Philosophia Scientiæ. Travaux d'histoire et de philosophie des sciences* 11-2 (2007): 67-96.

[335] Georges Lemaître, *L'hypothèse de l'atome primitif, essai de Cosmologie*, Neuchâtel (Suisse), Éditions du Griffon, 1946, p. 27.

le travail antérieur se construit comme une première phase décisive pendant laquelle Lemaître se consacre à *sa solution non-statique* ; le virage quantique qui se met en place dès 1931 apparaît ainsi comme la seconde phase du travail du savant belge. C'est cette double étape que nous présenterons schématiquement ici, l'hypothèse de l'atome primitif étant l'aboutissement de cette construction de la singularité, que nous présenterons au chapitre final.

5.3.2 La solution non statique (1925-1931)

Lemaître a produit, entre 1925 et 1931, quatre articles scientifiques : « La très brève note sur l'univers de De Sitter » (1925), « Un univers homogène de masse constante et de rayon croissant rendant compte de la vitesse radiale des nébuleuses extragalactiques » (1927), « La grandeur de l'espace » (1929) et « L'expansion de l'espace » (1931). Ces travaux sont décisifs, puisque, en s'additionnant, ils constituent la thèse dynamique du savant belge sur la solution cosmique. Le rappel de la démarche et des résultats de ces articles qui constituent notre projet ici, prolonge ou recoupe une confrontation parfois sévère et marquée de Lemaître et ses illustres devanciers, Einstein et De Sitter, très attachés à leur « *steady-state model* ». L'historique de cette confrontation sera proposé en début du chapitre 7. Cette confrontation se déroule à travers une correspondance et une discussion très souvent brève, mais essentielle, et dans laquelle Eddington joue le rôle décisif de catalyseur.

5.3.2.1 Chronologie des articles non statiques

L'hypothèse d'un univers primordial non statique et en expansion a été développée par Lemaître à travers quatre articles publiés successivement en 1925, 1927, 1929 et 1931.

5.3.2.1.1. La Note sur l'univers de De Sitter (1925)

Il s'agit de deux articles de titres identiques publiés la même année, le premier dans *The Physical Review*[336] et le second dans le *Journal of Mathematics and Physics*[337]. L'effort de Lemaître y consiste à démontrer la

---

336 "Note on De Sitter's Univers", *The Physical Review*, vol. 25, 1925, p. 903.

337 "Note ..." *Journal of Mathematics and Physics*, vol. 4, 1925, pp. 189-192. Au fond, les sources de l'article remontent à 1924 où, du 6 au 13 août , Lemaître accompagne Eddington à Toronto à un meeting de la British Association for the Advancement of Science. Le physicien Ludwick Silberststein y fait des exposés dans lesquels il établit que si l'on introduit un observateur et des étoiles sous la forme de particules libres en mouvement radial dans l'univers vide de De Sitter, on obtient un décalage vers le rouge ou vers le bleu proportionnel au rayon de l'univers. Silberststein établissait par là un lien entre la relativité générale et les données observationnelles. (Pour un résumé de ce travail, Cf. D. Lambert, *op. cit.*, pp. 71-72).

possibilité de faire intervenir de nouvelles coordonnées dans l'univers de De Sitter, de manière à obtenir une métrique non-statique et, partant, un rapport linéaire entre distance et vitesse. Ces articles se situent donc en droite ligne dans la discussion des problèmes que pose l'univers sans matière de De Sitter, H. Weyl ayant établi en 1923 que le déplacement des particules dans l'univers de De Sitter obéit au rapport de proportionnalité entre vitesse et distance, sans pour autant fixer un système de coordonnées pour preuve. La contribution de Lemaître sera, à ce titre, décisive. Le premier des deux articles, en prenant un facteur d'échelle pour l'espace qui dépend exponentiellement du temps, propose une métrique pour un espace de courbure nulle. Le second article complète cet acquis en tirant pour le rapport vitesse / distance dans l'univers de De Sitter une relation linéaire.

Pour Luminet, dont nous suivons la démarche depuis le début du paragraphe, le plus décisif est dans l'usage que fait Lemaître de la constante cosmologique qui se voit, pour la première fois, « *attribuer le rôle d'une force de* "répulsion cosmique" *(lorsqu'elle est positive), obligeant les lignes d'univers des particules à se séparer au cours du temps* »[338].

5.3.2.1.2 Un univers homogène (1927)

Si l'article sur De Sitter ne passe pas inaperçu[339], il n'aura pas cependant le même retentissement et la même force révolutionnaire que le travail d'avril 1927[340]. On remarquera que l'article de 1925 était à forte tendance mathématique, modifiant le raisonnement théorique sans se soucier prioritairement de confronter l'expérience, encore moins de la conforter. Techniquement donc, il restait à rendre compte de la vitesse des objets cosmiques pour garantir à l'hypothèse dynamique un caractère physique. Lemaître, suivant en cela une méthodologie strictement cosmologique, décide en 1927 d'y répondre en partant des découvertes récentes et des problèmes pendants de l'astronomie.

Et d'abord des problèmes : la *Théorie mathématique de la relativité* (1922) d'Arthur Eddington constatait l'éloignement de la plupart des nébuleuses du système solaire, à une vitesse radiale de près de 600 km/s. Ce phénomène restait astronomiquement inexpliqué. Ensuite, les découvertes récentes, dont la principale était la preuve en 1925 de l'existence de systèmes solaires

---

338 *Ibid.*, p. 53.

339 Nous évoquerons plus loin la réaction du savant ainsi visé par Lemaître.

340 « Un univers homogène de masse constante et de rayon croissant, rendant compte de la vitesse radiale des nébuleuses extragalactiques », *Annales de la société scientifique de Bruxelles*, série A, vol. 47, avril 1927, pp. 29-39 (49-59).

analogues au nôtre, et qui apparaissent sous la forme de nébuleuses spirales, sans que leur décalage vers le rouge soit explicité scientifiquement.

L'enjeu de l'article de 1927 sera de prospecter sur ce problème en tentant, pour la première fois, de rattacher l'expansion de l'univers - dont la note de 1925 sur De Sitter pose le principe - aux observations sur la vitesse de fuite des nébuleuses. Bien entendu, Lemaître part des solutions cosmologiques de la relativité générale et tente une nouvelle hypothèse de ces équations, hypothèse devant se situer entre Einstein et De Sitter. En effet, l'univers sans mouvement d'Einstein permet de justifier la présence de la matière, et, partant, de postuler un rayon cosmique. Il reste cependant muet sur la récession des galaxies là où, justement, la solution de De Sitter permet une explication plausible en restant à son tour inapte à expliciter la présence de la matière.

Partant des lois relativistes de la gravitation, Lemaître introduit la conservation de l'énergie pour montrer que le rayon de courbure R varie en fonction du temps t : R(t). Il ajoute que densité de matière et pression de radiation sont simultanées, ce qui rend compte d'un rapport entre expansion de l'univers et récession des étoiles. En clair, Lemaître réussit à résoudre la question de la récession des étoiles en introduisant le mouvement dans l'univers d'Einstein et la matière dans celui de De Sitter. Selon Luminet,

> « *Le modèle auquel aboutit* [Lemaître] *décrit un univers de courbure positive en expansion monotone, à densité et pression non-nulles, et qui, lorsqu'on remonte indéfiniment le temps dans le passé, s'approche de manière asymptotique de la solution statique d'Einstein* »[341].

Astronomiquement, ce résultat est révolutionnaire. Il permet d'expliquer, pour la première fois, les vitesses de récession des nébuleuses extragalactiques comme liées à l'expansion d'après le cadre théorique de la relativité générale. Lemaître calcule d'ailleurs, dans cet article, le rapport distance/vitesse[342], anticipant ainsi sur la loi de Hubble[343] qui ne datera que de 1929, et qui maintiendra d'ailleurs les chiffres avancés par Lemaître.

---

[341] J.-P. Luminet, *op. cit.*, p. 55.

[342] "*Utilisant les 42 nébuleuses extragalactiques figurant dans les listes de Hubble et de Strömberg, et tenant compte de la vitesse propre du soleil, on trouve une distance moyenne de 0,95 million de parsecs et une vitesse radiale de 600 km/s, soit 625 km/s à 10^6 parsecs*" (Lemaître, cité par J.-P. Luminet, *op. cit.*, p. 57).

[343] La loi de Hubble est en effet la relation de proportionnalité entre la vitesse de récession et la distance des galaxies éloignées. Elle s'accompagne d'une constante qui est égale à ce rapport vitesse / distance. On la note H ou Ho. En expression mathématique, on a : v = Hr, avec r = distance de la galaxie, v = sa vitesse et H la constante de Hubble. Sur l'importance de cette loi, voir Biémont, Emile. "Astronomes célèbres et astronomes moins connus...(5) Hubble." *Galactée* 43 (2004): 38-43.

5.3.2.1.3 La grandeur de l'espace (1929)

Le 31 janvier 1929, Georges Lemaître donne à la Société Scientifique de Bruxelles une conférence sur la grandeur de l'espace[344]. Techniquement, elle ne figure pas dans la construction de l'hypothèse de la singularité telle qu'elle se fait dans le cheminement de Lemaître. On peut même dire, au vu de l'exercice brillant du talent littéraire de Lemaître et de l'absence des calculs mathématiques savants, qu'il s'agit d'un exposé de vulgarisation adressé à un public de non-initiés mais averti quant à l'histoire de l'astronomie et des problèmes de la relativité générale appliquée à la cosmologie[345]. Autant de raisons qui expliqueraient que J.-P. Luminet, en bon scientifique, l'ait ignoré dans ses « Repères chronologiques » [346] consacrés à la cosmologie relativiste. Au-delà du fait que cette conférence ouvre le savant au grand public en faisant le point sur les acquis techniques de l'article de 1927, trois choses internes rendent le travail de 1929 important dans l'ascension de Lemaître :

1. Il rattache la démarche à l'histoire de l'astronomie, Lemaître ayant fait le choix stratégique et pédagogique de dialoguer avec Archimède autour du thème de la multitude des grains de sable, tel que le savant grec l'expose dans *l'Arénaire*. L'importance de cet exposé est de poser fondamentalement le problème du volume de l'univers au cœur de l'astronomie des années 1930.
2. Le rappel sur le support mathématique de la théorie : Lemaître utilise un espace elliptique qui offre une géométrie sans antipodes. Ce choix permet de résoudre le problème du volume de l'univers en le proposant comme un espace fini et homogène, une "perspective sans borne"[347], recouvrant la carte euclidienne.
3. Ici plus qu'ailleurs, la critique de Lemaître à l'égard de ses prédécesseurs, Einstein et De Sitter, est ouverte, même si elle ne reprend que les termes déjà connus dans l'article de 1927. Certes, il retient l'espace courbe relativiste, c'est-à-dire un espace dont les propriétés géométriques sont modifiées comparativement à l'espace euclidien, du fait de la gravitation telle qu'elle est analysée par Einstein, où s'ajoute la constante cosmologique comme paramètre aux propriétés géométriques et gravitiques de l'univers. Ce que Lemaître reproche à Einstein, c'est de tirer de ce dispositif que « *la longueur du tour d'univers ne varie pas avec le temps*"[348] car, en réalité, "*les propriétés de l'espace varient avec le temps, le tour d'univers étant variable,*

---

[344] Cette conférence fut d'abord publiée dans la *Revue des Questions Scientifiques*, vol. 15, 1929, pp. 189-218.

[345] L'article est cependant pris au sérieux par Lemaître qui en promet une copie à William DE SITTER dans sa correspondance du 5 avril 1930.

[346] J.-P. Luminet, "L'invention du Big Bang", *op. cit.* pp. 97-98.

[347] Georges Lemaître, "La grandeur de l'espace" in *L'hypothèse de l'atome primitif, essai de cosmogonie*, Éditions du Griffon, Neuchâtel (Suisse), 1946, p. 41.

[348] Lemaître, *op. cit.* p. 62.

augmentant avec le temps»[349]. Quant à De Sitter, l'absence de la matière est fatale à son univers puisqu'elle ouvre la voie à toutes les hérésies. En effet, pour Lemaître, « *La possibilité de plusieurs interprétations différentes du même univers provient de ce qu'il est vide de matière, la présence de la matière a pour effet de déterminer une partition naturelle de l'univers en espace et en temps* »[350].

Tout cela était connu ou contenu en puissance dans l'article technique de 1927. L'innovation de l'article de 1929 semble donc tenir dans la prise en compte des équations de Friedmann, et surtout dans le rattachement du travail de ce dernier à De Sitter. Ainsi, si De Sitter rejette la condition d'homogénéité de l'espace en y ajoutant un champ de gravitation non homogène, son modèle ne devra son succès qu'à ceci que la variable est la longueur du tour de l'univers. Le travail de Friedmann, d'après Lemaître, a consisté à montrer comment ce tour « *pouvait être modifié de façon à tenir compte de la présence dans l'univers d'une quantité invariable de matière* »[351].

5.3.2.1.4 L'expansion de l'espace (« Expanding Universe ») (1931)

De 1925 à 1929, Lemaître a présenté des arguments pour un univers dynamique et fini, obtenu par la modification de la constante cosmologique, le choix mathématique d'un espace elliptique et le rattachement de la récession des galaxies à l'expansion de l'espace. Le premier article déjà cité de 1931 reprend cette argumentation dans les termes que nous avons relevés. Mais sur le plan technique, une question demeure : *d'où* procède l'expansion ? Cette question, qui ne peut pas se poser pour un système qui récuse le mouvement comme l'univers de Platon, devient fondamentale dans un système dynamique et gravitationnel comme celui de Lemaître. En 1931, Lemaître aborde la question dans un article technique, *The expanding Universe*[352], qu'il reprendra, en novembre de la même année, dans une version moins rigide, publiée dans la *Revue des questions scientifiques*[353]. Dans ce travail capital, Lemaître fait une étude serrée de la nébuleuse primitive de Kant à Laplace. Il aborde la description de cette sphère initiale en introduisant des données déjà repérables dans les articles précédents : l'espace elliptique et la dynamique des forces gravitationnelles.

---

[349] *Ibid.*, p. 64.
[350] *Ibid.*, pp. 64-65.
[351] *Idem.*
[352] Georges Lemaître, “The expanding Universe”, *Monthly Notices of the Royal Astronomical Society*, vol. 16, mars 1931, pp. 483 (490) - 501.
[353] « L'expansion de l'espace », *Revue des questions scientifiques*, 4e série, vol. 20, pp. 391-490, nov. 1931, exposé dans *L'hypothèse de l'atome primitif*, op. cit., pp. 67-117.

Ainsi, Lemaître renonce au cadre euclidien pour concevoir la nébuleuse primitive comme une sphère à géométrie elliptique de type riemannien[354]. La conséquence de ce renoncement sera simple, mais décisive : « *il n'y a plus de centre de gravité* »[355], puisque dans ce plan elliptique, deux côtés étant vraiment équivalents, chacun d'eux peut se superposer à lui-même. C'est ce que Lemaître appelle « *l'atome primitif* » par lequel il s'établit que « *le monde a procédé du condensé au diffus* »[356].

Rappelons que la variation du rayon R de l'atome d'univers est le différentiel du déséquilibre entre la force gravitationnelle attractive et celle répulsive introduite par la constante cosmologique. Si Lemaître maintient pour l'expansion de son univers les termes que fixe la gravitation posée dans le cadre de la relativité générale, il est obligé de rehausser la valeur de la constante cosmologique pour rester fidèle aux observations astronomiques des années 30 et à son modèle d'expansion.

Et d'abord les observations astronomiques : en postulant pour 540 km/s/Mpc le taux d'expansion dans ses travaux de 1929, Hubble suggérait, remarque Luminet, une cosmologie rapide. Or, sans constante cosmologique, on a, selon ce rapport, deux milliards d'années d'âge pour l'univers, ce qui représente la moitié de l'âge de la terre qui n'est pas le premier astre constitué. Quant au modèle dynamique de Lemaître, il est ainsi présenté : « *L'expansion s'est donc faite en trois phases : une première période d'expansion rapide où l'atome-univers s'est brisé en atomes-étoiles, une période de ralentissement, suivie d'une troisième période d'expansion accélérée* »[357].

En somme, le modèle cosmologique de Lemaître est donc une opération à deux phases explosives entrecoupées d'un ralentissement. Au vu de tout cela, Lemaître est donc doublement tributaire de la constante cosmologique, « *à la fois pour rendre l'âge de l'univers compatible avec celui de la Terre, et pour laisser le temps aux condensations galactiques de se former* »[358]. D'où l'expression technique de la solution de Lemaître :

---

[354] Pour l'apport de la géométrie reimanienne à la mécanique relatiste, , voir Avez, André. "Essais de géométrie riemannienne hyperbolique globale. Applications à la relativité générale." *Annales de l'institut Fourier*. Vol. 13. No. 2. 1963.

[355] Georges Lemaître, « L'expansion », in *L'hypothèse de l'atome primitif, op. cit.*, p. 68.

[356] *Ibid.*, p. 90.

[357] *Ibid.*, p. 91.

[358] Luminet, *op. cit.*, p. 61.

$$\lambda E = \frac{1}{R^2 E} = \frac{2\,GM}{\pi c^2 R^3 E}$$

(Avec R E = Rayon d'équilibre de l'univers d'Einstein).

En cela, l'importance de l'article de 1931 est évidente. Partant de l'idée que l'expansion de l'univers est la preuve d'un ensemble de processus antérieurs de contraction, Lemaître aboutit à l'hypothèse de l'origine singulière de l'univers sous la forme d'un atome primitif, c'est-à-dire, étymologiquement, du comportement d'un élément singulier et insécable d'où découlera le reste de la matière et de la réalité. Ce n'est donc pas un microsystème spatialement local. Cette hypothèse a pour avantage d'unifier le microscopique et le macroscopique en transposant en astronomie l'élément fondamental de la microphysique, l'atome, pour expliciter l'univers actuel. Elle a pour conséquence d'introduire une idée révolutionnaire en astronomie : avec l'origine explosive, c'est le plus simple qui explique le plus complexe.

CONCLUSION

En somme, l'appareillage théorique pose problème dans la cosmologie statique. Il empêche, malgré la pertinence de son argumentation, d'opérer toute déduction dynamique sans tomber dans la contradiction. Einstein et De Sitter ne peuvent, en effet, admettre un univers en expansion puisque l'espace sans matière ou la matière sans mouvement est le produit d'un appareil théorique classique où le cadre spatio-temporel est conçu comme absolu. Cet appareil classique est un lointain héritier de la conception aristotélicienne de l'espace et du temps. Nous avons déjà expliqué (chapitre 3, 1.1.1, *supra*) que, dans la *Physique*[359], Aristote, en bon héritier des Formes statiques platoniciennes, présentait l'espace comme le lieu immobile et fini, et le temps infini comme le nombre du mouvement, continu parce que porté par celui-ci[360] . En cela, le temps est éternel et infiniment divisible chez Aristote. En ne touchant pas à ce principe, Einstein continue de valider un présupposé philosophique aristotélicien. Dans ce sens, nous pouvons bien soutenir avec Daniel Parrochia qu'Einstein est de l'époque classique « *la dernière grande figure* »[361].

Par ailleurs, l'option dynamique d'un univers en expansion que propose Friedmann s'obtient par la transgression de ce cadre classique, le savant russe ayant touché à la fixité *ad aeternam* du temps. En astronomie et en cosmologie, l'hypothèse d'un univers en expansion sonne ainsi le glas des

359 Voir Aristote, *Physique*, IV, 10, 218 a 33 et ss ; VIII, 1, 251 b.
360 Aristote, *Physique*, II, 219 b1.
361 Daniel Parochia, *op. cit.*, p. 92.

perspectives qui théorisaient l'origine ou la forme de l'univers en partant des concepts et cadres *a priori*. On a vu comment Georges Lemaître est allé plus loin, travaillant de longue haleine sur la création simultanée du temps et de l'espace par suite de l'explosion primordiale d'un atome. La radicalisation de cette hérésie à l'égard du cadre classico-relativiste sera le virage quantique que va prendre la théorie de Lemaître, avec pour conséquence la formation d'un modèle d'univers à base quantique. Toutes choses que nous exposons en dernière étape de cette étude.

TROISIÈME PARTIE : CONFIGURATIONS

> *"The fact that we humans, who are ourselves mere fundamental particles of nature, have been able to come this close to understanding the laws that govern us and the universe is certainly a triumph."*[362].

Configurer, c'est conférer une figure, une représentation susceptible d'être la meilleure expression possible d'une conceptualisation qui, elle, est théorique. Configurer, c'est extérioriser un concept. Ce que nous voulons ici mettre en exergue, c'est que dans ce mouvement de la configuration, les théories physiques ne jouent pas seulement un rôle technique pour la cosmologie. Elles influencent l'architecture et la structure de l'univers primordial qu'inventent et proposent les savants. Ce que nous entendons démontrer par le passage de la théorie physique aux configurations, c'est, chez Platon et Lemaître, l'adéquation entre les fondations techniques et les figures proposées de l'univers d'une part ; d'autre part, décrire le contenu de ces figures cosmiques au double niveau épistémologique et astronomique.

À l'échelle épistémologique, il s'agira de montrer la dimension copernicienne de ces paradigmes, qui s'écartent radicalement des théories antérieures au cœur desquelles elles se sont, dans une certaine mesure, construites : s'il propose un univers incréé, Platon ruine les tentations cosmogoniques et l'utopie d'un monde mécanique fondé sur la matière, et cela au profit d'une approche purement formaliste de l'univers. Ce processus, nous le nommerons ici la mathématisation de l'univers. À la faveur d'un univers dynamique plus conforme à la description quantique et astronomique, Lemaître disqualifie le postulat statique de souche aristotélicienne, qui retentit encore dans le modèle d'Einstein / De Sitter, inaugurant ainsi l'ère du paradigme cosmologique du « Big bang ».

Platon et Lemaître sont de ce fait plus que de simples théoriciens ordinaires, ce sont des révolutionnaires. Bien plus : leurs modèles montrent deux moments décisifs de la méthode cosmologique, où l'entrée en scène des

---

[362] *« Le fait que, nous humains, qui sommes de simples particules élémentaires de la nature, avons été capables de venir si près de comprendre les lois qui nous gouvernent nous et l'univers, est assurément un triomphe »* Stephen Hawkings, cité par *The Independant*, in « Professor Stephen Hawking: Humanity will not survive another 1,000 years if we don't escape our planet », sur http://www.independent.co.uk.

artifices du démiurge et de l'atome primitif n'est pas anodine. Cette entrée permet, pour la première fois avec chacun des deux savants, de trouver l'origine de l'univers en articulant la stabilité, même apparente, de l'infiniment grand au bouillonnement de l'infiniment petit ; de trouver l'ordre de l'univers derrière le désordre des apparitions ; de réconcilier la (méta) physique des astres et la (méta) physique de la poussière dans une Source originelle unique d'où jaillit le grand Ordre de l'Univers. Dès lors, l'écart entre les deux savants dépend probablement beaucoup plus de l'âge et du raffinement des instruments d'analyse et de mesure (la découverte des particules et la géométrisation de l'espace) que de la volonté d'arracher la cosmologie aux contradictions et à la faiblesse des théories disponibles. Deux chapitres exposent l'architecture de cet univers naissant : l'univers incréé et mathématisé de Platon (chapitre 6) et l'univers dynamique, encore dit de singularité cosmique de Lemaître (chapitre 7).

CHAPITRE 6 :
MATHEMATISER L'UNIVERS

> *«C'est un devoir d'étudier l'Astronomie des réalités, l'Astronomie géométrique ; seule, elle peut dissiper les erreurs nées de l'Astronomie d'observation »* [363].

L'encyclopédie du *Timée* est, aux yeux des spécialistes, le premier texte philosophique où la formation et l'harmonie des objets de l'univers sont posées en termes cosmologiques[364]. Or, si le récit du *Timée* *« n'est pas une fiction mythique, mais un discours vrai »*[365], c'est précisément parce qu'il suit un ordre de vérité de type mathématique, où le « dire vrai » repose sur les notions clés de proportion, de mesure et de symétrie. Le langage de Platon est un langage mathématique, celui de la géométrie, de l'arithmétique et de l'algèbre. Si bien que la disqualification progressive du monde antérieur au démiurge, *«* (qui n'était) *point en repos* (et qui) *se mouvait sans concert et sans ordre »* (30 a), ou plus largement du monde sensible en devenir dans le temps ; la réduction de la matière à une forme, pour en faire justement la figure et la forme de ce qui n'est être qu'en tant que ce par quoi et en quoi il y a changement ; l'émergence de la forme intelligible comme être unique à partir d'où mettre de la symétrie et de l'analogie sur la scène du monde : tout cela est expressif de cette mathématisation du monde qui rythme le *Timée*[366].

Par cette mathématisation elle-même, il faut entendre le souci et le principe de la mesure et de la symétrie, condition de possibilité du beau. Les mathématiques interviennent alors, non pas comme le but de cette quête du beau, encore moins son substitut, mais comme ce en quoi et par quoi se garde et se déroule la quête du beau. L'intérêt philosophique de la mathématisation est donc dans ce souci de méthode (*metho odos,* voie vers) en vue de la

---

[363] Pierre Duhem, *L'aube du savoir, épitomé du système du monde,* textes établis et présentés par Anastasios Brenner, Paris, éd. Hermann, 1997, p.27.

[364] Luc Brisson, « Le *Timée* de Platon : une tentative de description du monde sensible à l'aide des mathématiques », intervention au séminaire sur « La cosmologie comme science : histoire et critique », CREA CNRS/ École Polytechnique de Paris, vendredi 17 mai 2002. Ailleurs, Brisson écrit : *« le Timée est sans contredit un ouvrage de cosmologie, puisqu'il propose un modèle de l'univers physique ; c'est d'ailleurs le premier qui nous soit parvenu dans son intégralité » (*Luc Brisson, introduction au *Timée*, op.cit., p.12). Voir également de Brisson et sur le même sujet, « Le *Timée* comme mythe et comme modèle cosmologique », *Lectures du Timée de Platon,* Publication du groupe Philosophie de la MAFPEN de Lille, Lille, 1994, p.38-48.

[365] *Timée,* 26e.

[366] Pohle, W.B."The mathematical foundation of Plato's atomic physics", *Isis* 62, 1971, p.36-46.

révélation de l'harmonie cosmique. Tout l'intérêt programmatique de ce recours aussi : l'introduction des mathématiques dans l'analyse cosmologique fait passer du récit à la science des origines.

En effet, la mathématisation permet à Platon de se libérer de l'emprise du mythe qui, tradition oblige, pèse sur son propos. Brisson a montré quelle était la fonction du mythe dans l'antiquité, ses rapports et son poids dans l'écriture de Platon[367] . Dans un autre texte, il fait aussi remarquer que *« le mythe est avant tout un récit, c'est-à-dire un discours qui se déploie dans le temps et qui décrit ce que font non point des entités abstraites, mais des personnages qui présentent une identité individuelle plus ou moins marquée »*[368]. Le caractère mythique du récit tient alors de ce que le narrateur, poète ou philosophe, comme c'est le cas pour Platon, ne saurait trancher sur la véracité de ce sur quoi porte son propos, n'ayant été lui-même témoin ni du début de l'humanité, ni de celui du monde. Or, si par fidélité à une tradition du discours Platon a donné une configuration mythique à son traité, comment pourrait-il atteindre l'objectif qu'il s'est fixé de dégager une explication rationnelle des conditions générales de l'ordre cosmique ? Seul le recours aux mathématiques permet de maintenir cette explication rationnelle, et de garantir le caractère objectif et accessoirement novateur de la recherche platonicienne.

Plus encore, ce recours aux mathématiques permet de renoncer à la théorie mécanique des présocratiques, ioniens, éphésiens ou autres pythagoriciens, qui ont tendance à concevoir un ordre immanent à l'univers. Mathématiser l'univers, c'est, pour le démiurge, construire l'ordre cosmique d'après les régularités qui n'y sont pas. Pour autant, chez Platon, cette externalisation de la cause de l'ordre dans le monde par voie de mathématisation, si elle est exigible, ne se veut pas un remplacement de la nature par les mathématiques comme le pensent les adversaires. Plutôt, il s'agit de mathématisation au sens de la théorisation du réel, dont l'épaisseur et l'irréductibilité gardent sur le démiurge et son modèle un pôle d'extériorité, rempli aussi bien par le réceptacle que par la nécessité qu'il faut « convaincre »[369].

Bien plus, l'irréductibilité de la nécessité signifie qu'il y a, dans la cosmologie de Platon, quelque chose de non mathématisable. Nous prenons les mathématiques comme outil de simplification et de description d'un ordre cosmique qui doit être nécessairement beau. Or, cet outil a plusieurs fonctions dans « les mains » du démiurge, qui est avant tout un artisan, porteur d'une intention esthétique, même s'il est soumis à un modèle. D'abord, il lui permet

---

[367] Luc Brisson, *Platon, les mots et les mythes,* Paris, Maspéro, 1982.
[368] Luc Brisson, introduction au *Timée*, op.cit., p.11.
[369] Voir Morrow,G.R.,"Necessity and persuasion in Plato's Timaeus(1950) ", repris dans *Studies in Plato's Metaphysics*, London,Routledge &Kegan Paul,1965, p.421-437.

de réduire la complexité du monde sensible et diffus qui, autrement, persisterait à être dans le non-être de son état de désordre. Grâce aux mathématiques, le démiurge a ainsi pour référent et pour matière première un plan d'objets stables, transparents, perméables et intelligibles. L'autre fonction des mathématiques est de fixer et de régir les mouvements de ces êtres vivants que sont les corps célestes. Concrètement, cette opération de mathématisation se fait à travers la manipulation de deux séries de variables :

1. un lexique d'ordre et de mesure, marqué par la récurrence des concepts de proportion, de symétrie, etc., que nous recensons et analysons comme autant de manières d'intégrer les mathématiques dans la perception du monde sensible. Une mathématisation des éléments premiers de l'univers (terre, air, feu, eau), l'usage des figures géométriques (sphère, tétraèdre, octaèdre, etc.), et des grandeurs dynamiques comme l'âme du monde complètent ce lexique comme autant de tentatives de construire un modèle d'univers fixe et régulier (6.1).
2. Toutes ces péripéties, qui ne sont pas parallèles, nous permettront, nous l'espérons, de répondre à cette question cruciale : quel est, finalement, le profil de l'univers mathématisé de Platon à partir de ces corps géométriques ? (6.2).

Nous terminerons l'exposé de ce chapitre en considérant et en analysant l'ensemble des difficultés majeures qui se posent à la formulation platonicienne d'un univers primordial (6.3).

6.1 LEXIQUE ET OUTILLAGE MATHEMATIQUES

En dehors des formes intelligibles et du démiurge, deux référents mathématiques dominent le *Timée*. D'abord, le champ lexical de la mesure, constitué par la chaîne des concepts, des régularités et des énoncés de connotation mathématique par lesquels Platon veut faire passer dans l'entendement de ses lecteurs ce qu'il entend par « monde beau ». On reviendra sur la proportion, la symétrie, etc., comme termes illustratifs de ce recours au lexique mathématique. Ensuite, la récurrence des figures mathématiques comme la sphère, le cercle, etc., renvoie à un référentiel géométrique sur lequel table Platon. Revenir sur ce référentiel permet de voir, de plus près, les outils mathématiques de la « cuisine cosmologique » de Platon, et cerner ainsi à quelles figures ressortissent les différents profils qui rentrent dans l'image de l'univers de Platon.

6.1.1 L'énonciation mathématique

Au tout début du *Timée*, Platon fait une critique acerbe des sophistes incultes *« vagabondant de ville en ville et n'ayant nulle part élu domicile »* (19e). Cette critique n'a de finalité que l'importance qu'accorde Platon à la formation scientifique pour être « à la hauteur » des questions astronomiques. Dès ce moment, on voit bien qu'il est sur le chemin de la construction d'une science aux fondements inébranlables. Dans un tel cheminement, les mathématiques ne sauraient être contournées et vont même devenir rapidement centrales. La récurrence des notions mathématiques dans la prose platonicienne recoupe cet argument.

En effet, on trouve partout dans le *Timée* les notions mathématiques diverses. Par exemple, l'énoncé mathématique du nombre est évoqué pour décrire les modalités du temps qui « *imite l'éternité et qui se meut en cercles suivant le nombre »* (38 a), ou décompter les vivants qui peuplent le ciel (39 b). Dans le même sens, il faut quantifier les grandeurs, *« faire qu'il y ait une mesure vraiment claire à la vitesse et à la lenteur »* avec laquelle les corps en mouvement accomplissent leurs révolutions *(idem)*. De même, la notion de *« proportion géométrique »* est évoquée pour exprimer le rapport entre les quatre éléments premiers et l'accord que manifeste *« le corps du monde engendré »* (33 c), ou encore pour marquer la division et la recomposition de l'Âme du monde, suite à un mélange du Même, de l'Autre et de l'Être (37 a).

Par endroits, ce principe de proportion conduit même à une herméticité du langage et de combinaison des énoncés, qui rendent difficile la compréhension des péripéties et des stratagèmes mathématiques auxquels recourt Platon pour décrire l'engendrement d'un monde beau. La palme d'or de cette saturation et de cette complexité du lexique mathématique revient justement à la description de processus primordial du mélange de *« l'Être indivisible et qui reste le même et l'Être divisible qui devient dans les corps »* (35 a). Dans l'extrait qui suit, nous soulignons, et pour en montrer l'abondance, le nombre de recours du démiurge à la manipulation du lexique et surtout des fractions mathématiques.

> *« [Pour] faire le partage que voici. D'abord, il* retrancha *une seule* part *sur le* tout *; après celle-ci, il en retrancha une* seconde, double *de la* première *; et encore une* troisième *qui, valant* une fois et demie *la seconde, était le* triple *de la première ; une* quatrième *double de la seconde ; une* cinquième, *triple de la troisième ; une* sixième, *valant* huit fois *la première. Après quoi il combla les* intervalles

> *doubles et triples, en détachant encore des morceaux du mélange initial et en les* intercalant *entre les premières, de façon qu'il y ait dans chaque intervalle deux* médiétés *(...) À l'aide de l'intervalle de* un plus un huitième*, le dieu a comblé tous les intervalles de* un plus un tiers*, laissant subsister de chacun d'eux une* fraction*, telle que l'intervalle restant fût défini par le rapport* du nombre deux cent quarante-trois. *C'est ainsi que le mélange, d'où il avait détaché tous ces morceaux, il se trouva l'avoir entièrement utilisé »*[370].

Cela conduit à une structure mathématique sur laquelle nous revenons plus loin, au moment de décider de la configuration du modèle platonicien. Signalons simplement que l'ensemble de ces opérations consistent à manipuler des grandeurs géométriques équivalentes, et « retrancher » ou « ajouter », comme le fait Platon, c'est manipuler des variables et des valeurs fixes ou convertibles. Reste que par l'abondance de ces énoncés, Platon montre clairement que l'univers en fabrication est soumis aux normes de la raison mathématique.

6.1.2 Mathématisation de la matière

Avec de tels énoncés, il est clair que Platon cherche à laisser définitivement le monde sensible derrière lui. Comme abstraction du réel, le processus de mathématisation, en dehors de la Forme intelligible à reproduire, ne retient que la *khora.* Rappelons que la *khora* est, en face de la Forme intelligible, le second pôle de l'être, qui n'est cependant ni sensible in intelligible. Il est présenté comme le substrat de la matière et ce en quoi et en vue de quoi le démiurge, les yeux rivés pour ainsi dire sur la Forme intelligible, invente le monde, en y injectant prioritairement les régularités mathématiques. Or, retenir la *khora,* trace et forme abstraite de la matière comme référent mathématique, c'est d'abord la purger de toute matérialité pour la rendre intelligible comme « Forme ». Dans la phase de la mathématisation, et pour fixer cette « Forme » dans un repère géométrique et dans les conditions d'intelligibilité mathématique, Platon va reprendre son programme au niveau de la *« mise en ordre des éléments et leur naissance »* (53 c). Cette démarche consiste, en résumé, à abstraire davantage les quatre éléments primordiaux pour n'en laisser apparaître que le format fondamental, qui serait en adéquation avec l'idée de permanence, de fixité et de « Forme intelligible » que Platon se fait de la *khora*. Aussi,

---

[370] *Timée,* 35 b-36 b. Nous soulignons.

« Que le feu, la terre, l'eau et l'air soient des corps, c'est une évidence pour tout le monde, je suppose ; or, tout ce qui appartient à l'espèce des corps possède aussi la profondeur. Mais, à son tour, la profondeur se trouve, de toute nécessité, enveloppée naturellement par le plan. Toute face plane limitée par des droites est issue de triangles »[371].

Nous reviendrons sur le concept de triangle, qui semble être la figure géométrique fondamentale de Platon. Pour le moment, précisons les conséquences théoriques de ce passage des éléments fondamentaux du statut de « l'espèce des corps » à celui d'une variable géométrique (la « profondeur », le « triangle »).

La première des conséquences, c'est que l'air, l'eau, la terre et le feu, en devenant des régularités sur cette *« face plane limitée par des droites »*, cessent d'être des substances. On voit bien toute la distance à l'atomisme des présocratiques. En effet, chez Démocrite par exemple, il n'y a pas de distinction entre les atomes, qui sont, comme le « feu » chez Héraclite, la substance première de toute chose. La substance est, dans le cas de ces théories et chez Aristote comme cela a été signalé dès l'introduction, ce qui fait mouvoir la chose. C'est son principe dynamique, la cause de sa transformation en électricité, chaleur ou matière. Cette idée est même reprise par la physique atomique contemporaine. Du moment où on suppose, d'après la relation $E=mc^2$, que masse et énergie sont une seule et même réalité, on peut en déduire que les théories physiques contemporaines raffinent des concepts présocratiques.

Or, Platon, en maintenant d'Empédocle le principe d'une distinction et d'une différence fondamentale entre les quatre éléments, se démarque du substantialisme des premiers atomistes présocratiques, qui ne voyaient aucune possibilité de changement dans la structure des atomes premiers, conçus comme invariables, identiques et éternels. Mais Empédocle, de qui date probablement cette théorie différentialiste, s'en tenait à une matérialité et à une réalité empirique des éléments premiers. L'un des points de profondeur, de rupture et d'originalité de Platon se marque précisément sur le renversement de cette perspective empédocléenne.

En effet, Platon introduit deux transformations pour asseoir ces éléments sur une modélisation de type mathématique. Ces deux transformations sont des innovations théoriques structurantes pour la cosmologie platonicienne, si

---

[371] Platon, *Timée,* 53 e.

elles n'en constituent le noyau[372]. La première de ces transformations, c'est la propriété des particules élémentaires de se transformer l'une dans l'autre. Cette propriété toute nouvelle en théorie des particules élémentaires, c'est ce que nous nommons l' « intertransformation » des éléments primordiaux. La seconde transformation, tout aussi nouvelle, est celle du passage de ces éléments premiers aux corps géométriques, autrement dit leur accommodation aux formes abstraites fondamentales que sont le triangle et le carré. L'importance de ces deux transformations et de cette mathématisation dépassera largement le cadre de la modélisation platonicienne pour devenir le fondement premier de toute cosmologie.

D'où la seconde conséquence, qui est l'anticipation de la théorie platonicienne sur le destin du statut épistémologique de la matière en cosmologie et en théorie physique. En effet, le physicien Werner Heisenberg, revenant sur les racines de la science atomique, a reconnu que *« les particules élémentaires dans le* Timée *de Platon sont finalement non de la substance, mais* des formes mathématiques *»*[373]. Si cette formulation platonicienne révolutionnaire a été largement freinée, comme on le verra, par une théorisation mathématique limitée par des formes géométriques constituées des solides réguliers ou des triangles qui en précisent la surface, il est clair, pour Heisenberg, que, *« en théorie quantique actuelle, il ne peut y avoir de doute que les particules élémentaires seront également pour finir des formes mathématiques »*[374].

6.2 Les corps geometriques

Pierre Duhem ouvre le second chapitre de son *Système du monde* par le résumé suivant de la thèse cosmologique de Platon :

> *« Au-dessous de ces apparences sont des réalités permanentes qui en sont les fondements* (ὑπόθεις). *Ces réalités permanentes, nous ne pouvons les atteindre que par la méthode géométrique ; c'est donc au mathématicien que doit être posé le problème de découvrir les mouvements vrais ; et pour les reconnaître, ces*

[372] Sur ces deux transformations, voir le commentaire de Grégory Vlastos, *Plato's Universe, op.cit.,* p.70 et ss.
[373] Werner Heisenberg, *Physique et philosophie, op.cit.,* p.75. Nous soulignons.
[374] Werner Heisenberg, *Physique et philosophie,* ibid., p.76. On comprendra mieux les fondements épistémologiques de cette position en suivant l'exposé sur la théorisation, par Heisenberg notamment, d'une physique statistique fondée sur le double principe d'indétermination et de complétude, principes qui nourrissent, d'une certaine manière, le virage quantique de la théorie dynamique de Lemaître. Sur ce, voir le prochain chapitre de cette thèse, « La singularité cosmique », notamment la section II : « Lemaître et la théorie des quanta », infra.

mouvements vrais, le mathématicien dispose de deux caractères : en premier lieu, chacun de ces mouvements doit être un mouvement circulaire, toujours de même sens et de vitesse invariable. En second lieu, les mouvements réels d'un astre, composés ensemble, doivent reproduire le mouvement apparent donné par l'Astronomie d'observation ; ils doivent sauver les apparences (σῴζειν τὰ φαινόμενα). » [375]

L'univers de Platon est donc une affaire de corps géométriques. Ces corps marquent le passage ou plutôt la transformation des éléments premiers, sur lesquels reposent toutes les compositions possibles des réalités physiques, en entités mathématiques. Au-delà de la variété de formes géométriques qu'on peut répertorier dans le *Timée*, le triangle et la sphère sont les deux figures fondamentales et structurelles de l'univers de Platon. Trouver le profil de l'univers de Platon, c'est suivre ces deux figures dans leur structure et les combinaisons qui en découlent.

6.2.1 Le triangle

Le triangle, c'est la figure fondamentale de l'univers de Platon. En effet, on sait déjà, en *Timée* 53 c, que la matière, c'est-à-dire tout ce qui a un corps, a aussi de la profondeur, et que cette profondeur est enveloppée par le plan. Or, et on l'a aussi relevé, *« toute face plane limitée par des droites est issue de triangles »*. Il n'y a pas, au-delà ou en dehors de la figure du triangle, d'autre énoncé de structure géométrique plus fondamentale. Platon limite donc au triangle sa quête de la figure mathématique résiduelle, et la consacre comme forme géométrique première, de laquelle découle toute la réalité, par combinaison, composition et recomposition successives. Il en distingue deux variétés :

« Tous les triangles procèdent de deux triangles qui ont chacun un angle droit et les autres aigus : l'un a de part et d'autre une partie de l'angle droit divisé par des côtés égaux, tandis que l'autre a des parties inégales d'un angle droit divisé par des côtés inégaux »[376].

---

[375] Pierre Duhem, *L'aube du savoir, épitomé du système d monde, op. cit.,* p.28-29.
[376] Platon, *Timée,* 53 d-e.

La première variété de ces deux triangles rectangles élémentaires ainsi décrits, celle d'une figure à « un angle droit », c'est le triangle rectangle isocèle[377]. La seconde variété, c'est le triangle rectangle scalène.

Signalons deux choses, pour mieux situer l'importance de cette orientation statique de la géométrie platonicienne. D'abord, que cette typologie platonicienne des triangles se fait à bord d'un système où les seules formes mathématiques dont on dispose sont des formes géométriques, par exemple les solides réguliers, ou encore les triangles qui définissent la surface de ces solides. Le triangle est, dans un tel contexte épistémologique, l'image la plus adéquate d'un ordre mathématique qui cherche avant tout à décrire des formes statiques et non pas des formes dynamiques, comme ce sera le cas dans les mathématiques qui accompagnent la physique contemporaine-on le verra au prochain chapitre avec le modèle de la singularité cosmique de Lemaître. Ensuite, disons que cette référence au triangle est, sur le plan mathématique, le prolongement du principal axiome métaphysique platonicien. En effet, les deux triangles rectangles élémentaires sont connaissables et descriptibles parce qu'ils sont pourvus des prédicats d'éternité, de permanence et d'invariabilité reconnus à l'être. Incréés et indestructibles, les deux triangles élémentaires se placent à la racine de la réalité mathématique, comme substance ou principe constitutif de toutes les figures et de leurs combinaisons. Cela explique l'intervention de ces triangles élémentaires dans toutes les transformations des figures et la conservation du nombre des triangles de toutes espèces dans toutes les combinaisons qui impliquent ces figures élémentaires.

La première et sans doute la plus simple de ces combinaisons innombrables et complexes qui forment l'échafaudage de la structure cosmique, c'est la formation de deux autres surfaces régulières, directement à partir de ces deux variétés de triangles rectangles : le carré et le triangle équilatéral. En effet, le triangle isocèle se présente sous la forme d'une moitié de carré, et le triangle scalène, lui, représente la moitié du triangle équilatéral de côté *x*. En *Timée*, 55 b, Platon associe quatre triangles rectangles isocèles pour former le carré, après avoir additionné six triangles scalènes pour faire un triangle équilatéral (54 d-e). On peut remarquer que, pour le carré, Platon aurait pu se contenter de l'addition de deux triangles isocèles, et de deux triangles scalènes pour la construction du triangle équilatéral. Selon Luc Brisson, si Platon ne suit pas ce chemin, c'est sans doute pour *« trouver un centre de symétrie qui*

---

377 Sur les figures ici décrites, leur présentation et leurs expressions mathématiques, nous devons beaucoup à Luc Brisson, « La *Khora* dans le *Timée* de Platon », *op. cit.* pp.34 et ss. Se référer à cette source pour les illustrations du triangle de Platon et de ses combinaisons.

fasse qu'aucun des triangles constitutifs du carré ou du triangle équilatéral ne puisse avoir une prééminence sur les autres »[378] .

On peut supposer que Platon cherche la symétrie pour être à la hauteur de l'enjeu de cette combinaison primordiale. À plusieurs égards, l'importance de cette première combinaison est capitale. À commencer par le rôle de ces figures primordiales dans le passage, alors inédit en cosmologie, du plan des quatre éléments primordiaux aux formes mathématiques abstraites. En effet, on a déjà vu que, dès le 32 b, Platon introduit la proportion mathématique pour décrire les caractéristiques de l'eau et de l'air, qui sont des éléments liquides, et fonder en raison les rapports qu'ils entretiennent aux éléments, la terre et le feu. Avec l'émergence des deux triangles rectangles élémentaires, cette relation de proportion va se radicaliser par une transformation des éléments premiers en des formes géométriques régulières. Platon affirme que ces deux triangles rectangles sont *« le principe du feu et de tous les autres corps »*[379]. Cette généralisation, qui est en soi une mathématisation de la matière, a pour conséquence de désigner les éléments premiers par des figures géométriques régulières. Cette désignation est affirmée par l'identification des éléments premiers par des correspondants ou des synonymes mathématiques, que sont les corps géométriques parfaits : la sphère et les polyèdres réguliers.

6.2.2 Les polyèdres et le cube

Le passage au plan mathématique est un changement complet dans la dénomination et la formulation des éléments premiers, qui prennent la forme des polyèdres réguliers, eux-mêmes régis par des lois mathématiques cependant soumises à la nécessité *(anagkê)* qui décide de leur applicabilité. Dans cette reconfiguration et dans cette répartition des rôles mathématiques, les triangles rectangles et les carrés ne tiennent pas la même fonction architecturale.

En effet, les triangles équilatéraux interviennent dans la construction des trois polyèdres réguliers qu'énonce le *Timée* : le tétraèdre, l'octaèdre et l'icosaèdre. Le tétraèdre est une figure qui représente quatre triangles équilatéraux (54e-55 a). Il est ce que devient mathématiquement le feu. L'octaèdre est un ensemble agencé de huit triangles équilatéraux (55 a). Il est la représentation géométrique de l'air. L'icosaèdre, assemblage de vingt triangles équilatéraux (55 a-b), est la figure géométrique de l'eau. Dans l'architecture géométrique du *Timée*, les carrés rentrent en fonction dans la

---

378 Luc Brisson, « La Khora... », *op. cit.*, p.35.
379 *Timée,* 53 d.

construction du cube (55 b-c). Pour représenter géométriquement la terre, Platon associe quatre carrés.

On peut donc dire que les quatre polyèdres réguliers que sont le tétraèdre, l'octaèdre, l'icosaèdre et le cube constituent les figures récurrentes de l'univers platonicien, puisqu'ils expriment mathématiquement les quatre éléments fondamentaux qui rentrent dans la composition de la matière cosmique. Comment Platon se représente la structure d'ensemble, autant dire le corps du monde ?

6.2.3 La sphère et son âme

Chez Platon, la sphère est la figure associée au corps du monde. Il la présente comme l'enveloppe de toutes les enveloppes et comme figure de toutes les figures. Voici comment la sphère émerge comme produit du raisonnement téléologique du démiurge :

> « *Le dieu a construit un ensemble qui (...) réalise une unité, un être parfait, exempt de vieillesse et de maladie. Comme figure, il lui donna celle qui convenait et qui lui était apparentée. Au vivant qui doit envelopper en lui-même tous les vivants, la figure qui pourrait convenir, c'était celle où s'inscrivent toutes les autres figures. Aussi est-ce la figure d'une sphère, dont le centre est équidistant de tous les points de la périphérie, une figure circulaire* »[380].

À la sphère, Platon associe le dodécaèdre, cinquième polyèdre régulier en forme de pentagone[381], et cela sans trop de précisions (55 c). Il reste que la sphère n'est pas d'invention platonicienne, et nous avons dit plus haut qu'il s'agissait de la forme aboutie du monde d'Empédocle[382]. Mais, là encore, il y a eu platonisation d'un concept présocratique. En effet, chez Empédocle, ce qui faisait la stabilité de la sphère et garantissait l'harmonie entre les éléments, c'était l'air qui comprimait la sphère en périphérie, et la stabilité dans l'opposition des contraires, qui oscillaient entre Haine et Amour. La mathématisation platonicienne des éléments, la transformation desdits éléments en corps géométriques équivalents, est le panel des options qui font de la sphère de Platon le toit et le plancher du monde. Ces corps sont « attachés », solidifiés non pas par un quelconque équilibre entre les forces contraires, mais par l'imbrication et la combinaison des formes géométriques régulières, qui sont en soi des éléments purement abstraits et non des corps matériels. La sphère platonicienne est une formalisation du monde mathé-matique, celle

---

[380] Platon, *Timée,* 33 b.

[381] Suivre sur ce point *Phédon* 110 b.

[382] Voir Chapitre 2, 2.2. : « Empédocle et les quatre éléments », *supra.*

d'Empédocle n'était que le raffinement d'un récit mythique, ou tout au plus d'une représentation certes rationnelle, mais encore entachée des mythèmes de la cosmogonie présocratique.

Pour comprendre et approfondir les enjeux de cette platonisation, on doit faire un certain nombre d'observations sur les propriétés de la sphère platonicienne, en suivant le raisonnement de l'extrait que nous venons de citer. D'abord, remarquons que la sphère est présentée comme « *un être parfait* ». C'est donc qu'il est régi par le principe d'unité et d'éternité, réservé par Platon à l'être, qui est permanent et invariable. La sphère est donc de l'être. Ce principe ontologique doit se soumettre à l'exercice de transformation mathématique, comme les quatre éléments fondamentaux tout à l'heure. Comment Platon passe-t-il de ce prédicat ontologique de la sphère à sa propriété logique et mathématique fondamentale, qui est d'être la figure géométrique de la totalité et le principe actif de tous les vivants qu'elle enveloppe ?

Il le fait en formulant une géométrie non de la matière ou de l'espace, mais des êtres vivants de nature mathématique. Ainsi, la sphère est un « *vivant qui doit envelopper en lui-même tous les vivants* ». Cet enveloppement et cette « vie » de la sphère, « corps lisse et uniforme » (34 a), sont soumis aux régularités mathématiques de l'univers, et se constituent comme contenant de tous les contenus, système des systèmes de polyèdres réguliers qui le composent. Bien plus, la sphère est une « figure circulaire », ce qui fait que « *le centre est équidistant de tous les points de la périphérie* ». Platon parle de système de « *corps parfaits* », sans doute pour indiquer que, entre les éléments à base triangulaire et cubique, il n'y a pas de vide. La perfection renvoie alors à la plénitude de la sphère, « *figure qui entre toutes* (et qui est) *la plus parfaite et la plus semblable à elle-même* » (33 b). La perfection renvoie donc à la pleine positivité de son contenu comme somme de figures élémentaires incréées et éternelles, qui n'admettent pas d'extériorité.

Cette unicité et cette perfection de la sphère signifient qu'elle épouse et épuise toutes les propriétés des corps physiques, à commencer par celle du mouvement. Or, si la sphère est parfaite, c'est en elle qu'il faut chercher le principe de son mouvement et de celui de ses composés, et non en un hypothétique point archimédien situé à l'extérieur de ce qui, en tous cas, n'admet pas d'extériorité. Ce principe de mouvement, Platon l'assigne à l'âme, « *qui est invisible et qui participe à la raison et à l'harmonie* » (36 d), apparaissant même comme « *le principe immortel du vivant mortel* » (42e). À l'échelle sphérique, qui est l'échelle des échelles, l'âme prend la forme de l' « âme du monde ». Celle-ci apparaît sous l'action du démiurge, qui, au centre de la sphère,

> *« a placé une âme, il l'a étendue à travers le corps* [de la sphère] *tout entier et même au-delà et il l'en a enveloppé. Il a ainsi constitué un ciel circulaire entraîné bien entendu dans un mouvement circulaire, un ciel unique, seul de son espèce, solitaire, mais capable en raison de son excellence de vivre en union avec lui-même, sans avoir besoin de quoi que ce soit d'autre, se suffisant à lui-même comme connaissance. »*[383]

On aura noté que c'est avec l'introduction de l'âme du monde que la sphère rentre en mouvement circulaire. Ce mouvement circulaire s'applique par suite aux planètes selon une régularité complexe qui repose sur le principe du mouvement centrifuge de l'âme[384]. Remarquons aussi que, chez Platon et contrairement aux réalités sensibles, tout ce qui est de l'être est inerte ou, pour dire la même chose autrement, *« est mû par autre chose que lui-même. »*[385] Dans l'ordre de l'être, l'âme est la seule réalité *« qui se meut par soi-même »*[386]. L'âme du monde devient ainsi le principe de la dynamique (au sens physicien) platonicienne. Cette dynamique est étendue « au-delà » même du corps de la sphère. Ce qui n'est qu'une image de sa force d'impulsion, la sphère n'admettant pas d'extériorité[387]. Toujours est-il que la circularité du mouvement de la sphère et du ciel, c'est la conséquence d'une irradiation de la sphère par ce principe de dynamique qui est aussi un principe vivant d'animation (de *anima,* âme). De même, l'introduction de l'âme du monde par le démiurge garantit l'autonomie de la sphère en mouvement, exempte de toute dépendance à l'égard d'une extériorité qui ne peut être d'ailleurs qu'hypothétique, ou subordonnée aux conséquences du principe interne de dynamique.

---

383 Platon, *Timée,* 34 b.

384 Voir la « Table of Celestial Motions » de Cornford dans *Plato's Cosmology, op. cit.,* p.136-37.

385 Gregory Vlatos, *Plato's Universe, op.cit.*, p.31.

386 Platon, *Timée,* 37 b. Sur le sujet voir Lee, Edward N.,"Reason and rotation.Circular movement as the model of mind(noûs)in later Plato",*Facets of Plato's philosophy*,Assen/Amsterdam,van Gorcum 1976,p.70-102.

387 Il se pourrait néanmoins que cette indication sur l'étendue de l'âme du monde soit une critique platonicienne d'Empédocle, qui s'en tenait à la dynamique des rapports de forces produites uniquement à l'intérieur de la sphère par les forces contraires (Haine et Amour). Sur le sujet, voir D. O'Brien, *Empedocles' Cosmic Cycle,* Cambridge, Cambridge Univ. Press, 1969, p. 145. Du point de vue de la présente étude, cela confirmerait bien l'hypothèse de la platonisation des concepts présocratiques que nous défendons depuis le début de la présente étude.

6.3 DIFFICULTES DE LA THEORIE

Avec l'autonomisation de la sphère par l'entrée en scène du principe dynamique qu'est l'âme du monde, la cosmologie du *Timée* devient une description de la monade sphérique et de ses composés. Dans cette description, Platon s'efforce de mathématiser l'ordre des corps célestes, qui sont exempts de changement mais en mouvement circulaire, mais aussi celui des corps sublunaires, sensibles, soumis au changement et également aux lois mathématiques qui régissent les éléments composant la monade sphérique. Une telle modélisation se heurte à plusieurs difficultés. La première, et la plus importante d'entre elles, touche au problème du mouvement. Certes, Platon pose que le mouvement est le produit de la non-uniformité :

> *« Dans l'uniformité, le mouvement ne saurait jamais s'établir. En effet, qu'il y ait un mobile sans moteur ou un moteur sans mobile, c'est chose difficile, voire impossible : il n'y a pas de mouvement possible en l'absence de ces deux termes, et il est impossible que ces deux termes soient jamais uniformes. Ainsi donc, nous poserons que le repos réside toujours dans l'uniformité, et que le mouvement est passage à l'absence d'uniformité »*[388]

Mais l'application de ce postulat à la description du mouvement des corps sensibles semble improbable par l'hypothèse platonicienne de l'âme du monde. Si l'on suit Brisson[389], on verra que cette hypothèse tarde à convaincre parce qu'elle touche à deux difficultés internes au modèle platonicien et à une autre qui lui est extérieure. Les difficultés intérieures, c'est d'une part, l'axiome de l'interprétation même de cette non-uniformité et, d'autre part, l'absence du vide dans le monde sensible. Quant à la difficulté extérieure, c'est l'opérationnalité et la fiabilité du support mathématique sur lequel la théorie s'appuie.

Concernant l'interprétation, on peut, d'un côté, émettre une « interprétation faible », et dire que la non-uniformité est liée à l'impossibilité pour les polyèdres réguliers, de formes très différentes, de s'emboîter parfaitement. De l'autre côté, une interprétation forte *« veut que cette non-uniformité résulte du fait que la longueur de l'hypoténuse des triangles rectangles élémentaires reste indéterminée, il s'ensuit que les dimensions des polyèdres élémentaires qui composent toutes les choses sensibles peuvent être différentes»*[390]. Dans les deux cas, c'est l'absence d'uniformité qui justifie le changement incessant

---

[388] Platon, *Timée,* 57 e.

[389] Luc Brisson, « La khora… », *op.cit.,* p. 39-40. Voir aussi Caveing, Maurice, « Quelques remarques sur le *Timée* et les mathématiques », *Revue de l'enseignement philosophique* XV,6, 1965-1966,p.1-10.

[390] Luc Brisson, « La khora… », p.40.

du monde sensible, et que l'intervention de l'âme du monde va tenter d'ordonner, « mais seulement là où elle y parvient ! », précise Brisson. Avec le mouvement ne se pose pas seulement le problème de la continuité d'un plan des réalités en soi, pourvu d'un mouvement circulaire (les corps célestes) et d'un ordre des réalités sans épaisseur et en mouvement désordonné (le monde sensible). Il réapparaît le problème plus profond de la capacité organisatrice du démiurge, qui est la raison cosmologique platonicienne, et de celle de ses relais, ici l'âme du monde, pris ainsi dans l'étau de la nécessité *(anagkè)*.

La seconde difficulté touche à la présentation que Platon donne du monde sensible dans sa monadologie sphérique. Nous l'avons dit : cette monade qu'est la sphère, solitaire et totalisante, n'admet pas d'extériorité et n'existe que pour rendre conforme ce à quoi elle touche aux lois internes de son système unique et autonome, dont l'âme du monde porte la dynamique. Aussi, *« Du fait que le circuit du tout a enveloppé l'ensemble des genres et comme, parce qu'il est circulaire, il a naturellement tendance à se concentrer sur lui-même, il compresse tous les éléments et ne laisse subsister aucune place vide »*[391].

Si l'âme du monde est la source du mouvement, la force compressive du mouvement qu'elle instaure, en se déployant sur le monde sensible, en écrase les propriétés pour les remplacer par ses régularités propres. On reste, avec Platon, sur l'axiome primordial de l'espèce intelligible qui mène les opérations au contact des autres espèces. Or, pour toucher la totalité des éléments et continuer de se déplacer de façon circulaire, il faut bien que l'âme du monde reste dans une configuration qui serait identique à celle des entités célestes. Ce que touche l'âme du monde, principe dynamique de la sphère éternelle au moment d'irradier le monde sensible, ce n'est pas le divers des apparitions, qui est en devenir, mais la *khora* qui, en tant que réceptacle, *« fournit un emplacement à tout ce qui naît »* (52 a). Si l'âme du monde irradie la *khora,* cela voudrait dire que l'écrasement du vide a lieu, non pas sur ce qui est soumis au changement, mais sur ce qui en constitue la forme.

Cette conclusion est conforme à la théorie platonicienne de la connaissance sans l'être du point de vue de sa théorie du mouvement. En effet, il a été énoncé que *« le repos réside toujours dans l'uniformité, et que le mouvement est passage à l'absence d'uniformité »* (57e). Il n'y a plus de possibilité de mouvement du côté du monde sublunaire, du moment où, en touchant la *khora*, l'âme du monde touche à ce qui est, à ce qui ne change pas et doit *de facto* être exempt du mouvement. Ce qui est susceptible d'être, soit une

[391] Platon, *Timée,* 58 a.

contradiction dans la théorie, soit une condition de l'uniformité avec l'âme du monde, qui est elle-même éternelle dans son être et dans son principe de vie.

En se rattachant à l'évolution des concepts internes à la discipline, la difficulté mathématique met en quelque sorte la théorie métaphysique platonicienne hors de cause. On peut même dire que cette difficulté mathématique n'est pas étrangère aux inconséquences platoniciennes relevées plus haut. Platon expose sa théorie en s'appuyant sur un outil mathématique peu performant. En effet, le développement de la théorie platonicienne exigeait un outil mathématique lui permettant d'envisager plusieurs options en cas d'incohérence. Ce ne fut guère le cas, au contraire. Pour faire court, disons que certaines insuffisances de la géométrie antique ont pesé sur la cosmologie platonicienne. Par exemple, Platon est désarmé devant le problème de la détermination de la surface des figures simples. On voit par exemple dans le *Ménon* (81 a-84 b) que pour un carré de côté 1, un segment de longueur 2 est nécessaire. Or, la longueur 2 n'est rien d'autre que le côté du carré qui a pour surface le double du carré de côté 1. Pour Brisson, cela signifie ceci :

> *« Entre deux nombres « carrés », par exemple $4(2^2)$ et $9(3^2)$, on ne trouve qu'un moyen terme, $6(2x3)$ ce qu'on peut exprimer ainsi $a^2/ab=ab/b^2$. À l'époque de Platon, on ne pouvait extraire la racine carrée de nombres supérieurs à 17 ou à 19*[392]*. Mais, dans un monde à trois dimensions, de nouvelles difficultés apparaissent (...) Hippocrate de Chios*[393] *avait montré que, pour doubler le volume d'un cube, il fallait supposer deux moyens termes qui impliquent la racine cubique. Entre deux nombres « cubiques », par exemple $8(2^3)$ et $27(3^3)$, on trouve deux moyens termes, $12(2^2x3)$ et $18(2x3^2)$, ce qu'on peut exprimer ainsi $a^3/a^2b=a^2b/ab^3$. Mais pour arriver à découvrir ces deux moyens termes, l'usage de la racine carrée (et cubique) s'imposait. Et à l'époque, on n'avait pas encore réussi à construire géométriquement de telles quantités »*[394]

Il s'ensuit que le développement de la cosmologie platonicienne est borné par les limites des formes mathématiques de son époque, à savoir les solides réguliers et les triangles qui en définissent les surfaces.

---

[392] Voir *Théétète,* 147 c-148 d.
[393] Mathématicien grec, 470-400 av. J.C.
[394] Luc Brisson, « La khora... », p.38.

Conclusion

En somme, Platon tente de décrire le monde à travers une sphère enveloppant tout ce qui a un corps. Pour y arriver, il procède par mathématisation de la réalité, usant abondamment d'un lexique mathématique pour formaliser la matière et énoncer les corps géométriques. Cette volonté de mathématisation va conduire à l'érection du triangle comme corps géométrique résiduel sur lequel forger les polyèdres réguliers et le cube qui sont les figures élémentaires de l'univers. Le modèle d'univers qui est issu de cette démarche somme toute érudite, c'est celui d'une sphère enveloppante et en mouvement, où les quatre éléments primordiaux, présentés sous forme de corps géométriques, se répartissent en autant de couches concentriques. L'âme du monde impulse un mouvement initial et circulaire qui entraîne ces couches concentriques, dans un « espace » où l'absence de vide empêche finalement les éléments d'échapper au mouvement de la sphère. Pour cela même, l'univers de Platon n'est pas en expansion, et ne saurait non plus subir une implosion, là encore pour cause d'absence de vide. En effet, à l'intérieur, les particules ne sont en mouvement que dans l'intervalle des couches concentriques, les éléments premiers, du fait de leur différence, ayant *« laissé subsister les interstices les plus importants dans l'assemblage »* (58 b). Et ces interstices, qui témoignent d'un ordre initial des éléments premiers, ne s'écroulent qu'à l'occasion de la réaction en chaîne provoquée par la compression de l'âme du monde ci-haut décrite, et qui laisse derrière elle division et condensation, décomposition et recomposition, autrement dit les deux types exclusifs de mouvements qu'on retrouve lors de la transformation d'un corps dans un autre. Finalement, l'économie de l'univers de Platon se résume en ces termes :

> *« Une vaste sphère remplie d'un fluide homogène et dépourvue de toute caractéristique, mais dont la plus grande partie est enfermée dans les enveloppes présentant la forme des quatre polyèdres réguliers suivants : tétraèdre, octaèdre, icosaèdre, hexaèdre. Ces composants élémentaires ont tendance à se répartir en quatre couches concentriques, tendance que vient contrarier le mouvement de rotation qui entraîne la sphère dans son ensemble. De ce mouvement résultent à la fois une modification de la nature de trois de ces polyèdres réguliers et leur déplacement. »*[395]

---

[395] Luc Brisson, « La khora… », p.40-41.

CHAPITRE 7 :
LA SINGULARITE COSMIQUE

> *« Vis-à-vis du vide,* phôs, *la lumière, est seconde, et l'infusion primordiale des particules élémentaires, tierce »*[396]

Platon a, nous venons de le voir, produit un modèle d'univers révolutionnaire pour son époque. La matière y devient une simple forme et une trace de tout ce qui peut posséder de l'épaisseur. Le physicien et Nobel allemand Werner Heisenberg a présenté cette dématérialisation de la matière comme la meilleure figuration avant la lettre de la matière quantique. La formulation platonicienne est surtout un renversement de perspective dans la recherche cosmologique. En s'ajoutant à la définition de la cosmologie comme recherche des régularités mathématiques entre les éléments premiers eux-mêmes mathématisés, Platon nous arrache le premier à une cosmologie empirique ou purement fantaisiste à laquelle, sans aucun doute, la cosmologie contemporaine, qui brille par son haut degré de mathématisation, ne nous ramène pas. Mais, la cosmologie platonicienne, malgré la solide métaphysique idéaliste qui la porte, trouve aussi dans cette mathématisation ses propres limites, les errements et les déductions approximatives, on l'a vu, étant largement imputables aux insuffisances de la mathématique de son temps. Si bien que l'une des faiblesses de la cosmologie de Platon a été sa fidélité au support mathématique de sa théorie.

Lemaître, en bon physicien, va s'appuyer sur les mathématiques en se gardant d'en dépendre. Certes, en 1925, dans « La note sur l'univers de De Sitter », article déjà cité, c'est un argument mathématique, à savoir un nouveau système de coordonnées, qui va permettre d'envisager la possibilité d'une métrique non statique pour l'univers de De Sitter. Mais très vite, l'article de 1927 sur un « univers homogène… » va le ramener à la physique : ce travail permet de trouver des explications astronomiques, autrement dit empiriques, aux décalages vers le rouge des raies spectrales, dès qu'on peut rattacher la fuite des nébuleuses à l'expansion à partir des postulats de Lemaître. L'univers obtenu, dit modèle d'Eddington-Lemaître, est à courbure positive et à expansion monotone. L'exposé de 1929 sur la grandeur de l'espace retourne aux mathématiques, mais pour mieux fixer l'article de 1927 dans l'histoire de l'astronomie. Ainsi, l'incorporation des équations de Friedmann montre en quoi la modification de la constante cosmologique peut aider à la conception

---

[396]Michel Cassé, *Du vide et de la création,* préface de Hubert Reeves, Paris, éd. Odile Jacob (1994), 3e édition, 2001, p. 185.

d'un univers fini et dynamique conçu pour un espace elliptique. Enfin, le travail sur l'expansion de l'espace (« Expanding Universe », 1931) explique comment l'expansion part d'un point de contraction et de condensation dont l'explosion sous forme de « feu d'artifice » a engendré la diffusion des éléments constitutifs sous des rapports gravitiques.

Mais cette phase de travail, qui s'appuie largement sur une interprétation relativiste du comportement de la matière, ne suffira pas à fixer, encore moins à achever l'élaboration de l'hypothèse de Lemaître. Et cela pour deux raisons, qui vont s'avérer décisives à l'approfondissement de l'hypothèse de la singularité cosmique : dans leurs correspondances et leurs discussions avec Lemaître, les tenants du modèle statique, Einstein et De Sitter, n'ont pas renoncé à leur théorie, et vont au contraire être critiques et sévères avec la perspective dynamique de Lemaître. Ce qui va conduire Lemaître à de nouvelles propositions démonstratives (7.1). La deuxième explication, c'est que Lemaître, à partir de 1931, va opérer un virage quantique, faisant profiter à sa théorie dynamique des nouvelles avancées de la physique. Dans cette seconde phase de la formulation de son hypothèse, Lemaître va, entre autres, user des avancées liées à la théorie de Niels Böhr dans le domaine subatomique et du principe d'incertitude de Werner Heisenberg (7.2). Si bien que le modèle dynamique de l'univers que propose Georges Lemaître laisse en quelque sorte la mécanique relativiste derrière elle, ou ne l'utilise que pour montrer en quoi elle permet d'aller plus loin : vers un modèle d'univers dit de « singularité cosmique » (7.3).

7.1 L'OPPOSITION D'EINSTEIN ET DE DE SITTER (1925-1931)

À la suite de la théorie de Lemaître, on peut résumer l'histoire des modèles formulés en cosmologie contemporaine en ces termes :

> *« Since Einstein developed his theory of gravity many models of the universe have been proposed none of which could at that time be affirmed or rejected by observations. Einstein himself developed a model in which the universe was closed and static. Soon thereafter, however, Friedmann (1922) showed that a static universe is necessarily unstable, and went on to develop equations for an expanding universe. Independent of Friedmann, Lemaitre (1927) came to the same conclusion of a universe evolving from an initial singularity of infinitely high density and infinitely small radius. This model was later termed the "Big-Bang-Theory"*[397].

[397] Wetzel, Christian Klaus Carl. *The metric of the expanding universe*. Diss. Georgia Institute of Technology, 1978.

Ni la pertinence de la démarche, ni le caractère polémique - au sens bachelardien - de la proposition de Lemaître ne rendront Einstein et De Sitter plus perméables qu'ils ne l'étaient à la première heure à la solution dynamique de Lemaître. Cependant, il ne suffit pas d'affirmer que le modèle dynamique tel qu'il est proposé par Lemaître est par principe oppositionnel au modèle statique d'Einstein / De Sitter. En épluchant leurs correspondances avec Georges Lemaître, on se rendra compte que les raisons de leur opposition sont elles-mêmes évolutives et spécifiques à chacun de ces savants. Nous évoquons ici les discussions ou les correspondances que Lemaître a eues avec Einstein et De Sitter séparément, et qui ont été autant d'occasions pour ses illustres collègues d'expliquer à Lemaître leur scepticisme à l'égard de la solution dynamique. Signalons d'emblée que la correspondance et les discussions entre Lemaître et De Sitter ont été moins denses, mais plus constructives qu'avec Einstein, qui n'a fait aucune concession à Lemaître, surtout à propos de la constante cosmologique.

7.1.1 Échanges Lemaître - De Sitter

Eddington, qui est de Lemaître le mentor, a mis celui-ci en relation avec De Sitter. En effet, malgré le séjour de Lemaître en juillet 1928 à Leyde où De Sitter préside la 3e assemblée de l'Union astronomique internationale, il faudra attendre le 25 mars 1930 pour que De Sitter écrive une lettre à Lemaître, probablement la seule. Signalons que Lemaître n'avait pas reçu de réponse d'Eddington à propos d'une copie de son article de 1927 sur un univers homogène, qu'il lui avait adressé. Or, en janvier 1930, à Londres, Eddington et De Sitter discutent du mouvement des galaxies dans une rencontre de la Royal Astronomical Society anglaise. Face à l'impossibilité de trancher sur la question de manière satisfaisante, Eddington fait l'hypothèse que le blocage tient à ceci que seules les solutions statiques ont été envisagées, sans aller plus loin. Lemaître, à qui parvient le rapport des discussions, fit remarquer à Eddington par correspondance que la solution à leur « énigme » se trouvait dans son article de 1927. Effectivement, sur le sujet, écrit Eddington dans la note qui accompagne la copie de l'article de Lemaître de 1927 qu'il expédie à De Sitter en février 1930, le travail sur la récession des galaxies « *avait été fait beaucoup plus complètement par Lemaître* » [398]. L'avis de De Sitter, qui écrit à Lemaître le 25 mars 1930, recoupe celui d'Eddington : « *J'ai lu* [votre article] *avec le plus grand intérêt et la plus grande admiration* (...). *Votre solution, simple et élégante, me paraît entièrement satisfaisante* » [399].

---

[398] Eddington, cité par J.-P. Luminet, *op. cit.*, p. 59.

[399] De Sitter, Lettre à G. Lemaître, Leyde, 25 mars 1930. Reprise par J.-P. Luminet, avec l'autorisation des Archives Lemaître, Université de Louvain (in Luminet, op. cit., p. 303).

D'ailleurs, le savant danois propose à Lemaître d'ajouter une note sur sa solution dans un travail en préparation sur la distance des nébuleuses. De Sitter fit cependant remarquer que « *il doit y avoir de la pression de radiation dans l'univers, et je ne crois pas qu'elle soit négligeable* »[400]. Cette remarque introduit la constatation de certaines valeurs introduites par la solution de Lemaître pour expliquer l'expansion comme la constante cosmologique. À quoi Lemaître répond en des termes suivants, dans une correspondance du 5 avril 1930 :

> « *L'expansion de l'univers réduit dans une certaine mesure l'énergie de radiation puisque l'équation de conservation de l'énergie contient le terme pdv qui peut s'interpréter comme le travail de la pression. Plus simplement, la loi quantique W = hν montre que le déplacement vers le rouge entraîne une réduction de l'énergie de chaque photon, réduction dans un rapport qui a pour limite supérieure Ro/R, soit environ 1/20* »[401].

De Sitter approuve donc la solution dynamique de Lemaître, même s'il n'en accepte pas tous les termes. L'approbation d'Einstein sera plus laborieuse, et peut-être n'a-t-elle même jamais eu lieu, malgré les nombreuses rencontres et discussions avec Lemaître.

7.1.2 Échanges Lemaître - Einstein

Einstein et Lemaître se rencontrent pour la première fois au parc Léopold de Bruxelles où le père de la relativité séjournait pour la conférence Solvay des 24-29 octobre 1927 sur la mécanique quantique. Einstein avoua à Lemaître avoir lu l'article d'avril 1927, bien échafaudé sur le plan théorique et technique mais qui, « *du point de vue physique, lui paraissait abominable* »[402]. La seconde rencontre eut lieu à Pasadena en Californie en 1932, c'est-à-dire deux ans après que, grâce à Eddington, aux médias et à d'autres circonstances heureuses, le travail de Lemaître fût connu des milieux scientifiques et du grand public. Einstein reconnut alors à l'approche de Lemaître une importance astronomique, notamment en ceci qu'elle permet de prédire la loi de Hubble. L'année 1933 est plus fructueuse dans la reconnaissance einsteinienne de l'hypothèse de Lemaître. En effet, en janvier, au terme d'un exposé au prestigieux observatoire du mont Wilson, Lemaître fut applaudi par Einstein qui faisait partie du public. Le père de la relativité y voyait l'explication la plus

---

[400] *Idem.*

[401] Lemaître à De Sitter, Lettre de Louvain, 5 avril 1930, Archives Lemaître, Université de Louvain, Repris par J.-P. Luminet, *ibid.*, pp. 304-305.

[402] Propos de Lemaître, cités par Luminet, *op. cit.*, p. 58.

plausible jusque-là émise de la création de l'univers. Quelques mois plus tard, en mai 1933, Einstein sera intarissable d'éloges devant Lemaître faisant un exposé pour la fondation Franqui à Bruxelles pour le compte de la dernière communication dans une série menée par Einstein. Et probablement en reconnaissance de la qualité du travail de Georges Lemaître, la candidature du savant belge sera soutenue par le père de la relativité au prix Franqui de 1934. Cela ne suffit cependant pas à affirmer que les deux voies de recherches se sont réconciliées, la correspondance entre les deux hommes montrant au contraire en quoi l'opposition de la première heure s'est affermie.

Ainsi, en 1947, la « Library of Living Philosophers » propose à Lemaître d'apporter sa contribution au volume consacré à Einstein. Le Belge choisit de traiter de la constante cosmologique qui est précisément le principal point d'achoppement avec Einstein, et écrit au père de la relativité, le 30 juillet 1947, pour lui faire part des trois éléments qui constitueront l'ossature de son exposé :

> *« 1° Que la masse gravitationnelle, qui a un effet bien défini, pourrait ne pas être identifiée à l'énergie qui n'est définie qu'à une constante additive près, si la théorie ne fournit pas une méthode d'ajustement lors d'un changement arbitraire du niveau zéro de l'énergie ;*
>
> *2° Que la constante cosmologique est nécessaire pour obtenir une échelle de temps d'évolution qui nous éloignerait définitivement de la dangereuse limite imposée par la durée comme des âges géologiques ;*
>
> *3° Que l'instabilité de l'équilibre entre l'attraction gravitationnelle et la répulsion cosmique est la seule façon de comprendre l'évolution à l'échelle des étoiles, durant le court laps de temps correspondant à quelques dizaines de fois la durée des âges géologiques »*[403].

Cette présentation est conclue par une déduction péremptoire : « *Tout ceci serait impossible sans la constante cosmologique* »[404].

La réponse d'Einstein datée du 26 septembre 1947 est ponctuée de formules de politesse d'usage et même de reconnaissance du genre : « *Votre aimable lettre du 30 juillet* », « *Je doute que quiconque d'autre que vous ait étudié avec autant de soin les implications cosmologiques de la théorie de la*

[403] Lemaître, correspondance à Einstein, 30 juillet 1947, Archives Lemaître, Université de Louvain. Traduction et reproduction J.-P. Luminet, *op. cit.*, p. 306. Nous soulignons.
[404] Lemaître, *idem.*

relativité »[405]. Pour le reste, la lettre est un trésor de désaccords ponctués de reproches et de regrets. Einstein reproche à Lemaître de partir de la courte valeur de To pour céder à « *la tentation de faire des extrapolations et des hypothèses hardies permettant d'éviter de contredire les faits* »[406]. Seule la constante λ « *offre une telle possibilité, il se peut même que ce soit la bonne* »[407].

Mais la constante cosmologique est déjà en soi une imposture aux yeux d'Einstein, et là commence la confession du savant qui regrette d'avoir produit le monstre :

> « *Depuis que j'ai introduit ce terme, j'ai toujours eu mauvaise conscience. Mais à l'époque, je ne voyais aucun autre moyen pour rendre compte de l'existence d'une densité moyenne de matière finie. J'ai trouvé vraiment abominable de devoir supposer que la loi du champ gravitationnel soit composée de deux termes logiquement indépendants, additionnés l'un à l'autre* (...) *et je suis incapable de croire qu'une chose aussi abominable puisse être réalisée dans la nature* »[408].

Le reste de la lettre est un effort de convaincre, par des arguments techniques arides, Lemaître à renoncer à la constante cosmologique pour concevoir un univers reposant uniquement sur la mathématisation de la gravitation. Il n'y a pas meilleure stratégie pour montrer à Lemaître que sa théorie repose sur une constante cosmologique qui, non seulement n'est plus de mode, mais n'obéit à aucune logique physique. Einstein ne répondra pas à la nouvelle offensive de Lemaître, datée du 3 octobre 1947[409] où il est pourtant fait cette mention capitale : la combinaison des termes indépendants (gravitation et constante λ) que trouve abominable Einstein, « *peut indiquer que la théorie reste ouverte à de nouveaux développements qui pourront relier la valeur théoriquement inconnue de la constante cosmique à d'autres*

---

[405] Einstein, correspondance à Lemaître, 26 septembre 1947, Archives Lemaître, Université du Louvain, trad. franç. J.-P. Luminet, *op. cit.*, p. 307.

[406] Einstein, *op. cit.*

[407] *Ibid.*

[408] *Idem.*

[409] Lemaître, dans sa nouvelle lettre, fait notamment voir au père de la relativité que la combinaison des termes indépendants (gravitation et constanteλ) "*peut indiquer que la théorie reste ouverte à de nouveaux développements qui pourront relier la valeur théoriquement inconnue de la constante cosmique à d'autres constantes de la physique*" (Lemaître, lettre du 30 octobre 1947 à Einstein, reproduite par J.-P. Luminet, *op. cit.*, p. 309). Il se trame dans cette formulation une extension quantique de l'utilisation de la constante cosmologique déjà énoncée en d'autres termes par Eddington qui affectait des valeurs du niveau minimal de l'énergie (Cf. Note 7 de Luminet, *op. cit.*, p. 309).

constantes de la physique » [410]. Cette remarque ouvre sur l'interprétation quantique de la dynamique de l'univers et vers laquelle va tendre, en 1931, la solution de Lemaître.

7.2 LEMAITRE ET LA THEORIE DES QUANTA (1931-1945)

Lemaître s'engage dans sa discussion avec Einstein en étant profondément marqué par la théorie quantique. Dans le cycle de sa production scientifique, cette adhésion date de 1931 et marque la seconde phase de la construction de la théorie de l'atome primitif. Pourquoi cette nouvelle orientation, si tant est que, en dépit des réserves d'Einstein et de De Sitter, le paradigme de la singularité cosmique est complet en 1931, Lemaître l'ayant solidement lié à la géométrie elliptique et à la gravitation relativiste ? La nécessité de ce nouveau développement tient de ce que les supports mathématique et physique de sa théorie ne suffisent pas, à ses yeux, à rendre compte du rapport entre l'évolution de l'univers et l'évolution des idées sur la matière. En d'autres termes, la complétude de la structure technique de la théorie n'est pas encore suffisamment fixée sur et validée par les connaissances atomiques contemporaines. C'est dans ce sens que, dès 1931, Lemaître va commencer, dans sa démarche, une nouvelle étape décisive du point de vue méthodologique et épistémologique : chercher dans l'univers intra-atomique la base expérimentale de son hypothèse de l'atome primitif.

L'enjeu de la seconde phase de la construction de Lemaître, ou phase quantique, est donc de montrer que l'univers réel n'est que le miroir grossissant de la matière dans son comportement à l'échelle microscopique - même si ce miroir est légèrement infidèle à cause de certains paramètres liés à l'énergie et à la gravitation, paramètres que la théorie explique par ailleurs. Cette seconde phase soumet donc fondamentalement la singularité cosmique à un test qui nous semble capital : celui de la continuité de l'infiniment petit à l'infiniment grand. Dans ce sens, l'énoncé d'une configuration quantique de l'origine de l'univers (1931) et la piste des rayons cosmiques privilégiée dans le comportement de l'atome primitif (1945) sont des stations épistémologiques plutôt que de simples choix dus à la mode[411].

---

[410] Lemaître, Lettre à Einstein, Bruxelles, 3 octobre 1947, *idem*. Reproduction: Luminet, *op. cit.*, pp. 309-310.

[411] Depuis la conférence Solvay d'octobre 1927, il s'est établi une base solide de la mécanique quantique grâce aux travaux de Heisenberg sur l'indétermination, de Böhr sur le noyau atomique et de L. De Broglie sur la nature ondulatoire et corpusculaire de la lumière. On pourrait donc extrapoler et soutenir que les choix de Lemaître sont dictés par l'air du temps, ce qui n'est pas exact : ses nouvelles perspectives sont légitimées par une base quantique qui permet de traduire en hypothèses les certitudes classiques.

Nous les présentons ici, en évoquant aussi les mises au point techniques décisives que Lemaître fait à diverses occasions entre ces deux stations.

7.2.1 La constante *h* et la révolution quantique

La théorie de la singularité cosmique est un modèle non stationnaire à explosion primordiale. Elle montre, par des échafaudages théoriques et mathématiques complexes comment a fonctionné l'évolution de l'univers du premier quark jusqu'à la macrostructure cosmique qui tombe sous nos yeux. Cette théorie, mise en route par Georges Lemaître, profite très largement de la révolution des idées en physique, notamment en physique atomique quantique. Nous revenons ici sur les principes fondamentaux de cette forme d'interprétation de l'atome et de la matière qui déplace plusieurs « vérités établies » des systèmes classique et relativiste. Le premier principe de la théorie des quanta est la constante de Planck. En effet, c'est Max Planck qui l'a formulé en s'intéressant au problème dit du « corps noir ». Qu'est-ce donc que le « problème du corps noir » ?

En physique, tout morceau de matière absorbant la lumière qui lui est transmise est appelé corps noir. Le corps noir est donc tout émetteur dit « idéal », c'est-à-dire qui dégage toutes les longueurs d'ondes emmagasinées. Or, dans une expérience de « routine » sur le corps noir, le physicien Kirchhoff[412] remarqua que, chauffé à incandescence, le corps noir présentait une forte concentration de longueurs d'ondes à l'extrémité ultraviolette du spectre électromagnétique, aux dépens de tout le reste du spectre. En liant ce regroupement au rayonnement de la longueur d'ondes, courte quand le rayonnement est élevé, Kirchhoff supposait que l'énergie rayonnée variait avec la longueur d'ondes et la température selon la figure.

En confirmant l'hypothèse de ce physicien, Lord Rayleigh[413] fit cependant l'objection suivante : si on assimile tout le champ magnétique à un ensemble

---

[412] Kirchhoff, G. "Sur la théorie des rayons lumineux." *Annales scientifiques de l'École Normale Supérieure*. Vol. 3. 1886. Pour une connaissance de la loi de Kirchhoff, voir Genin, Christophe. "Kirchhoff et Bunsen fondent l'analyse spectrale." *Bibnum. Textes fondateurs de la science* (2008) et Greffet, Jean-Jacques. "La loi de kirchhoff." *Photoniques* 105 (2020) : 46-49.

[413] Rayleigh, Lord. "V. On Balfour Stewart's theory of the connexion between radiation and absorption." *The London, Edinburgh, and Dublin Philosophical Magazine and Journal of Science* 1.1 (1901): 98-100. Sur ce débat, voir Hentschel, Klaus, and Ning Yan Zhu, eds. *Gustav Robert Kirchhoff's Treatise "On the Theory of light Rays"(1882) English Translation, Analysis and Commentary*. 2016 et E. Wolf and E. W. Marchand, "Comparison of the Kirchhoff and the Rayleigh–Sommerfeld Theories of Diffraction at an Aperture," J. Opt. Soc. Am. 54, 587-594 (1964).

d'oscillations dont chacune correspond à une fréquence, on doit en déduire l'inéluctabilité de la « catastrophe ultraviolette », étant donné que l'énergie rayonnée passera par un maximum et tendra vers 0 pour les faibles longueurs d'ondes. Or rien ne se produisit[414]. La théorie ondulatoire qui régissait la physique classique de la lumière était de ce point de vue incapable de résoudre l'énigme, et le physicien russe D. Blokhintsev ne peut que conclure à son échec :

> *« Alors que tous les problèmes concernant la propagation de la lumière étaient parfaitement résolus par la théorie ondulatoire, plusieurs phénomènes relatifs à l'émission et à l'absorption de la lumière ne se laissaient absolument pas interpréter par cette théorie. Ainsi la loi de répartition de l'énergie dans le spectre du corps noir établie conformément à la théorie ondulatoire demeurait, malgré tous les efforts des théoriciens, en flagrante contradiction avec l'expérience et comportait en outre des contradictions propres »*[415].

Max Planck va s'emparer de la question du corps noir à partir des nouvelles mesures du spectre de rayonnement qu'effectuèrent à Berlin Curlbaum et Ruben durant l'été 1900. Ces mesures permettaient la simplification des faits empiriques liés au corps noir. Planck s'y appuya pour résoudre, durant le même été 1900, l'énigme du « corps noir » en s'affranchissant notamment de la théorie ondulatoire. Il soutiendra que l'énigme de la catastrophe ultra-violette ne tenait pas de l'irrationnel mais plutôt du fait que la fréquence (ω) correspondait à des valeurs d'énergie qui ne sont pas continues comme prévu par la théorie des ondes. L'hypothèse de Planck fut que ces valeurs d'énergie sont discontinues et se répartissent dans le corps noir sous forme de bouffées distinctes qu'embarrassé, Planck nomma « quanta », d'un mot latin qui signifie : « combien ? »[416].

Cette découverte permettait, dans le champ de la thermodynamique, de quantifier l'énergie de rayonnement, qui est ainsi exprimé dans la formulation de Planck : **E=hω** (**E**=énergie ; **h**=constante de Planck ; ω =fréquence).

Ce rapport entre énergie, constante de Planck et fréquence stipule que l'oscillateur ne peut être stimulé que s'il reçoit une certaine charge d'énergie.

---

414 Nous tenons ce récit de G. Beiser, *La gravitation, de Copernic à Einstein,* traduit de l'anglais par Hugues de La Chesneraye, Paris, Nouveaux horizons, 1975, p. 193.

415 D. Blokhintsev, *Principes de mécanique quantique,* éd. Mir, Moscou. Traduit du russe par S. Medvédev, trad. Française éd. Mir, 1981, p.11.

416 Pour un récit exhaustif de cette découverte de la solution quantique, voir Werner Heisenberg, *Physique et philosophie,* traduit de l'anglais par Jacqueline Hadamard, Paris, Albin Michel, 1975, p.13 et ss.

Les courtes longueurs d'onde ne contribuent donc pas au rayonnement spectral. Si tel est le cas, l'énergie n'a donc plus de valeur identique. Cette découverte est révolutionnaire en physique des particules :

> *« La formule de Planck touchait aux fondements de notre description de la nature et que ces fondements commenceraient un jour à glisser de leur emplacement classique actuel pour aller vers une nouvelle position stable encore inconnue »*[417].

Cette « prophétie » allait s'accomplir, dès le début du vingtième siècle, grâce notamment aux travaux d'Albert Einstein, Niels Böhr, Louis De Broglie et Werner Heisenberg.

En effet, en 1905, l' « année d'or » d'Einstein, le père de la relativité proposa, dans le premier de ses articles révolutionnaires[418], de faire une analyse du rayonnement thermique[419] à partir d'un

> *« rapprochement entre le comportement d'un rayonnement enclos dans une enceinte et celui d'un volume fermé de gaz, en raison de la même forme de l'équation thermodynamique à l'équilibre-celle de Boltzman-, ce qui entraînait la quantification de l'énergie du rayonnement(E= hv) »*[420].

---

417 Werner Heisenberg, *Physique et philosophie,* op.cit., p.15.

418 En 1905, Albert Einstein publia successivement quatre articles qui allaient s'avérer révolutionnaires pour la structure fondamentale du raisonnement en physique : 1) « Über einen die Erzeugung und Verwandlung des Lichtes betreffenden heuristischen Gesischtspunkt », *Annalen der Physik,* ser.4 XVII, 1905, 132-148. Trad. Fr., « Un point de vue heuristique concernant la production et la transformation de la lumière ». 2) « Über die von der molekular kinetischen theorie der Wärme geforderten Bewegung von in ruhenden Flüssigkeiten suspendierten Teilchen », *Annalen der Physik,* ser. 4XVII, 1905, 549-560. Trad. Fr., « Mouvement des particules en suspension dans un fluide au repos impliqué par la théorie moléculaire cinétique de la chaleur ». 3) Elektrodynamik bewegter Körper », *Annalen der Physik,* ser.4 XVII, 1905, 891-921. Trad. Fr. « Sur la thermodynamique des corps en mouvement ». 4) « Ist die Trägheit eines Körpers von seinem Energienhalt abhändgig ? », *Annalen der Physik,* ser.4 XVII, 1905, Trad. Fr., « L'inertie d'un corps dépend-elle de sa capacité d'énergie ? ». Sur la présentation de tous ces travaux et des apports d'Einstein à la théorie quantique, voir « Einstein et la pensée de la matière », contribution de Michel Paty à Françoise Monnoyeur, dir., *Qu'est-ce que la matière ?*, op.cit., p.213-252, et l'ensemble des travaux de Michel Paty.

419 Albert Einstein, « Über einen die Erzeugung und Verwandlung des Lichtes betreffenden heuristischen Gesischtspunkt », *Annalen der Physik,* ser.4 XVII, 1905, 132-148. Trad. Fr., « Un point de vue heuristique concernant la production et la transformation de la lumière ».

420 Michel Paty, « Einstein et la pensée de la matière », op.cit., p.222. En thermodynamique, le principe de Boltzman s'exprime *« par l'équation donnant l'entropie (S) en fonction de la probabilité d'état (W) d'un système physique (S=kLog W). »* Michel Paty, idem.

En clair, Einstein se proposait d'introduire la formule de Planck dans l'analyse de l'effet photoélectrique[421], que la théorie classique (ondulatoire) était jusque-là incapable d'expliquer. Il supposa que si la lumière se déploie dans l'espace par quanta d'énergie, il sera nécessaire de lui appliquer une force d'impulsion P. On obtient alors une solution de ce type : **P=hk** (avec **k** = vecteur d'énergie).

Poursuivant son raisonnement, Einstein intégra la formule de Planck (E=hω), en la définissant comme l'impulsion du système avant l'effet photoélectrique. Il obtient, après la collision qui produit l'effet photoélectrique : **E'=hω et P'=hk'**.

Conséquence de la collision : il y a perte d'énergie en ω et k et gain d'énergie en ω' et k'. Cette augmentation d'énergie en ω' et k' se répercute ainsi qui suit sur l'équation d'énergie qu'écrit Einstein : **Hω + E=hω' +E' ; hk+P=hk'+P'**

Ces deux équations permettent d'expliquer l'absorption, l'émission et la diffusion de la lumière. Et selon ces principes,

Si ω'= 0→k'=0 : il y a absorption d'un quantum hω ;

Si ω = 0→k=0 : il y a émission d'un quantum hω '

Mais si ω et ω'=0, →k et k'=0 : il y a diffusion d'un quantum (hω, hk).

Cette formulation de la conservation de l'énergie ne pouvait plus rentrer dans le corpus de la théorie ondulatoire et débordait largement sur la théorie de Planck. Einstein venait de donner à la « révolution quantique » son impulsion capitale.

Niels Böhr devait poursuivre dans le champ atomique l'application de ce nouveau paradigme de raisonnement[422]. On sait que, dans la physique classique, la représentation que l'on se fait du noyau atomique est une réplique miniaturisée de la structure du système solaire, les électrons étant en rotation autour du noyau atomique comme les planètes le sont autour du soleil. En s'appuyant sur l'interprétation quantique, Böhr montra que cette conception était plus que douteuse. S'appuyant sur la nouvelle interprétation quantique, il fit remarquer que, si les électrons devraient toujours rester dans leur orbite en rotation autour du noyau atomique, les électrons à haute énergie devraient se désintégrer et se laisser absorber par le noyau atomique. Böhr montre de ce point de vue que l'interprétation classique est précaire, puisqu'elle n'explique

---

[421] En physique, l'effet photoélectrique est, dans le domaine atomique, l'émission d'électrons par un métal sous l'influence d'une lumière incidente.

[422] Voir Niels Böhr, *Physique contemporaine et connaissance humaine,* Paris, Gonthiers Médiations, 1964

pas l'absence de désintégration de la structure atomique, qui serait pourtant conforme à la théorie.

En supposant que la libération de l'énergie électronique se fait selon les principes de l'approche quantique, Böhr affecta plusieurs valeurs à ces « faisceaux ». Pour l'énergie, il supposa que E=E1, E2, En, Em, etc. Suivant ce raisonnement, Böhr conçut l'énergie atomique sous forme d'états stationnaires. Ce qui induit une multitude d'orbites garantissant l'équilibre électronique. La perturbation est donc apparente en temps d'interaction forte, l'électron émetteur s'éloignant en réalité du champ du noyau atomique vers d'autres orbites. Ce n'est qu'en cas de faible énergie qu'il peut donc y avoir rotation dans le champ orbital.

En confrontant son postulat avec l'équation d'Einstein que nous venons d'exposer sur la conservation de l'énergie, Böhr obtient : $H\omega mn = Em - En$ (où Em et En sont des faisceaux d'énergie électronique à l'état stationnaire et aux valeurs m et n). D'où : $\boldsymbol{\omega_{mn} = \omega_m - \omega_n, \omega_m = E_m/h, \omega_m = E_n/h}$.

Voici la traduction que donne D. Blokhintsev de cette évolution théorique : *« Les fréquences du rayonnement émises ou absorbées par les systèmes quantiques se laissent toujours représenter sous la forme d'une différence de deux fréquences »*[423].

Du moment où l'énergie et sa distribution sont régulées au cœur de la structure atomique par la fréquence et non plus par les caractéristiques du système, s'écroule toute la théorie de la continuité de l'énergie, si chère à la physique classique. Reste que le système classique « résistait » sur un point touchant au problème ou plutôt à la querelle entre conception corpusculaire et conception ondulatoire de la matière et de la lumière. En effet, la conception corpusculaire de la matière et de la lumière date de l'introduction des quatre éléments primitifs de la nature par Empédocle, qui voyait ainsi dans le comportement de l'air, l'eau, le feu et la terre le résidu et la forme universelle du comportement de la matière. Cette théorie a influencé dans une certaine mesure la conception platonicienne de la matière, qui, on l'a vu, retient l'idée d'une forme diffuse dans la nature. Quant à la conception ondulatoire, on peut dire qu'elle date d'Aristote, du moment où dans son déplacement, matière et lumière doivent traverser en ligne continue des stations d'un espace et d'un temps conçus comme des formes fixes. Dès lors, comment la physique quantique a-t-elle tranché entre ces deux perspectives qui se partagent une histoire des idées de la physique qu'elles divisent ?

---

[423] D. Blokhintsev, *Principes de mécanique quantique,* op.cit., p.26.

Pour trancher, Louis De Broglie proposa une théorie dite de la « double solution ». Son raisonnement consista à étendre le dualisme onde-particule à l'ensemble de la théorie des quanta, et de montrer ainsi qu'une certaine *« onde de matière pouvait (correspondre) à un électron en mouvement, exactement comme une onde lumineuse correspond à un quantum lumineux en mouvement »*[424]. En d'autres termes, la contradiction entre onde et particule est désormais levée, sans aucun retour à la physique classique. Au contraire, il montre dans sa théorie que certains concepts « résistants » de la théorie classique peuvent être intégrés à la théorie quantique.

Mais, l'une des conséquences de cette théorie, comme des développements précédents d'Einstein et Böhr, était de sortir le raisonnement et les postulats de la physique du déterminisme classique. Ce qui allait être radicalement théorisé sous le concept du principe d'indéterminisme par le Nobel allemand de physique (1976) Werner Heisenberg. En effet, Heisenberg suppose que, si l'on considère les deux incertitudes suivantes :

1. **Δx** = incertitude sur la position d'un corpuscule ;
2. **Δp**= incertitude sur la quantité de mouvement

On peut alors écrire la relation $\boxed{\Delta x . \Delta p \geq h,}$, ou principe d'indétermination.

Cela veut dire que le produit de deux incertitudes est toujours supérieur à la constante h. Le principe d'incertitude achève un processus par lequel la physique devient, sous l'impulsion de la théorie quantique, définitivement probabiliste. L'ère quantique, c'est le règne des lois du domaine subatomique, qui montrent combien il est nécessaire et conforme à la complexité de la nature de sortir des prévisions rigoureusement déterminées des phénomènes pour rentrer dans une modulation où le chercheur ne peut que supposer et proposer des réponses probabilistes. Pour ne l'avoir pas fait, Newton et Galilée ont promu une loi universelle du déterminisme qui postule une parfaite connaissance des propriétés du corps matériel.

Or, le probabilisme quantique montre bien que ce déterminisme, qui prétend définir une loi universelle de la causalité, ne fonctionne en fait que pour des processus isolés et pas pour l'ensemble des processus possibles et imaginables. Le déterminisme galiléo-newtonien est donc régional, et sa pertinence n'a donc duré qu'en absence d'une critique sérieuse. Cette régionalisation de la connaissance des phénomènes est encore plus exigible et

---

[424] Louis De Broglie, « Les représentations concrètes en microphysique », contribution à *Logique et connaissance scientifique,* sous la direction de J. Piaget, Paris, Gallimard 1967, p.710-713.

plus pertinente si on associe à l'indétermination le principe de complémentarité. Il stipule qu'à l'échelle corpusculaire,

> *« La connaissance de la position d'une particule est complémentaire de la connaissance de sa vitesse ou de sa quantité de mouvement ; si nous connaissons l'une avec une précision, nous ne pouvons connaître l'autre avec la même précision élevée, et cependant nous devons connaître les deux pour déterminer le comportement du système »*[425].

Heisenberg précise que grâce aux travaux de Gibbs et de Boltzmann[426] sur la température, la généralisation mathématique des formes incomplètes de connaissance qu'impliquent les principes d'incertitude et de la complémentarité établit l'inadmissibilité de la détermination newtonienne. Cela explique pourquoi la formalisation des lois incomplètes est devenue chez Böhr l'orientation générale de la recherche sur les propriétés et la structure de l'atome d'hydrogène, avec le principal résultat que nous avons déjà énoncé : il n'est plus possible, nous dit Böhr en substance, de parvenir à la certitude à propos du comportement des atomes en maintenant le modèle solaire classique élaboré par le système galiléo-newtonien. La raison en est que l'énergie atomique n'est pas continue, mais stationnaire.

Les lois de la complémentarité et de l'indétermination s'imposent comme principes paradigmatiques à la nouvelle physique, puisqu'elles montrent le caractère probabilitaire des lois de la nature, autrement dit l'impossibilité d'une connaissance certaine et *a priori* de la nature. Dès lors, *« la connaissance incomplète d'un système doit représenter une part essentielle de chaque énoncé de la théorie des quanta. Les lois de la théorie quantique doivent être de nature statistique »*[427] .

Il s'ensuit que la détermination causale des phénomènes de la nature est une illusion, même si elle a tenu lieu et pour longtemps de socle à la détermination de la causalité en physique classique. Ainsi, *« la découverte par Planck de la constante qui porte son nom a été le premier signe précurseur*

---

425 Werner Heisenberg, *Physique et philosophie*, op.cit., p. 43.

426 *« Gibbs et Bolzmann ont réussi à exprimer objectivement en formules mathématiques le genre auquel appartient la connaissance incomplète, et surtout Gibbs sut montrer que le concept de température est étroitement lié à une connaissance incomplète. Connaître la température d'un système signifie que ce système fait partie d'un groupe de systèmes équivalents »* (Werner Heisenberg, *La nature dans la physique contemporaine,* traduit de l'allemand par Ugné Karvelis et A.E. Leroy, introduction par Catherine Chevalley, Gallimard [1962] 2000, p.154).

427 Werner Heisenberg, *La nature dans la physique contemporaine, op.cit.,* p. 157.

de l'inadmissibilité de transposer sans autre forme de procès les conceptions du macrocosme au monde des phénomènes microscopiques »[428]

7.2.2 Lemaître sur la piste quantique

Le virage quantique de la théorie de Lemaître, c'est le moment où l'explication de la théorie dynamique s'inscrit dans le champ du « monde des phénomènes microscopiques » dont parle Heisenberg. L'article d'une page sur l'origine de l'univers du point de vue de la théorie des *quanta*, que publie la prestigieuse revue *Nature*[429], est le seul texte explicite où Lemaître, dès le titre, fait prendre à son hypothèse de la singularité cosmique le chemin d'un recours à l'explication quantique. Dans ce texte compact, Lemaître s'engage à tirer l'univers intégral d'un *quantum* unique originel en tablant sur trois éléments : le sens quantique des principes de la thermodynamique, le déplacement des particules en mécanique quantique et la désintégration atomique selon les principes de la radioactivité.

Deux aspects des lois de la thermodynamique, que révèlent les travaux cités d'Einstein, De Broglie et Böhr, intéressent Lemaître : « *1° L'énergie existe en paquets ou* quanta *distincts et le total en demeure constant ; 2° Le nombre de ces* quanta *augmente sans cesse* »[430]. En effet, suivant ce qui a déjà été développé ici, il est admis, en thermodynamique, que l'énergie correspond à des valeurs discontinues, et cela depuis le mémoire de Planck, *Sur la théorie de la loi de la distribution d'énergie du spectre normal*[431] .

Lemaître, en misant sur cet axiome de Planck, soumet son *quantum* initial aux conséquences découlant de ce principe. Et il y en a trois :

1. En tant que particule, le *quantum* ne se déploie qu'à la condition de recevoir une certaine charge d'énergie, suivant notamment le raisonnement décisif d'Einstein sur l'effet photoélectrique. Or, si tel est le cas, l'énergie rayonnée ne peut plus avoir de valeurs identiques, les courtes longueurs d'ondes ne participant pas au rayonnement spectral. Ainsi s'explique la multiplication exponentielle de ces rayonnements au cours du temps.

---

428 Werner Heisenberg, *Physique et philosophie, op.cit.*, p.13.
429 Georges Lemaître, "The Biginning of the world from the Point of View of Quantum Theory", *Nature*, vol. 127, 9 mai 1931, p. 706. Reproduction et traduction achevée par J.-P. Luminet, *op. cit.*, Annexe I, pp. 298-299.
430 *Idem.*
431 Mémoire présenté par Max Planck devant la société de Physique de Berlin le 14 décembre 1900.

2. La seconde conséquence géniale, c'est qu'à rebours, le nombre de *quanta* diminue et que cette raréfaction indique la compression de l'énergie, « *jusqu'à ce que nous trouvions toute l'énergie de l'univers* concentrée *en un petit nombre ou même en* un seul quantum »[432]. Ainsi s'expriment et se défendent, chez Lemaître et cette fois en mode quantique, les idées déjà connues de contraction et d'expansion.

3. Le déplacement des particules en mécanique quantique se fait par un espace et un temps posés non plus comme des cadres invariables (thèse classique) ou limites (thèse relativiste) où se déroulent les phénomènes, mais uniquement en mode statistique. Dans ce cas, poursuit Lemaître, « *Si le monde a commencé par un* quantum *unique,* les notions d'espace et de temps n'auront absolument plus de signification au commencement même *; mais elles acquerront progressivement quelque sens* quand le quantum originel se sera divisé en un nombre suffisant *de* quanta *partiels* »[433].

Deux choses, que nous avons d'ailleurs soulignées, sont à suivre dans cette hypothèse :

a. La concentration du monde en un *quantum* unique efface le temps et l'espace et donc rend impossible tout repère. Par cette simple suggestion, Lemaître dépasse le cadre de représentation relativiste de l'espace-temps pour trouver, dans son *quantum* initial, une *singularité non locale, mais totale.* De cette façon se résout le problème du lieu du point initial : *n'ayant ni droite ni gauche, aucune considération géométrique ne peut s'appliquer à la singularité quantique originelle.* Ainsi, le *quantum* initial fixe la borne indépassable du raisonnement scientifique. On touche là l'espace et le temps à l'échelle zéro[434].
b. Conséquemment, seule la division, c'est-à-dire la multiplication du *quantum* originel, est susceptible de générer le temps. En le disant, Lemaître rattache ainsi l'espace-temps à l'entropie, la multiplication signifiant ici une désorganisation complète des *quanta.* Il y a plus important : en liant la présence de l'espace et du temps, ou de l'espace-temps à l'entropie, Lemaître explique par ricochet la gravitation - ou, plus précisément, l'expansion gravitationnelle - par la désintégration de la matière. Il a dès lors

---

432 Lemaître, *idem*. Nous soulignons.
433 *Idem.* Nous soulignons.
434 Aujourd'hui, la théorie du Big Bang propose, comme frontière de ce retour vers le début de l'univers, le « Mur de Planck », situé à 10^{-43} s après l'explosion initiale.

> le droit d'énoncer que : « *le début du monde a lieu un peu avant celui de l'espace et du temps* »[435].

Au fond donc, et sans doute pour se mettre à l'abri des critiques et des contraintes issues de l'espace-temps limite, Lemaître cherche et obtient pour sa singularité cosmique une explication de mécanique quantique. Mieux, il explicite l'origine de cet espace-temps en liant l'attraction gravitationnelle à une entropie non nulle. Cela veut dire qu'avant, la matière - le *quantum* initial - est dans un état de condensation nulle où R = 0. En d'autres termes, avant l'explosion, il n'y a ni droite, ni gauche, ni avant ni après : *temps et espace n'existent pas*. L'apparition de l'espace-temps est la résultante de l'expansion de l'atome-univers [436] qui laisse surgir la pluralité sous les modalités de la radioactivité. Aussi, « *temps et espace ne sont que des notions statistiques, elles s'estompent lorsqu'on les applique à des phénomènes qui mettent en jeu quelques* quanta (...) *ces* [notions] *acquerront progressivement quelque sens quand le* quantum *originel se sera divisé en un nombre suffisant de* quanta *partiels.* »[437]

En clair, le virage quantique de la théorie de Lemaître conduit à un double résultat : il permet d'adopter définitivement une cosmologie rapide, les corps quantiques étant des hadrons et donc de déplacement et d'énergie cinétiques. Ensuite, il permet de rattacher la gravitation et l'espace-temps à l'entropie non nulle. Lemaître parvient, grâce aux *quanta*, au zéro de l'espace et du temps. Ces précautions et ces avancées justifient cette conclusion de Lemaître, rigoureusement adéquate avec les développements relativistes antérieurs : « *la totalité de la matière dans l'univers doit avoir été présente dès le commencement, mais l'histoire qu'elle nous raconte peut être écrite étape par étape* »[438].

7.2.3 Raffinements et réponses aux critiques (1933-1939)

À la suite de l'hypothèse quantique exposée dans *Nature*, Lemaître a un atout supplémentaire et décisif pour poursuivre sa remise en question de certains points communs déterminants de l'astronomie, et par la même occasion préciser sa pensée. Ainsi, en 1933, il expose dans son article déjà

---

[435] Lemaître, *op. cit.*

[436] Lemaître identifie ici le *quantum* originel avec l'atome quantique : « *il se peut*, souligne-t-il, *qu'un noyau atomique doive être compté comme un seul* quantum, *dont le poids et le nombre atomiques seraient des nombres quantiques internes* » (*Ibid.* p. 299). Voir, également : *L'hypothèse de l'atome primitif, op. cit.*, introduction, p. 26 ou p. 25-26 pour l'ensemble de cet article.

[437] *Idem.*

[438] *Idem.*

cité, « L'univers en expansion »[439], une remise en question de la singularité concurrente de Karl Schwarzschild[440]. En effet, en plus de donner le résumé de ses travaux antérieurs ainsi que la structure de sa pensée cosmologique, l'article de 1933 montre que la singularité de Schwarzschild[441] était fictive. À la suite d'Eddington, Lemaître rejette le rayon critique de Schwarzschild et montre, le premier, que la surface du trou noir où s'applique cette hypothèse n'est pas une singularité authentique. Il propose un système de coordonnées où ne figurent plus les infinis de Schwarzschild. En outre, Lemaître établit (et c'est capital) qu'à la condition de reprofiler les hypothèses, *toute singularité cosmique est le produit de la relativité générale.* On sait déjà depuis 1931 ce que Lemaître entend par « reprofiler les hypothèses » : seule l'antériorité du *quantum* initial sur l'espace-temps rend raisonnable cette adhésion à la relativité puisqu'elle résout le problème de l'existence du monde au stade pré-gravitationnel.

Le 15 décembre 1934, devant le public de la section scientifique de l'Académie royale de Belgique, Lemaître fait un exposé sur l'évolution des étoiles[442]. Le but de la communication est purement historique et épistémologique, l'auteur veut y « rappeler brièvement » trois choses fondamentales :

> « *l'idée que les astronomes ont été amenés à se former de l'évolution des étoiles ; comment la théorie, en se précisant, a remporté d'abord les succès éclatants ; comment de ces succès mêmes sont nées de sérieuses difficultés de plus en plus graves lorsque se sont imposés le fait et la théorie de l'expansion de l'univers ; comment, enfin, la solution de ces difficultés doit être cherchée dans un*

---

439 *Annales de la Société Scientifique de Bruxelles*, série A, t. III, 1933, pp. 51-85. En 1933, également, dans le vol. 196 des *Comptes rendus de l'Académie des Sciences de Paris*, Lemaître publie des condensés sur des sujets déjà développés dans ses travaux : 1°) "Condensation sphérique dans l'univers en expansion", pp. 903-904 ; 2°) "La formation des nébuleuses dans l'univers en expansion", pp. 1085-1087. Voir bibliographie.

440 En 1917, le physicien allemand Karl Schwarzschild « *découvrait la métrique d'espace-temps décrivant le champ gravitationnel statique engendré par une masse sphérique sans rotations, dans le vide* » (J.-P. Luminet, op. cit., p. 68).

441 On obtient une solution singulière en prenant en compte les coordonnées d'espace-temps infinies "*pour une valeur non nulle du rayon, appelée rayon critique $r = 2\ GM/c^2$ (où M est la masse, G la constante de gravitation et c la vitesse de la lumière)*" (J.-P. Luminet, Idem.). Il faut, pour atteindre un tel rayon, « *envisager un effondrement gravitationnel de la matière conduisant à des configurations extrêmement compactes* » (Luminet, Idem.), comme le trou noir qui est une étoile morte.

442 La conférence est publiée sous le titre « L'univers en expansion » dans le *Bulletin de l'Académie* en décembre 1934 et reprise en 1946 dans *L'hypothèse de l'atome primitif*, op. cit., sous le titre "L'évolution", cet exposé constitue le chapitre III, pp. 93-117.

remaniement complet de l'idée que nous devons nous faire de l'évolution lente des étoiles »[443].

Ce qui préoccupe donc Lemaître, c'est moins une proposition nouvelle que le rattachement de l'hypothèse de la naissance des étoiles à la cosmologie rapide. Et là-dessus, depuis 1931, ses propres travaux nous ont déjà fixés. En somme, en dehors de deux articles sur les rayons cosmiques[444], Lemaître ne se préoccupe plus de cosmologie. Mais son intérêt pour le calcul numérique sur machine ne peut pas à lui seul expliquer ce désintérêt : il y a également la guerre de 1939-1945 qui impose une période sabbatique à la science par la limitation des réunions internationales et l'évolution des idées en cosmologie - nous reviendrons plus loin sur ce dernier point capital; toutes choses qui ne donnent pas un environnement favorable aux travaux de 1945 sur l'atome primitif qui mettent en ligne la fonction des rayons cosmiques.

7.3 RAYONNEMENT COSMIQUE ET PLAUSIBILITE DE LA SINGULARITE QUANTIQUE (1945)

Quelle est la configuration de la singularité cosmique, et en quoi est-elle conforme aux résultats actuels de la recherche astronomique ? Lemaître, en bon physicien, sait que la base expérimentale de son hypothèse reste fragile tant qu'il ne trouve pas, dans l'observation même, les vestiges de la singularité cosmique.

7.3.1 Généralisation de la radioactivité

C'est sans doute pour répondre aux préoccupations liées à une telle question que Lemaître donna, le 10 janvier 1945 à la Société Royale Belge des Ingénieurs et des Industriels, une communication sur les « Hypothèses cosmogoniques »[445]. La première partie de son exposé était consacrée à l'évolution des idées en astronomie touchant à l'origine de l'univers depuis la découverte de la loi de la gravitation - exposé déjà mené, bien que de manière plus nuancée, dans le travail de 1929 sur l'expansion de l'espace. Dans la deuxième partie de son exposé, il revenait sur l'hypothèse de l'atome primitif,

---

443 Lemaître, *L'hypothèse de l'atome primitif*, "L'évolution", *op. cit.*, p. 93.

444 « Contribution à la théorie des effets de latitude et d'asymétrie des rayons cosmiques - Trajectoires infiniment voisines de l'équateur », pp. 162-173, plusieurs fois complétées ou reprises ailleurs; « Les rayons cosmiques et le champ magnétique terrestre », Réunion internationale de physique-chimie-biologie, *Congrès du Palais de la Découverte*, octobre 1937, Paris, Hermann et Cie, « Actualités scientifiques et industrielles », n° 720, 1938, pp. 165-172.

445 La Conférence sera publiée dans le numéro de mars-avril 1945 de la revue *Ciel et Terre* et reprise, à titre de chapitre 5, dans *L'hypothèse de l'atome primitif*, *op. cit.*, sous le même titre en pages 119-146.

non plus pour discuter de sa légitimité ou de sa teneur épistémologique, mais pour l'accorder aux faits. Dans ce but, Lemaître répertoria dans l'univers une centaine de corps simples qui « *ont entre eux un lien de parenté* »[446]. Il s'attacha particulièrement à décrire parmi eux le comportement de ceux qui sont radioactifs, en d'autres termes, à ceux qui se « *décomposent en émettant des rayons qui sont parfois eux-mêmes des corps simples : des noyaux d'hélium* »[447]. Or, poursuit Lemaître, si, conformément à la théorie atomique, la radioactivité est « *une propriété générale de la matière* », le comportement radioactif observé pour le plomb, l'uranium ou le radium sera extensible à tous les corps : « *tout élément chimique est radioactif* »[448].

Lemaître fait donc observer que la nature de tout élément chimique peut être double : l'élément chimique peut être radioactif, ou, au contraire, apparaître comme le produit dérivé de l'une des transformations de la radioactivité. Sur le plan observationnel, cela conduit à une vérification expérimentale plausible : la désintégration des corps suivant la radioactivité peut se mesurer à la lumière de la chaleur du soleil et des étoiles qui sont la conséquence des transformations radioactives, d'après la relation $E = mc^2$ de l'hydrogène qui produit l'hélium. Dans la vérification observationnelle de son hypothèse, le premier résultat qu'obtient Lemaître est donc bel et bien la généralisation de la propriété de radioactivité qui lui permet d'expliquer le comportement des hadrons contenus dans la matière stellaire et de comprendre leur longévité qui surclasse celle des atomes lourds - le carbone par exemple - d'âge plus récent.

7.3.2 Le rayonnement cosmique

Le second résultat de Lemaître, plus spectaculaire, sera plus déterminant dans la vérification expérimentale de la théorie : la présence des rayons cosmiques dans l'univers. D'intensité « *au moins mille fois plus grande que celle des rayons du radium* »[449], les rayons cosmiques sont des rayonnements qui échappent au processus d'agglomération qu'implique la chute gravitationnelle de l'énergie. En d'autres mots, ce sont des particules de haute énergie (des hadrons) pénétrant l'atmosphère et venant de l'espace extérieur. Réfractaires à toute synthèse, ces rayons occupent l'espace interstellaire et ont une intensité totale comparable à la totalité de l'énergie existante. Suivant en effet une estimation de Hubble, la densité de la matière que recèlent les nébuleuses est de 10^{-30} gramme par centimètre cube. Ce qui correspond à un atome par mètre cube. Cette proportion est conservée pour l'ensemble de

---

[446] Lemaître, *Ibid.*, p. 132.
[447] *Idem.*
[448] *Ibid.*, p. 133.
[449] *Idem.*

l'espace stellaire. Or, suivant Lemaître, en transformant ces mesures en erg / cm^3 par la division en $c = 3.10^{10}$ et en gr / cm^3 pour c^2, « *on obtient 10^{-34} gramme par centimètre cube, soit le dix-millième de la densité de la matière des étoiles* »[450].

Lemaître constate qu'on peut maintenir une telle estimation pour les transformations radioactives ordinaires où l'énergie des rayons représente 1/100 de la masse atomique. En supposant que la densité de rayonnement est, pour les hadrons, le signe de longévité, et constatant la présence des rayons cosmiques au voisinage de la matière stellaire actuelle, Lemaître en déduit que *le rayonnement cosmique est le vestige d'un atome primitif qui s'est désagrégé suivant les lois de désintégration de la radioactivité.* Aussi, la matière condensée se désagrège en morceaux de plus en plus fins qui produisent au bout un gaz inhomogène, sorte de « *mélange de nuées gazeuses* », pourvu de haute vitesse et « *d'où dégageaient peu à peu les rayons superradioactifs ou rayons cosmiques produits par la désintégration primitive* »[451].

7.4 Configuration primordiale

L'univers primordial de Georges Lemaître repose sur une désintégration de l'atome primitif (7.4.1). Cette hypothèse a été mise en échec, avant d'être réhabilitée dans la suite de l'histoire de la cosmologie contemporaine (7.4.2).

7.4.1 La désintégration de l'atome primitif

En septembre 1945, la Conférence qui donnera son titre à l'ouvrage de Lemaître, s'appuiera largement sur cet acquis théorique, décisif et fondamental, touchant à l'interprétation cosmologique de la radioactivité[452]. Et comme pour le faire remarquer au tout début de l'introduction, Lemaître reprend la conclusion de l'exposé de janvier à titre de postulat, à savoir que « *le monde actuel a résulté de la désintégration radioactive d'un atome* »[453]. Ce qui lui permet de proposer une présentation de la théorie « *sous forme déductive* »[454].

---

[450] *Idem.*, p. 136.
[451] Lemaître, *ibid.*, p. 142. Pour les phases de cette expansion, voir chapitre 5, § 5.3.2.1.4, *supra*.
[452] « L'hypothèse de l'atome primitif », Conférence faite à la session annuelle de la société helvétique des sciences naturelles à Fribourg, septembre 1945, et publiée pour la première fois dans les Actes de la société helvétique des sciences naturelles, 1945, pp. 77-96.
[453] "L'hypothèse de l'atome primitif", introduction in *L'hypothèse de l'atome primitif, op. cit.*, p. 147.
[454] Lemaître, *op. cit.*, p. 148.

En effet, sûr de tenir, au niveau expérimental, le bon bout avec les rayons cosmiques, Lemaître veut rattacher l'atome primitif aux acquis techniques qui sont par ailleurs connus depuis 1931. Ainsi, l'espace total fermé de Riemann et l'espace elliptique non-euclidien qui se posent comme les conditions mathématiques de la théorie - grâce notamment à la topologie sans antipodes qu'ils proposent, c'est-à-dire, pour les points d'extrémités A et A' de se constituer comme « *deux représentations d'un seul et même point* »[455]. Cette option aboutit comme prévu par la théorie à une configuration dans laquelle « *tous les points de l'espace sont parfaitement équivalents. Par un déplacement d'ensemble, on peut amener un quelconque d'entre eux au centre de la représentation* »[456]. Dans ces conditions, poursuit Lemaître « *Si le rayon croît avec le temps, chaque observateur voit tous les points qui l'entourent s'éloigner de lui, et cela avec des vitesses qui sont d'autant plus grandes qu'ils sont plus éloignés* »[457]. Ces notions géométriques, qui font de l'espace de Lemaître un espace à rayon variable, constituent le socle mathématique du système déjà connu depuis longtemps. La nouveauté va venir des conclusions relativement inédites que Lemaître en tire pour l'évolution de l'univers à partir de l'atome primitif. Et il y en a deux touchant à :

1. **La densité et la masse** : « *l'univers entier a existé sous la forme d'un noyau atomique qui remplissait uniformément un espace elliptique de rayon convenable* »[458]. Dès lors, on obtient, après calculs, une densité de 10^{-27} gr/cm³ pour 10^{27} cm de rayon (soit un milliard d'années-lumière). Prenant une masse de 10^{54} grammes pour l'univers primitif, Lemaître poursuit :

> « *Si l'univers a eu jadis une densité égale à celle de l'eau, son rayon était alors réduit à 10^{18} cm, soit une année-lumière. Chaque proton y occupait une sphère d'un angström, soit 10^{-8}. Dans un noyau atomique, les protons sont en contact et leur rayon est 10^{-13} soit donc 100 000 fois plus petit. Le rayon de l'univers correspondant est donc 10^{13} cm, c'est-à-dire une unité astronomique* »[459].

2. **La formation des nuées** : considérant l'atome primitif comme une sorte *d'isotope du neutron*, c'est-à-dire sans électrons superficiels et remplissant uniformément l'espace, Lemaître pense que la désintégration de cet isotope furtif s'est déroulée sur le modèle radioactif déjà mentionné, faisant jaillir en cascade électrons, protons, particules alpha, etc. Dans ce processus de réactions en chaîne, « *l'effet de l'expansion rapide de l'espace est d'atténuer*

---

[455] *Idem.*
[456] *Idem.*
[457] *Idem.*
[458] *Ibid.*, p. 153.
[459] *Idem.*

cette radiation et aussi de diminuer les vitesses relatives des atomes »[460]. Ce ralentissement implique une chute de l'énergie qui permet les synthèses atomiques jusqu'à la formation des nuées gazeuses qui donnent naissance aux étoiles. Nous n'insisterons pas sur tous les autres aspects des conséquences de cette formation des nuées, parce qu'ils sont déjà connus ou ont déjà été mentionnés précédemment : le champ de la gravitation, la répulsion cosmique, l'univers de Friedmann, etc.

7.4.2 Échec et résurrection d'une hypothèse

On voit bien que Lemaître a tenté, dans ces recherches de 1945 justement, de fixer son hypothèse dans l'histoire de l'astronomie en montrant en quoi l'atome primitif disqualifiait la nébuleuse de Laplace. Il a tenté aussi de donner une base expérimentale à sa théorie, considérant les rayons cosmiques comme le vestige de l'atome primitif qui s'est complètement désintégré. Pourtant, malgré l'appendice mathématique d'une vingtaine de pages proposé au second travail cité de 1945 et la collaboration technique d'Odon Godart et de Manuel Vallarta, l'explication de Lemaître a échoué, et pour deux raisons :

1. D'abord, comme Platon qui s'adossait sur une métaphysique et une théorie philosophique des formes, puissante et cohérente, Lemaître bénéficie des faveurs expérimentales d'une physique atomique qui, à travers le rayonnement cosmique et la radioactivité, peut permettre une explication plausible de l'évolution de l'univers à partir d'un atome primitif. Mais, comme le souligne son biographe, il manque à cette théorie de l'atome primitif une « *formulation mathématiquement complète et adéquate* »[461], qui rappelle les insuffisances des mathématiques sur lesquelles s'appuient les formulations platoniciennes. Ce qui pose, au-delà des deux savants, la question philosophique de la contribution efficiente des mathématiques à l'émergence des hypothèses folles et inédites.

2. Ensuite, l'échec de l'explication de Lemaître coïncide avec l'émergence du modèle concurrent de l'état stationnaire développé dès le début des années 1940 par les Américains Thomas Gold, Hermann Bondi et surtout le très fougueux Fred Hoyle [462]. Pour l'essentiel, cette théorie cosmologique

---

460 *Idem.*, p. 156.

461 Dominique Lambert, *op. cit.,* chap. 1, p. 9.

462 Cf. H. Bondi et T. Gold, "The Steady State Theory of the Expanding Universe", MNRAS, vol. 108, 1948, p. 252-270; F. Hoyle, "A New Modes for the Expanding Universe", MNRAS, vol. 108, 1948, p. 372-382. Le premier article de Hoyle sur la théorie de l'état stationnaire date de 1945. Il traite de la nucléosynthèse, et fut publié dans le *Monthly Notices of the Royal Astonomy Society,* volume 106, p. 343. John Gribbin, historien du Big Bang, parle du caractère fougueux et difficile de Fred Hoyle en ces termes : *"Hoyle donne l'impression extérieure d'être d'un caractère épineux. Sa réticence à supporter allègrement les imbéciles ne l'a pas rendu*

soutient que les propriétés moyennes de l'univers ne varient jamais avec le temps ; une création continuelle de matière nouvelle doit avoir lieu pour maintenir constante la densité cosmique au cours de l'expansion de l'univers. C'est pourquoi la théorie a été aussi dite de « création continue ».

Il s'ensuit que les travaux de Lemaître de 1945 cherchent à renforcer sur le plan expérimental une hypothèse passée de mode, puisque l'hypothèse concurrente de l'état stationnaire évacue sa base essentielle : l'expansion de l'espace à partir d'un point singulier initial de concentration extrême. Pour autant, Lemaître n'arrêtera pas de défendre son hypothèse, malgré l'hostilité de ses adversaires de plus en plus intolérants. Ainsi, Fred Hoyle, le père du modèle de l'état stationnaire qui, au cours d'une réunion d'astronomie à Pasadena en 1960, introduira Lemaître par ces propos moqueurs : "*This is the Big Bang man*" (« voici l'homme du Big Bang »), donnant ainsi un nom médiatique à son hypothèse, ainsi ridiculisée.

Ce n'est pas que sur le terrain technique que l'hypothèse de Lemaître va être attaquée. Sur le plan philosophique, Jacques Merleau-Ponty s'est penché sur la manière dont cette démarche de Lemaître laisse apparaître des caractéristiques philosophiques[463]. La position de Merleau-Ponty consiste à déceler les implications d'une philosophie des sciences tirée de la thèse d'un univers fini et susceptible de révéler les secrets de sa mécanique et de sa structure à l'entendement humain. Cette position, qui semble être celle de Lemaître, a trois implications : la croyance à l'intelligibilité de l'univers, l'actualité cosmique et la théologie. Au fond, le paramètre philosophique de Lemaître est une croyance en une « *adéquation de la réalité naturelle et de la pensée scientifique* »[464] et dont le corollaire est l'absolutisation du rôle et du pouvoir de la physique. Dans cette optique, le recours aux mathématiques modernes pour la définition précise d'un Espace participe déjà du vœu de ne pas « *capituler devant l'univers* », de renoncer efficacement au pessimisme pascalien[465].

---

cher au cœur des gens établis et elle le conduit, en 1973, à l'âge de 58 ans, à une retraite avant terme." (John Gribbin, *A la poursuite du Big Bang,* [1988], traduit de l'anglais et préfacé par Michel Cassé, Monaco, Edition du Rocher, 1991, p.216. Voir aussi de Gribbin et chez le même éditeur, *Le chat de Schrödinger, physique quantique et réalité,* 1988.

[463] Jacques Merleau-Ponty, *La cosmologie du XXe siècle, Étude épistémologique et historique de la cosmologie contemporaine*, nrf, Éditions Gallimard, Paris, 1965, « Les bases philosophiques de la cosmologie, d'après l'abbé Georges Lemaître » p. 91-97.

[464] Jacques Merleau-Ponty, *ibid.*, p. 91.

[465] Jacques Merleau-Ponty renvoie à Lemaître, « L'hypothèse de l'atome primitif et le problème des amas de galaxies » in *La structure et l'évolution de l'univers*, compte rendu du XIe conseil de physique, Solvay, Bruxelles, Stoops, 1958, p. 6, pour la confrontation avec Pascal.

Pour cette raison, l'Espace doit être posé comme fini, c'est-à-dire susceptible de recevoir une construction pouvant rendre compte à terme, d'une *histoire autonome* de l'univers, un espace infini est hors de portée de la science. Pour autant, il n'est pas question d'ingérer à la nature des êtres mathématiques, de prendre le chemin de l'idéalisme. La contribution des mathématiques consiste à expliciter, sur la base des lois physiques, les jeux de forces cosmiques qui, elles, sont *d'avance là*. L'univers est de ce fait plein d'énergie dont seul le processus de pulvérisation doit être décrit par la physique grâce aux mathématiques.

Cette trajectoire a un enjeu capital : elle met à l'œuvre chez Lemaître le processus d'un alignement sur une tradition de souche aristotélicienne[466].

L'idée d'une finitude du monde s'accompagne de celle de son actualité, au sens aristotélicien du terme. Cette idée repose chez Lemaître sur un argument dominant, celui de l'axiome du nombre fini actuel des étoiles. Là, réside une équivoque sur le sens du mot « actuel » que Jacques Merleau-Ponty s'efforce de lever. En effet, si nous nous plaçons dans le champ de l'expérience effective, l'axiome « *le tout est plus grand que la partie* » sera toujours vrai ; pour autant, rien ne nous autorise à en déduire l'actualité de l'univers total. Cela suppose en effet que l'infini est ramené aux dimensions de notre expérience qui porte déjà en soi les caractéristiques du tracé borné de ses lignes d'horizon. La déduction est donc rapide mais c'est sur cette extrapolation que repose, selon Jacques Merleau-Ponty, toute « l'assurance » de la vision cosmologique de Lemaître. De fait, cette vision exprime

> « *l'intime certitude d'un témoignage possible sur le cosmos total, d'une intuition directe de la totalité universelle, semblable ou analogue au témoignage que l'homme porte sur les fragments de cette réalité; l'actualité cosmique, c'est l'actualité pour le* kosmotheoros » [467].

Cette démarche explique sans doute l'impasse qui sera faite sur la justification du temps cosmique : il ne semble pas poser de problème théorique à Lemaître. Son existence et son unité seraient pourtant une évidence ontologique calquée sur l'existence même du monde actuel.

L'existence de l'Infini - Dieu est ainsi maintenue sauve au-delà du commencement naturel de l'univers, et Lemaître retourne subrepticement à la

---

[466] Sur le rapport de Lemaître à Aristote, il soutient : « *La finitude géométrique de l'espace elliptique de Riemann lui permet* [à Lemaître] *de retourner au finitisme philosophique que le Moyen Age chrétien avait hérité d'Aristote et que résume la thèse de la première Antinomie de Kant* » (*La cosmologie du XX*e *siècle ..., op. cit.*, p. 92.).

[467] Jacques Merleau-Ponty, *op. cit.*, p. 93.

thèse biblique d'un Dieu conçu comme Grand-Séparé. Il est en effet symptomatique que Lemaître, au terme de plusieurs articles techniques de haute facture physicienne, manifeste de manière récurrente sa gratitude envers Celui qui a « *donné l'intelligence pour Le connaître et pour lire le reflet de Sa gloire dans notre univers qu'Il a si merveilleusement adapté aux facultés de connaître dont Il nous a doués* »[468].

Ces critiques et ces égarements ne vont pas cependant empêcher la théorie de l'atome primitif de bénéficier d'un incroyable rachat de l'histoire. En effet, en ajoutant la température aux éléments de l'atome primitif de Lemaître, le physicien Georges Gamow[469] explique pourquoi toutes les composantes de l'univers se trouvent à la phase initiale dans les isotopes les plus légers que sont l'hélium, l'hydrogène et le lithium. L'azote, l'oxygène et le carbone, qui sont les éléments lourds, sont issus d »une explosion des étoiles, plus récente que celle de l'ère inflammatoire initiale. La théorie actuelle du *big bang* était ainsi lancée, et Lemaître revenait du bon côté de l'histoire de la cosmologie.

---

[468] Lemaître, « La grandeur de l'espace », in *L'hypothèse de l'atome primitif, op. cit.*, p. 66. En bon prêtre, Lemaître a multiplié de tels recours suspects à la théologie biblique, notamment dans une interprétation de l'obscurité du second verset de la Genèse à la lumière de la relativité générale, c'est-à-dire en la considérant comme la preuve même de l'absence d'univers au sens matériel du terme. Lemaître affirme : « *il est impossible qu'aucun corps subsiste sans rayonner de la lumière (…), tout corps à une certaine température émet des radiations de toutes les longueurs d'onde (théorie du corps noir). Physiquement, l'obscurité absolue est le néant. On ne voit pas comment on pourrait prendre autrement qu'en un sens absolu ce* tenebrae *qui précède le* Fiat lux, *il n'y avait absolument aucune lumière, il n'y avait donc absolument rien. Il n'y avait que l'Esprit de Dieu qui s'apprêtait à créer dans l'immensité du vide :* Spiritus Dei ferebatur super aquas ».(Lemaître, cité par Dominque Lambert, *Un atome d'univers*, *La vie et l'œuvre de Georges Lemaître*, op.cit., p. 55. La thèse du concordisme de type teilhardien que défend Dominique Lambert pour expliquer cette double appartenance de Lemaître au religieux et à la physique n'est pas tenable, du moment où cette association ne peut conduire qu'à une impasse théorique insurmontable. La position d'un savant croyant est insoutenable : ou les travaux de Lemaître sont de la science, ce que nous pensons, et ses convictions religieuses sont sans importance ; ou ces convictions religieuses sont importantes, et Lemaître fait de la physique et de la cosmologie des servantes de la théologie biblique, ce qui serait absurde. En outre, l'hypothèse d'un Dieu créateur est en elle-même insensée du point de vue cosmologique, au nom des arguments que nous avons posés d'entrée à l'introduction générale, § I.1. : « Principe d'éternité et Dieu créateur », *supra*.

[469] Voir Alpher, Ralph A., Hans Bethe, and George Gamow. "The origin of chemical elements." *Physical Review* 73.7 (1948): 803 ; Gamow, George. "Expanding universe and the origin of elements." *Physical review* 70.7-8 (1946): 572 et, du même auteur, *The creation of the universe*. Courier Corporation, 2004.

CONCLUSION

La confrontation de Lemaître avec Einstein et De Sitter autour du paradigme révolutionnaire de la singularité cosmique ne pouvait se solder que par un échec, les interlocuteurs du savant belge tenant, probablement par notoriété plutôt que par argumentation scientifique, à incorporer la solution dynamique dans leur modèle stationnaire de solution euclidienne[470]. Au moment même où s'opère cet effort pour rafistoler une hypothèse statique inopérante (en 1932), Lemaître est déjà passé à une autre étape de son ascension : la recherche d'une base expérimentale solide à la singularité à partir de l'incursion du modèle dans le champ quantique. Il est clair que dans les travaux cités de 1945, Lemaître, sûr d'avoir atteint ses objectifs théoriques, veut clore ses recherches sur la singularité cosmique. D'où l'optique de la généralisation et de la déduction. Cette optique se heurta cependant à une insuffisance de l'appareillage mathématique, qui va ruiner les ambitions cosmologiques de la théorie. Si bien que c'est seulement grâce aux travaux de Georges Gamow sur la température des corps initiaux de l'univers que la théorie de Lemaître est définitivement validée en cosmologie. Ces travaux prouvaient que la théorie du *big bang*, qui rattache l'histoire de l'univers à une explosion primordiale ayant conduit, par l'entrée en jeu des lois de la gravitation et de la thermodynamique, à la formation des galaxies en expansion était fondée en raison.

Depuis, cette théorie de Lemaître n'a pas eu de cesse d'être confirmée par des observations astronomiques. Par exemple, en 1992, le télescope COBE permettait d'établir des mesures de l'univers pré-galactique. La confirmation la plus spectaculaire date de 1999. En effet, des observations astronomiques menées par le télescope BOOMERANG [471] ont permis de dessiner la carte prégalactique de l'univers avec une précision de cinquante fois supérieure à celle produite par le télescope COBE. Trois informations essentielles

[470] En 1932, Einstein et De Sitter cosignent, dans le vol. XVIII de la National Academy of Sciences, Proceedings, pp. 213-214, un article intitulé "On the Relation between the Expansion and the Mean Density of the Universe". Dans ce travail, souligne Luminet, "*ils font valoir qu'un univers en expansion est aussi possible sans introduire de courbure spatiale, ni de pression, ni de constante cosmologique. Il suffit pour cela que la densité de matière soit exactement égale à la valeur critique qui sépare les cas elliptiques (courbure positive) et hyperbolique (courbure négative)*", (*op. cit.*, p. 64). Solution par ailleurs déjà envisagée par les tenants de la théorie dynamique, Lemaître et Friedmann, et abandonnée parce qu'elle était euclidienne ...

[471] BOOMERANG, ababbreviation de: Ballon Observation Of Millimetric Extragalactic Radiation And Geophysic. D'une capacité d'un million de mètres cubes d'air, ce ballon a effectué, entre le 29 décembre 1998 et le 08 janvier 1999, un parcours de 8 000 km au-dessus de l'Antarctique à la recherche de la vérité sur la configuration de l'univers primordial. Sur le récit et les enjeux de l'expérience, Cf. *Science et Vie*, n° 993, juin 2000, dossier "Nouveau Big Bang", pp. 78-87.

contenues dans la description de Lemaître pouvaient ainsi être confirmées ou précisées :

1. L'apparition des photons précédera toute synthèse atomique, ce qui confirme que l'univers était très chaud à son début comme l'avait prédit Lemaître;
2. L'univers est isotrope et homogène : isotrope parce que la densité d'énergie y est en tous points identique, et homogène parce que la distribution des galaxies s'y déroule d'après la relation de proportionnalité entre la distance et la vitesse qui les séparent (loi de Hubble) ;
3. Le *Big crunch* que prévoyait la courbure de l'espace-temps de la relativité générale n'est pas conforme aux faits parce que l'univers primordial est plat, ne contient pas assez d'énergie et ne doit donc pas s'arrêter d'enfler.

Conclusion generale

Le projet de cette recherche était de suivre le comportement de la pensée cosmologique chez Platon et Lemaître. Il s'agissait de voir comment ces deux savants, si distants par leurs procédés et par les outils théoriques qu'ils mobilisent pour asseoir leurs modèles d'univers, se retrouvaient finalement sur un point fondamental : la nécessité de produire un artifice pour contourner ou dépasser l'approche traditionnelle de l'origine de l'univers. Pour ce faire, Platon a produit le concept du démiurge, Lemaître celui de l'atome primitif. Ces deux concepts, on l'a vu avec l'étude qui s'achève ici, sont les concepts structurants des principes et des recours qui fondent en raison leurs modèles cosmologiques. L'enquête a aussi montré que la chose n'était pas pour autant simple : Platon avait à fonder sa démiurgie en raison, en dépassant la mythologie et l'astronomie présocratiques ainsi que la réalité sensible. La démiurgie de Platon n'est fondée en raison que comme servante d'une métaphysique des Idées dont la science et la réalité tournent autour. Inscrire l'univers dans cet axiome platonicien ne fut pas de tout repos. Mais nous avons montré comment Platon y est parvenu, en innovant sur plusieurs points.

D'abord, en s'affranchissant du mécanisme présocratique au profit d'une téléologie où l'univers lui-même n'est que le résultat d'une intention et d'une modélisation. L'univers de Platon n'est pas, il est construit, notamment autour d'un ensemble de principes métaphysiques et logiques directement issus de la métaphysique platonicienne du fixe et du permanent qui font que connaître, et spécialement connaître l'origine de l'univers, c'est encore parler des Idées. En même temps, le processus que Platon mobilise pour cette construction n'est pas de pure abstraction mathématique ou de pure démiurgie, l'existence de la nécessité, contemporaine au démiurge, retirant à celui-ci toute prétention créatrice ou prométhéenne. De même, cette nécessité force à considérer la présence même du monde en devenir comme la preuve que la fabrique de l'univers s'inscrit, non pas d'office dans un cadre abstrait et mathématique, mais dans un cadre matériel, temporel et spatial que la mathématisation ne fait que coordonner et conceptualiser. Le travail de conceptualisation de la forme, de la copie et du réceptacle que nous avons patiemment décrypté est de ce point de vue sinon préparatoire, du moins complémentaire d'une mathématisation qui ne peut opérer, en tout cas, que sur du fixe et du permanent, qui sont chez Platon les propriétés exclusives de l'être. En attribuant ces propriétés aux Formes intelligibles et à la *khorà*, en fédérant mathématiquement ces concepts, Platon s'engage clairement dans un projet scientifique, celui de la recherche des conditions de possibilité et de formulation d'une connaissance du monde sensible. Écrire le monde selon le langage mathématique en ne brisant pas la correspondance au temps, à l'espace et à la matière est la principale révolution théorique platonicienne : la figure d'un univers ayant la forme d'une sphère unique remplie d'un fluide homogène, qui doit être figure du monde sensible, arrache l'ordre cosmique au langage ordinaire et à la fantaisie des poètes sans l'abandonner à l'abstraction mathématique pure. Platon fait donc un va-et-vient entre le sensible et l'intelligible, et non pas uniquement, comme chez Aristote par exemple, une simple description de ce qui apparaît, fut-ce à partir d'une analytique de sa propre réflexivité comme source de mathématisation du réel.

Mais, en même temps, Aristote est à ce titre la copule entre Platon et Lemaître. En effet, et on l'a vu, l'inventeur de la théorie de la singularité cosmique, ou, plus prosaïquement, du modèle du « Big Bang » ne cherche pas, comme Platon, à savoir si le réel est en soi pensable, ni même avec quels outils et par quels stratagèmes il peut devenir transparent en tant qu'objet d'une science, et ce au regard de l'existence imparable des Formes intelligibles préexistantes, qui servent de miroir et de corrélat à la connaissance du sensible. Lemaître est avant tout un physicien qui veut construire sa théorie de l'origine du monde, autrement dit de la traçabilité de la matière, à partir de ce que la gravitation permet d'en dire. Une telle orientation, on l'a dit, ne peut conduire qu'à Aristote qui, le premier, s'est affranchi de la modélisation eidétique du monde des Formes pour se pencher sur les apparitions en les prenant au sérieux. En même temps, Lemaître n'est pas un héritier conformiste et dévolu de cette tradition de la physique gravitationnelle fondée sur ce point par Aristote. Certes, le premier chapitre de la présente étude qui lui est dédié montre en quoi Lemaître est héritier d'une tradition gravitationnelle longue et riche de formulations et de raisonnements de plusieurs génies comme Copernic, Galilée, Newton ou Einstein. En même temps, les autres chapitres qui lui sont consacrés montrent en quoi Lemaître est bien le Platon de la cosmologie de son époque, tant il s'est avéré être un héritier rebelle des systèmes classique et relativiste, qui ont en commun, avec Aristote, d'être des supports de modèles purement statiques. Aussi, la perspective dynamique de Lemaître, en tenant tête par exemple à Einstein, qui n'admettait pas de nouvelles hypothèses contraires à sa conception statique de l'univers, est une approche cosmologique révolutionnaire de la matière cosmique, qui confirme plusieurs lois de la thermodynamique gravitationnelle. Pour autant, Lemaître ne laisse pas d'être un continuateur, puisqu'il s'appuie sur la théorie quantique pour établir son hypothèse d'un univers en expansion à partir d'un point origine : l'atome primitif. Cette hypothèse a été plusieurs fois vérifiée par les recherches astronomiques ou astrophysiques, à la fin de sa vie et après sa mort.

Le modèle platonicien d'un univers unique, hors du temps et en mouvement circulaire à partir d'une impulsion initiale donnée par l'âme du monde est pratiquement aux antipodes du modèle dynamique d'un univers en expansion dans le temps et à partir d'un quantum initial, proposé par Lemaître. Cette opposition est la meilleure explication de l'approche séparée que nous avons adoptée dans cette étude, de telles configurations ne pouvant permettre qu'une comparaison linéaire. En même temps, et même s'ils sont situés des deux côtés de la frontière kantienne et infranchissable de la connaissance[472], Platon et Lemaître, en tant que cosmologues, sont unifiés par l'identité de leur projet : tourner le dos à l'expérience sensible pour comprendre l'origine et le fonctionnement de l'univers à partir des axiomes et des lois mathématiques à soumettre par suite aux observations validées par la science physique. Si Platon n'est pas très concerné par l'exigence des *« observations validées par la science physique »,* il reste proche de Lemaître par l'incontournable recours aux mathématiques. Et là, on l'a vu, Platon et Lemaître sont interchangeables, parce qu'ils font face à la même galère : l'outil mathématique n'est pas toujours adéquat à traduire en connaissance les intuitions (méta) physiques des cosmologues. La recherche cosmologique est-elle par trop limitée par les mathématiques, et faut-il, dans ce cas, continuer de penser que toute science ne vaut que par son (haut) degré de mathématisation ? Tel est le problème épistémologique que Platon et Lemaître, simultanément, nous laissent en partage et en héritage.

[472] Voir introduction générale, § I. 2. « Principe d'éternité et naissance de l'univers dans le temps », *supra.*

BIBLIOGRAPHIE GENERALE

I. COSMOLOGIE DE PLATON

I. 1. Éditions consacrées

Cornford, F.M.,

(1) *Plato's Cosmology.The Timaeus of Plato translated with a running commentary by F.M.Cornford,* London, Routledge & Kegan Paul, 1937.

(2) *Plato Timaeus,* (Translated by), Macmillan/ Library of Liberal Arts, New York, 1959.

Platon, *Œuvres complètes :*

(3) *-V : Ion-Menexème-Euthydème*, texte établi et traduit par Louis Meridier, 4e tirage, revu et corrigé, 1949.

(4) *– X : Timée-Critias,* texte établi et traduit par Albert Rivaud, 4e tirage revu et corrigé, Paris Les Belles Lettres, 1963.

(5) *Timée/Critias*, présentation et traduction par Luc Brisson, GF Flammarion (1992), 5e édition, corrigée et mise à jour, 2001.

(6) *Parménide, Théétète, Le Sophiste*, texte établi et traduit par Auguste Diès, Paris, Tel Gallimard, 1992.

(7) *Théétète / Parménide*, traduction et notes par E. Chambry, Paris, GF, 1967.

(8) *Protagoras, Gorgias, Ménon,* texte établi et traduit par Alfred Croiset, avec la collaboration de Louis Bodin, Paris, Tel Gallimard, 2003.

(9) *La République,* Traduction inédite, introduction et notes par Georges Leroux, Paris, GF Flammarion, 2002.

I. 2. Travaux sur le *Timée*

Brisson, L,

(10) *Le Même et l'Autre dans la structure ontologique du Timée de Platon*, Paris Klincksieck, 1974.

(11) *Platon, les mots et les mythes : comment et pourquoi Platon nomma le mythe*, Paris, éd. La découverte, 1994.

(12) « Le Timée comme mythe et comme modèle cosmologique », *Lectures du Timée de Platon,* Publication du groupe Philosophie de la MAFPEN de Lille, Lille, 1994, p.38-48.

(13) « La khora » dans le *Timée* de Platon : ce en quoi se trouvent et ce de quoi sont constituées les choses sensibles », in Françoise Monnoyeur (dir.) *Qu'est-ce que la matière ? Regards scientifiques et philosophiques,* Paris, Librairie générale française, 2000, p.23-44.

(14) (avec) F. Walter Meyerstein, *Inventer l'univers : le problème de la connaissance et les modèles cosmologiques,* Paris, Les Belles lettres, 1991.

(15) Caveing, M., « Quelques remarques sur le *Timée* et les mathématiques », *Revue de l'enseignement philosophique* XV,6, 1965-1966, p.1-10.

(16) Castel-Bouchouchi,Anissa,«L'espace platonicien : topos et chôra », *Les Cahiers Philosophiques de Strasbourg* n°1, 1994,p.91-105.

(17) Delattre, J., « Le point de vue de l'histoire des sciences. Y a-t-il un modèle mécanique dans le *Timée* de Platon? », *Lecture du Timée de Platon,*

Publication du groupe Philosophie de la MAFPEN de Lille, Lille, 1994, p.14-29.
(18) Folse, Henry J., "Platonic "atomism"and contemporary physics" *Tulane Studies in Philosophy* n°27, 1978, p.69-88.
(19) Gadamer, H.G. « Idea and reality in Plato's Timaeus », *Dialogue and Dialectic* New Haven (CN) Yale University Press, 1980, p.156-193.
(20) Keyt, D.,"The mad craftsman of the Timaeus", *Philosophical Review* 80, 1971, p.230-235.
(21) Lee, E. N.,"Reason and rotation.Circular movement as the model of mind (noûs) in later Plato", *Facets of Plato's philosophy*, Assen/Amsterdam, van Gorcum 1976,p.70-102.
(22) Lloyd, G.E.R., « Plato as a natural scientist », *Journal of hellenic Studies* 88,1968, p. 78-92, repris et augmenté d'un texte plus récent dans *Methods and problems in greek science*, Cambridge (Cambridge Univ.Press), 1991, p.333-351.
(23) Mohr, R. D., "Plato's theology reconsidered. What the demiurge does", *Harvard Theological Quarterly* 2, 1985, p.131-144.

I.3. Philosophie ancienne

Aristote,
(24) - *Métaphysique,* texte traduit et commenté par J. Tricot, nouvelle édition entièrement refondue, Paris, librairie philosophie J. Vrin, 1991.
(25) - *Physique*, texte établi et traduit par Henri Carteron, 3e édition, revue et corrigée, Paris, Les Belles Lettres, Coll. Des Universités de France, 1961.
(26) *Traité du Ciel,* traduction et notes par Cathérine Dalimier et Pierre Pellefrin, introduction de Pierre Pellegrin, Paris, édition Flammarion, 2004.
(27) Aubenque, P., *Le problème de l'être chez Aristote* [1943], Paris, Quadrige /PUF, 2002.
(28) Axelos, K., *Héraclite et la philosophie : la première saisie de l'Être en devenir de la totalité,* Paris, Minuit, collection Arguments, 1974.
(29) Baghdassarian, F., *Aristote. Métaphysique. Livre Lambda. Présentation et traduction.* Paris, Librairie Philosophique J. Vrin (coll. « Bibliothèque des textes philosophiques - La Métaphysique d'Aristote »), 2019.
(30) Judson, L., *Aristotle. Metaphysics Book Λ,* Oxford, Clarendon Press (Clarendon Aristotle Series) 2019.
(31) Moreau, J., « L'idée platonicienne et le réceptacle », *Revue de philosophie de la France et de l'Etranger* 86, 1988, p.137-149.
(32) Morrow, G.R., "Necessity and persuasion in Plato's Timaeus (1950)", repris dans *Studies in Plato's Metaphysics*, London, Routledge & Kegan Paul, 1965, p.421-437.
(33) Morrow, G. R., "Plato's theory of the primary bodies in the *Timaeus* and the later doctrine of form" *Archiv für Geschichte der Philosophie* 50, 1968, p.12-28.
Pradeau, J-P.,
(34) *Les mythes de Platon* [Texte imprimé] : anthologie / textes choisis et présentés par, Paris , Flammarion, 2004.

(35) « Être quelque part, occuper une place : topos et khora dans le *Timée* », *Les Études philosophiques,* 1995, p.375-399.
(36) Strange, S. K.,"The double explanation in the *Timaeus*" *Ancient Philosophy"* 5, 1985, p.25-39.
(37) Taylor, Alfred Edward. *Plato : The Man and His Work.* Routledge, 2013.
(38) Vlastos, G, *Plato's Universe*, Oxford, Clarendon Press, 1975.
(39) Wood, R.J.,"The demiurge and his model" *Classical Journal* 63,1968, p.255-258.
(40) Pohle, W.B. "The mathematical foundation of Plato's atomic physics", *Isis* 62, 1971, p.36-46.
(41) Reagan, J.T., "Plato's material principle" *Modern Schoolman* 47, 1969-1970, p.177-193.
(42) Wood, R.J., "Plato's atomism" *International Philosophical Forum* 8, 1968, p.427-441.

Beaufret, J.,

(43) -*Dialogue avec Heidegger, tome I, Philosophie grecque,* Paris, Minuit, 1973, et spécialement « La naissance de la philosophie », p.19-37.
(44) *Parménide. Le poème,* Paris, PUF, [1955], 2e édition, « Quadrige » 2006.
(45) Bollack, J., *Empédocle, I, introduction à l'ancienne physique*, Paris, Tel Gallimard, 1992.
(46) Conche, M., *Parménide, Le Poème : Fragments,* (texte grec, traduction, présentation et commentaire par), Paris, PUF, 1996. Cordero, N.-L. (édition critique, traduction et bibliographie par), *Les deux chemins de Parménide,* deuxième édition, Paris, éd. J. Vrin, et Bruxelles, éd. Ousia, 1997.
(47) Diès, A., *Autour de Platon, essai de critique et d'histoire,* Les Belles Lettres ,1972.
(48) Dixsaut, M, *Contre Platon*, (textes réunis par), Vrin, 1993.
(49) Dixsaut, M., Brancacci, A., (dir.), *Platon, source des présocratiques. Exploration*, Paris, Vrin 2003.
(50) Duhem, P., *L'aube du savoir. Epitomé du système du monde* (histoire des doctrines cosmologiques de Platon à Copernic), Hermann, 1997.
(51) Dumont, J-P, *Les écoles présocratiques,* Gallimard, 2e édition, 1991.
(52) Frede, M., « Figures du philosophe », contribution à Jacques Brunschwig, Geoffrey Lloyd (dir.), *Le Savoir grec. Dictionnaire critique,* préface de Michel Serres, Paris, Flammarion 1996, p.39-56.
(53) Guthrie, W.C.K., *Les sophistes,* traduit de l'anglais par J.-P. Cottereau, Paris, Bibliothèque philosophique, Paris, Payot, 1988.
(54) Hamelin, O., *Le système d'Aristote,* publié par Léon Robin, Paris, librairie philosophique J. Vrin, quatrième édition, 1985.
(55) Kirk, G.S., Raven, J.E., Schofield, M., *Les philosophes présocratiques,* traduction française de *The Presocratic Philosophers* © Cambridge University press 1957 et 1983, par Hélène-Aix de Weck, sous la direction de Dominic J. O'Meara, éditions universitaires Fribourg Suisse/éditions du Cerf Paris, © 1995.
(56) Lloyd, G.E.R., *Les débuts de la science grecque, de Thalès à Aristote,* traduction française de *Early greek science*, par Jacques Brunschwig, Paris

© Maspéro 1974 pour la traduction française, La Découverte 1990 pour l'édition citée.

Mattéi, J-F.,

(57) *Platon et le miroir du mythe,* PUF, 2003.

(58) (dir.), *La naissance de la raison en Grèce. Actes du congrès de Nice-Mai 1987,* Paris, P.U.F., 1990.

(59) Morel, P-M,(dir.) *Platon et l'objet de la science : six études sur Platon* (par Jean-François Balaudé, Bernard Besnier, Luc Brisson...), Presses Universitaires de Bordeaux,1996.

(60) Proclus, *Théologie platonicienne,* texte établi et traduit par H.S. Saffrey et L.G.Westerink, Paris, Collection des Universités de France, Société d'édition « Les Belles Lettres », Livre I, 1968.

(61) Philonenko, A., *Leçons platoniciennes,* Les Belles Lettres,1997.

(62) Salem, J., *Démocrite, grains de poussière dans un rayon de soleil,* Paris, Vrin 1996.

(63) Varoqui, A., *Socrate et Platon,* éd. La Source, N'djamena, rép. Du Tchad, 1988.

I.4. Philosophie moderne et cosmologie kantienne

(64) Beaufret, J., *Dialogue avec Heidegger, T.II, La pensée moderne,* Paris, éd. Minuit 1973, et spécialement : « Kant et la notion de *Darstellung* », p.77-101.

(65) Clavier, P., *Kant. Les idées cosmologiques,* Paris, PUF, 1997.

(66) Duhem, P., *L'aube du savoir, épitomé du système du monde,* textes établis et présentés par Anastasios Brenner, Paris, éd. Hermann, 1997.

(67) Hegel, G.W.F., *Leçons sur la philosophie de l'histoire,* traduction par J. Gibelin, Paris, Librairie philosophique J. Vrin [1963], cinquième tirage, 1998.

(68) Kant, E., *Critique de la raison pure*, Traduction de Tremesaygues et Pacaud, Paris, PUF, 1971.

(69) Weil, E., *Problèmes kantiens,* Paris, éd. J. Vrin, 1970.

II. COSMOLOGIE DE GEORGES LEMAITRE

II. 1. Travaux cosmologiques de Lemaître

(70) 1922a. "La physique d'Einstein" in J.-F. Stoffel, (éd.), *Mgr Georges Lemaître, savant et croyant. Actes du colloque tenu à Louvain-la-Neuve le 4 novembre 1994*, suivi de *La physique d'Einstein,* texte inédit de Georges Lemaître, Louvain-la-Neuve, Centre interfacultaire en histoire des sciences, 1996, Réminisciences 3, p. 145-175.

(71) 1922b. "Note signalant les points du mémoire «La physique d'Einstein » qui sont originaux en quelque manière" in *Mgr Georges Lemaître, op. cit.*, p. 20-21.

(72) 1923a. "Sur une propriété des hamiltoniens d'un multiplicateur" (note présentée par Th. De Donder lors de la séance du 4 août 1923) *Bulletin de la*

classe des sciences de l'Académie royale de Belgique, 5e série, t. IX, 1923, nos 7-9, p. 380-388.

(73) 1924a. "The motion of a rigid solid according to the relativity principle" (communiqué, avec une brève introduction, par A. S. Eddington), *Philosophical Magazine*, t. XLVIII, juillet 1924, pp. 164-176.

(74) **1925a. "Note on De Sitter's universe"** (résumé de la communication présentée lors de la 133e conférence de *l'American Physical Society* tenue à Washington les 24 et 25 avril 1925), *The Physical Review*, 2e série, t. XXV, juin 1925, n° 6, p. 903.

(75) **1925 a. "Note on De Sitter's universe"**, *Journal of Mathematics and Physics*, t. IV, mai 1925, n° 3, pp. 188-192.

(76) 1925b. "Note on the theory of pulsating stars", *Harvard College Observatory*, Circular n° 282, 10 mai 1925, 6p.

(77) 1926a. "La théorie de la relativité et l'expérience" (conférence faite à Bruxelles lors de la session du cinquantenaire de la Société scientifique, le lundi 12 avril 1926), *Revue des questions scientifiques*, 45e année, t. LXXXIX (4e série, t. IX), avril 1926, pp. 346-374.

(78) 1926 b. "Compte rendu de G. Juvet : «Mécanique analytique et théorie des quanta» (1926)", *Revue des questions scientifiques*, 45e année, t. XC (4e série, t. X), 20 juillet 1926, pp. 210-211.

(79) 1927b. "À propos d'une note du P. Schaffers sur la relativité" (séance du 27 janvier 1927, 2e section), *Annales de la Société scientifique de Bruxelles*, série B : sciences physiques et naturelles, 1re partie : comptes rendus des séances, t. XLVII, 1927, pp. 15-21.

(80) **1927. "Un univers homogène de masse constante et de rayon croissant, rendant compte de la vitesse radiale des nébuleuses extragalactiques"** (séance du 25 avril 1927), *Annales de la Société scientifique de Bruxelles*, série A : sciences mathématiques, 1re partie : comptes rendus des séances, t. XLVII, 1927, pp. 49-59.

(81) 1927a. "Compte rendu de F. Gonseth : «Les fondements des mathématiques» (1926)", *Revue des questions scientifiques*, 45e année, t. XCI (4e série, t. XI), 20 janvier 1927, pp. 195-197. 1927h."Le mouvement varié d'un solide, d'après la théorie de la relativité" (séance du 27 octobre 1927), *Annales de la Société scientifique de Bruxelles*, série A : sciences mathématiques, 1re partie : comptes rendus des séances, t. XLVII, 1927, pp. 103-109.1928a. "Compte rendu de P. Barbarin : «La géométrie non euclidienne» (1928)", *Revue des questions scientifiques*, 47e année, t. XCIII (4e série, t. XIII), 20 mai 1928, pp. 467-468.

(82) 1928b. "Compte rendu de J. Chazy : «La théorie de la relativité et la mécanique classique» (1928)", in *Revue des questions scientifiques*, 47e année, t. XCIV (4e série, t. XIV), 20 juillet 1928, pp. 140-142.

(83) **1929a. "La grandeur de l'espace"** (conférence faite le 31 janvier 1929 à l'Assemblée générale de la Société scientifique de Bruxelles), *Revue des questions scientifiques*, 48e année, t. XCV (4e série, t. XV), 20 mars 1929, pp. 189-216.

(84) 1930a. "L'hypothèse de Millikan-Cameron dans un univers de rayon variable" in *Comptes rendus du Congrès national des sciences organisé par*

la Fédération belge des sociétés scientifiques. Bruxelles, 29 juin-2 juillet 1930, Bruxelles, Fédération belge des sociétés scientifiques, 1930, pp. 180-182.

(85) 1930b. "On the random motion of material particles in the expanding universe : Explanation of a paradox", *Bulletin of the Astronomical Institutes of the Netherlands*, t. V, 31 juillet 1930, n° 200, pp. 273-274.

(86) 1931a. "L'indétermination de la loi de Coulomb" (séance du 29 janvier 1931, 2e section), *Annales de la Société scientifique de Bruxelles*, série B : sciences physiques et naturelles, 1re partie : comptes rendus des séances, t. LI, 1931, pp. 12-16.

(87) **1931b. "The expanding universe"** (communiqué par A.S. Eddington), *Monthly notices of the Royal Astronomical Society*, t. XCI, mars 1931, n° 5, pp. 490-501.

(88) 1931c. "Sur l'interprétation d'Eddington de l'équation de Dirac" (séance du 22 avril 1931, 2e section), *Annales de la Société scientifique de Bruxelles*, série B : sciences physiques et naturelles, 1re partie : comptes rendus des séances, t. LI, 1931, pp. 83-93.

(89) **1931d. "The beginning of the world from the point of view of quantum theory"**, *Nature*, t. CXXVII, 9 mai 1931, n° 3210, p. 706 (traduction française : «L'origine du monde du point de vue de la théorie quantique» in A. Friedmann, G. Lemaître, *Essais de cosmologie*, précédés de *L'invention du Big Bang* par Jean-Pierre Luminet (textes choisis, présentés, traduits du russe et de l'anglais et annotés par J.-P. Luminet et A. Grib), Paris, Seuil, 1997, Sources du savoir, pp. 298-299.

(90) 1931e. "The evolution of the universe : Contributions to a British association discussion on the evolution of the universe" (communications de J. Jeans, G. Lemaître, W. De Sitter, A. Eddington, R.A. Millikan, E. A. Milne, J.C. Smuts, E.W. Barnes et O. Lodge ; discussion tenue le 29 septembre 1931 dans la section des sciences mathématiques et physiques du colloque du centenaire de la *British association for the advancement of science*), *nature : Supplément*, t. CXXVIII, 24 octobre 1931, n° 3234, pp. 699-722 (communication de G. Lemaître, pp. 704-706).

(91) **1931f. "L'expansion de l'espace"**, *Revue des questions scientifiques*, 50e année, t. C (4e série, t. XX), 20 novembre 1931, pp. 391-410.

(92) 1932."Compte rendu de J. JEANS : «Les étoiles dans leurs courses» (1932)", *Revue des questions scientifiques*, 51e année, t. CII (4e série, t. XXII), 20 juillet 1932, p. 148.

(93) 1933a. "On Compton's latitude effect of cosmic radiation" (avec M. S. Vallarta), *The Physical Review*, 2e série, t. XMII, 15 janvier 1933, n° 2, pp. 87-91.

(94) 1933b. "The uncertainty of the electromagnetic field of a particle", *The Physical Review*, 2e série, t. XLIII, 15 janvier 1933, n° 2, p. 148.

(95) 1933c. "Condensations sphériques dans l'univers en expansion" (note présentée par Ch. Fabry lors de la séance du 27 mars 1933), *Comptes rendus hebdomadaires des séances de l'Académie des sciences de Paris*, t. CXCVI, 1933, 1er semestre, n° 13, pp. 903-904.

(96) 1933d. "La formation des nébuleuses dans l'univers en expansion" (note présentée par Ch. Fabry lors de la séance du 10 avril 1933), *Comptes rendus hebdomadaires des séances de l'Académie des sciences de Paris*, t. CXCVI, 1933, 1er semestre, n° 15, pp. 1085-1087.

(97) **1933e. "L'univers en expansion"** (séance du 3 mai 1933, 1re section), *Annales de la Société scientifique de Bruxelles*, série A : sciences mathématiques, t. LIII, 1933, n° 2, pp. 51-85.

(98) 1933h. "The cosmical significance of the clusters of nebulae" (intervention dans la discussion sur "The expanding universe" tenue le 12 septembre devant la section A de la B.A.A.S.), dans *British Association for the Advancement of Science : Report of the annual meeting, 1933 (103rd year). Leicester, september 6-13*, London, Office of the British Association, 1933, pp. 448-449.

(99) 1934a. "Evolution of the expanding universe" (rapport lu devant l'Académie le 20 novembre 1933), *Proceedings of the National Academy of Sciences*, t. XX, 15 janvier 1934, n° 1, pp. 12-17.

(100) 1934b. "Réponse de M. le professeur abbé G. Lemaître" (séance du 19 avril 1934) in "Manifestation en l'honneur de M. l'abbé Georges Lemaître, lauréat du prix Francqui 1934", *Bulletin technique : Union des ingénieurs sortis des écoles spéciales de Louvain*, 1934, numéro spécial, pp. 39-43.

(101) 1934c. "Evolution in the expanding universe" (résumé de la conférence donnée le 12 février au *Armstrong College*, Newcastle-upon-Tyne), *Nature*, t. CXXXIII, 28 avril 1934, n° 3365, p. 654.

(102) 1934d. "Contributions à la théorie des effets de latitude et d'asymétrie des rayons cosmiques : trajectoires infiniment voisines de l'équateur" (séance du 25 octobre 1934, 1re section), *Annales de la Société scientifique de Bruxelles*, série A : sciences mathématiques, t. LIV, 1934, nos 3-4, pp. 162-174.

(103) 1934e. "Contributions à la théorie des effets de latitude et d'asymétrie des rayons cosmiques : trajectoires périodiques" (séance du 25 octobre 1934, 1re section), *Annales de la Société scientifique de Bruxelles*, série A : sciences mathématiques, t. LIV, 1934 nos 3-4, pp. 194-207.

(104) 1934f. "L'univers en expansion" (communication faite à la séance publique de la classe des sciences de l'Académie royale de Belgique le 15 décembre 1934), *Bulletin de la classe des sciences de l'Académie royale des sciences de Belgique*, 5e série, t. XX, 1934, pp. 1182-1200.

(105) 1935a. "On the North-South asymmetry of cosmic radiation" (avec M.S. Vallarta et L. Bouckaert), *The Physical Review*, 2e série, t. XLVII, 15 mars 1935, n° 6, pp. 434-436.

(106) 1935b. "L'expansion de l'univers" (conférence faite le 5 décembre 1934 à la *Société astronomique de France*), *L'astronomie : bulletin de la Société astronomique de France et revue mensuelle d'astronomie, de météorologie et de physique du globe*, t. XLIX, avril 1935, pp. 153-168.

(107) 1935c. "Comptes rendus de E. Bauer : «Critique des notions d'éther, d'espace et de temps» (1932) ; F. Perrin : «La dynamique relativiste et l'inertie de l'énergie» (1932) ; L. De Broglie : «Conséquences de la relativité dans le développement de la mécanique ondulatoire» (1932) ; G. Darmois : «La théorie einsteinienne et la gravitation» (1932) ; É. Cartan : «Le

parallélisme absolu et la théorie unitaire du champ» (1932) ; P. Langevin : «La relativité : conclusion générale» (1932)", *Revue des questions scientifiques*, 54e année, t. CVIII (4e série, t. XXVIII), 20 septembre 1935, pp. 311-312.
(108) 1935d. "Compte rendu de A. Einstein : «Les fondements de la théorie de la relativité générale. Théorie unitaire de la gravitation et de l'électricité. Sur la structure cosmologique de l'espace» (1933)", *Revue des questions scientifiques*, 54e année, t. CVIII (4e série, t. XXVIII), 20 septembre 1935, p. 311.
(109) 1935e. « Compte rendu de P. Humbert : «Exercices numériques d'astronomie» (1933), *Revue des questions scientifiques*, 54e année, t. CVIII (4e série, t. XXVIII), 20 septembre 1935, pp. 310-311.
(110) 1935f. "La expansion del universo", *Ibérica*, t. XII, 1935, pp. 3-32, 78-80 et 204-207.
(111) 1936a. "On the geomagnetic analysis of cosmic radiation" (avec M. S. Vallarta), *The Physical Review*, 2e série, t. XLIX, 15 mai 1936, n° 10, pp. 719-726.
(112) 1936c. "On the allowed cone of cosmic radiation" (avec M. S. Vallarta), *The Physical Review*, 2e série, t. L, 15 septembre 1936, n° 6, pp. 493-504.
(113) 1936d. "Contributions à la théorie des effets de latitude et d'asymétrie des rayons cosmiques : calcul d'une famille d'orbites asymptotiques" (avec M. S. Vallarta ; séance du 29 octobre 1936, 1re section), *Annales de la Société scientifique de Bruxelles*, série A : sciences mathématiques, t. LVI, 30 décembre 1936, n° 3, pp. 102-130.
(114) 1937a. "Calcul des fréquences et modes de vibration de la molécule de monodeutéroéthylène" (avec Ch. Manneback et Y. L. Tchang ; séance du 15 avril 1937, 2e section), *Annales de la Société scientifique de Bruxelles*, série I : sciences mathématiques et physiques, t. LVII, 7 juin 1937, n° 2, pp. 120-128.
(115) 1937b. "Raman spectrum of monodeuteroethylene" (avec J. M. Delfosse, J. C. Jungers, Y. L. Tchang et Ch. Manneback), *Nature*, t. CXXXIX, 26 juin 1937, n° 3530, pp. 1111-1112.
(116) 1937c. "Longitude effect and the asymmetry of cosmic radiation", *Nature*, t. CXL, 3 juillet 1937, n° 3531, pp. 23-24.
(117) 1937d. "Sur l'interprétation d'Eddington de l'équation de Dirac" (séance du 28 octobre 1937, 1re section), *Annales de la Société scientifique de Bruxelles*, série I : sciences mathématiques et physiques, t. LVII, 31 décembre 1937, n° 3, pp. 165-172.
(118) 1938a. "Généralisation de la méthode de Hill" (avec O. Godart ; séance du 8 janvier 1938), *Bulletin de la classe des sciences de l'Académie royale de Belgique*, 5e série, t. XXIV, 1938, n° 1, pp. 19-23.
(119) 1938b. "Les rayons cosmiques et le champ magnétique terrestre" in *Réunion internationale de physique-chimie-biologie. Congrès du palais de la Découverte, Paris, octobre 1937*, Paris, Hermann, 1938, pp. 165-166 (discussion pp. 166-172), Actualités scientifiques et industrielles, 720.

(120) 1942a. "L'itération rationnelle" (séance du 5 mai 1942), *Bulletin de la classe des sciences de l'Académie royale de Belgique*, 5e série, t. XXVIII, 1942, nos 3-6, pp. 347-354.

(121) 1942b. "Compte rendu de F. Moreau : «Éléments d'astronomie et de géodésie» (1942)", *Ciel et terre*, t. LVIII, novembre - décembre 1942, nos 11-12, p. 378.

(122) 1942d. "Intégration d'une équation différentielle par itération rationnelle" (séance du 5 décembre 1942), *Bulletin de la classe des sciences de l'Académie royale de Belgique*, 5e série, t. XXVIII, 1942, n° 12, pp. 815-825.

(123) 1943a. "Champ magnétique et rayons cosmiques" (conférence faite à la Société belge d'astronomie, de météorologie et de physique du globe le 25 octobre 1941), *Ciel et terre*, t. LIX, janvier - février 1943, nos 1-2, pp. 1-16.

(124) 1944a. "Compte rendu de O. Heckmann : «Fortschritte der Astronomie», Band II : «Theorie der Kosmologie» (1942)", *Ciel et terre*, t. LX, octobre 1944, n° 10, p. 140.

(125) **1945a. "Hypothèses cosmogoniques"** (conférence faite à la Société royale belge des ingénieurs et des industriels tenue à Bruxelles le 10 janvier 1945), *Ciel et terre*, t. LXI, mars - avril 1945, nos 3-4, pp. 61-71.

(126) 1945b. "Sir Arthur Stanley Eddington (1882-1944)", *Ciel et terre*, t. LXI, mars - avril 1945, nos 3-4, pp. 114-115.

(127) 1945e. "À propos de la théorie de Milne-Haldane", *Ciel et terre*, t. LXI, juillet-août 1945, nos 7-8, pp. 213-218.

(128) **1945f. "L'hypothèse de l'atome primitif"** (conférence faite à la session annuelle de la Société helvétique des sciences naturelles, à Fribourg en septembre 1945), *Actes de la Société helvétique des sciences naturelles*, 1945, pp. 77-96.

(129) 1945i. "Les variables canoniques dans le mouvement káplérien" (séance du 13 octobre 1945), *Bulletin de la classe des sciences de l'Académie royale de Belgique*, 5e série, t. XXXI, 1945, pp. 365-371.

(130) 1946a. "Préface" et "Éclaircissements mathématiques", in *L'hypothèse de l'atome primitif : essai de cosmogonie* (préface de F. Gonseth), Neuchâtel, Éditions du Griffon, 1946, pp. 7-23 et 179-201, Les problèmes de la philosophie des sciences.

(131) 1947a. "Interpolation dans la méthode de Runge-Kutta" (séance du 24 avril 1947, 1re section), *Annales de la Société scientifique de Bruxelles*, série I : sciences mathématiques, astronomiques et physiques, t. LXI, 2 juin 1947, n° 2, pp. 106-111.

(132) 1947b. "Calcul des intégrales elliptiques" (séance du 6 mai 1947), *Bulletin de la classe des sciences de l'Académie royale de Belgique*, 5e série, t. XXXIII, 1947, pp. 200-211.

(133) 1948a. "L'hypothèse de l'atome primitif" (note présentée lors de la séance du 8 février 1948), *Acta Pontificiae Academiae scientiarum*, t. XII, 1948, n° 6, pp. 25-40.

(134) 1948d. "Quaternions et espace elliptique" (note présentée lors de la séance du 8 février 1948), *Acta Pontificiae Academiae scientiarum*, t. XII, 1948, n° 8, pp. 57-78.

(135) 1948f. *L'hypothèse de l'atome primitif* (conférence faite au palais de la Découverte le 19 mai 1947), Alençon, Maison Poulet-Malassis, 1948, 15 p., Les conférences du palais de la Découverte.
(136) 1948h. "Modèles mécaniques d'amas de nébuleuses" (séance du 3 juillet 1948), *Bulletin de la classe des sciences de l'Académie royale de Belgique*, 5e série, t. XXXIV, 1948, pp. 551-565.
(137) 1948j. "Modèles de nébuleuses à vitesses radiales" (avec R. Vander Borght ; séance du 11 décembre 1948), *Bulletin de la classe des sciences de l'Académie royale de Belgique*, 5e série, t. XXXIV, 1948, pp. 955-965.
(138) 1949a. "Rayons cosmiques et cosmologie" (conférence faite à la Société d'astronomie d'Anvers le 14 janvier 1949), *Gazette astronomique* (Anvers), t. XXXI, 1949, pp. 1-14.
(139) 1949b. *Rayons cosmiques et cosmologie*, Louvain, E. Nauwelaerts, 1949, 37p.
(140) 1949c. "Application des méthodes de la mécanique céleste au problème de Störmer" (séance du 5 mai 1949, 1re section), *Annales de la Société scientifique de Bruxelles*, série I : sciences mathématiques, astronomiques et physiques, t. LXIII, 18 juin 1949, n° 2, pp. 83-97.1949d. "Cosmological application of relativity", in *Reviews of Modern Physics*, t. XXI, juillet 1949, n° 3, pp. 357-366, numéro spécial "In commemoration of the seventieth birthday of Albert Einstein, march fourteenth 1949.
(141) 1949e. "L'énigme de l'hydrogène" (conférence prononcée à la séance publique du 16 décembre 1949), *Bulletin de la classe des sciences de l'Académie royale de Belgique*, 5e série, t. XXXV, 1949, pp. 1158-1163.
(142) 1949g. "The cosmological constant", in *Albert Einstein : Philosopher-scientist* (P.A. Schilpp ed.), Evanston (Ill.), The Library of Living Philosophers, 1949, pp. 439-456, The library of living philosophers 7.
(143) 1950a. "Application des méthodes de la mécanique céleste au problème de Störmer" (séance du 27 avril 1950, 2e section), *Annales de la Société scientifique de Bruxelles*, série I : sciences mathématiques, astronomiques et physiques, t. LXIV, 22 juin 1950, nos 1-2, pp. 76-82.
(144) 1950b. "Compte rendu de P. Couderc : "L'expansion de l'univers" (1950)", *Annales d'astrophysique*, t. XIII, 1950, n° 3, pp. 344-345.
(145) 1950c. *L'univers*, Louvain, E. Nauwelaerts, 1950, 72 p., Causeries de l'Université radiophonique internationale, Paris, 1950.
(146) 1950d. "Laplace et la mécanique céleste" (conférence donnée le 6 novembre 1949 sous l'égide de la Société astronomique de France), *L'astronomie*, t. LXIV, 1950, pp. 23-31.
(147) 1951. "Modèles mécaniques d'amas de nébuleuses" (séance du 7 avril 1951), *Bulletin de la classe des sciences de l'Académie royale de Belgique*, 5e série, t. XXXVII, 1951, pp. 291-306.
(148) 1952a. "Clusters of nebulae in an expanding universe", *Monthly Notes of the Astronomical Society of South Africa*, t. XI, 1952, pp. 110-117.
(149) 1952b. "Coordonnées symétriques dans le problème des trois corps (I)" (séance du 7 juin 1952), *Bulletin de la classe des sciences de l'Académie royale de Belgique*, 5e série, t. XXXVIII, 1952, pp. 582-592.

(150) 1952d. "The clusters of nebulae in an expanding universe", (communication lue en juillet 1952 devant la section A de la *South african association for the advancement of science* à Cape Town), *South African Journal of Science*, t. XLIX, octobre - novembre 1952, n°s 3-4, pp. 80-86.
(151) 1952e. "Coordonnées symétriques dans le problème des trois corps (II)" (séance du 13 décembre 1952), *Bulletin de la classe des sciences de l'Académie royale de Belgique*, 5e série, t. XXXVIII, 1952, pp. 1218-1234.
(152) 1954a. *Calculons sans fatigue*, Louvain, E. Nauwelaerts, 1954, 41 p.
(153) 1954b. "Comment calculer ?" (séance du 3 juillet 1954), *Bulletin de la classe des sciences de l'Académie royale de Belgique*, 5e série, t. XL, 1954, pp. 683-691.
(154) 1954d. "Régularisation dans le problème des trois corps" (séance du 3 août 1954), *Bulletin de la classe des sciences de l'Académie royale de Belgique*, 5e série, t. XL, 1954, pp. 759-767.
(155) 1955b. "Pourquoi de nouveau chiffres ?", *Revue des questions scientifiques*, 68e année, t. CXXVI (5e série, t. XVI), 20 juillet 1955, pp. 379-398.
(156) 1955d. "Compte rendu de H. Bondi : «Cosmology» (1952), *Revue des questions scientifiques*, 68e année, t. CXXVI, (5e série, t. XVI), 1955, p. 584.
(157) 1955e. "Compte rendu de C. Payne-Gaposchkin : «Introduction to astronomy» (1954)", *Revue des questions scientifiques*, 68e année, t. CXXVI (5e série, t. XVI), 1955, p. 584.
(158) 1955g. "Compte rendu de E. Whittaker : «Eddington's philosophy of science» (1951)", *Revue des questions scientifiques*, 68e année, t. CXXVI (5e série, t. XVI), 1955, p. 585.
(159) 1955h. "L'œuvre scientifique d'Albert Einstein" (communication faite le 14 juin 1955 lors de la soirée organisée à l'initiative du Bureau belge du congrès juif mondial, en souvenir d'A. Einstein), *Revue des questions scientifiques*, 68e année, t. CXXVI (5e série, t. XVI), 20 octobre 1955, pp. 475-487.
(160) 1955i. "Regularization of the three-body problem", *Vistas in Astronomy*, t. I, 1955, pp. 207-215.
(161) 1956a. "Intégration par analyse harmonique" (séance du 19 avril 1956, 1re section), *Annales de la Société scientifique de Bruxelles*, série I : sciences mathématiques, astronomiques et physiques, t. LXX, 17 août 1956, n° 2, pp. 117-123.
(162) 1956b. "Le calcul élémentaire" (séance du 8 décembre 1956), *Bulletin de la classe des sciences de l'Académie royale de Belgique*, 5e série, t. XLII, 1956, pp. 1140-1145.
(163) 1958a. "Instability in the expanding universe and its astonomical implications" in *Semaine d'étude sur le problème des populations stellaires : Rome, 20-28 mai 1957*, In Civitate Vaticana, Pontificia Academia scientiarum, 1958, pp. 475-486, Pontificiae Academiae scientiarum scripta varia, 16.
(164) 1958d. "Rencontres avec A. Einstein" (texte lu à la radio nationale belge le 27 avril 1957 à l'occasion du deuxième anniversaire de la mort d'Albert Einstein), *Revue des questions scientifiques*, 70e année, t. CXXIX (5e série, t. XIX), 20 janvier 1958, n° 1, pp. 129-132.

(165) 1958f. "The primaeval atom hypothesis and the problem of the clusters of galaxies", in *La structure et l'évolution de l'univers. Rapports et discussions. 11e conseil de physique tenu à l'université de Bruxelles du 9 au 13 juin 1958*, Bruxelles, R. Stoops, 1958, pp. 1-25 (discussion : pp. 26-31).

(166) 1958h. "Contribution au problème des amas de galaxies" (avec A. Bartolomé, séance du 30 octobre 1958, 1re section), *Annales de la Société scientifique de Bruxelles*, série I : sciences mathématiques, astronomiques et physiques, t. LXXII, 20 décembre 1958, n° 3, pp. 97-102.

(167) 1960a. "L'étrangeté de l'univers" (conférence donnée le 8 avril), in *La scuola in Azione*, Varese, Multa Paucis, 1960, pp. 3-22, Notiziario per gli allievi, 15.

(168) 1961a. "Remarques sur certaines méthodes d'intégration des systèmes d'équations différentielles", in *Colloque sur l'analyse numérique tenu à Mons les 22, 23 et 24 mars 1961*, Paris / Louvain, Librairie Gauthier - Villar / Librairie universitaire, 1961, pp. 9-23, Centre belge de recherches mathématiques.

(169) 1961b. "Un nouveau système de chiffres", in *Un nouveau système de chiffres et autres essais* (avant-propos de M. Boldrini), Varese, Multa Paucis, 1961, pp. 11-26, Scuola di studi superiori sugli idrocarburi dell'Ente nazionale idrocarburi. Quaderni, 10.

(170) 1961d. "Les rayons cosmiques", in *Un nouveau système de chiffres et autres essais* (avant-propos de M. Boldrini), Varese, Multa Paucis, 1961, pp. 43-57, Scuola di studi superiori sugli idrocarburi dell'Ente nazionale idrocarburi. Quaderni, 10.

(171) 1961e. "Exchange of galaxies between clusters and field", *The Astronomical Journal*, t. LXVI, décembre 1961, n° 10, pp. 603-606.

(172) 1962a. "Nim ou Pythagore ?" (conférence prononcée le 26 juin 1962 devant la chambre de commerce de la Belgique et du Luxembourg au Canada), *Chambre of Commerce for Belgium and Luxembourg in Canada*, 1962, nos 11-12, pp. 5-8.

(173) 1963a. "Howard Perey Robertson (1903-1961)", dans *The American philosophical Society : Year book 1962 (January 1, 1962 - december 31, 1962)*, philadelphia, The American Philosophical Society, 1963, pp. 164-168.

(174) 1963b. *The three-body problem*, Berkeley, University of California, 1963, 40 p., Space sciences laboratory, Technical report series, 4, issue 49.

(175) 1965a. *Code machine symbolique pour calculatrice NCR - Elliott 802*, Louvain, Laboratoire de recherches numériques, mai 1965, 25 p.

(176) 1965b. *Emploi des routines classiques dans le code machine symbolique pour calculatrice NCR - Elliott 802*, Louvain, Laboratoire de recherches numériques, 1965, 29 p.

(177) 1967a. "A.V. Douglas", *Journal of the Royal Astronomical Society of*, t. LXI, 1967, pp. 77-80.

(178) 1967b. "L'expansion de l'univers : réponses à des questions posées par Radio-Canada le 15 avril 1966", *Revue des questions scientifiques*, t. CXXXVIII (5e série, t. XXVIII), avril 1967, n° 2, pp. 153-162, version revue et adaptée par O. Godart.

(179) 1967d. "Le principe de continuité d'après Jean-Victor Poncelet", *Revue des questions scientifiques*, t. CXXXVIII (5e série, t. XXVIII), juillet 1967, n° 3, pp. 381-395.
(180) Friedmann, A., Lemaître, G., *Essais de cosmologie*, précédé de *L'invention du Big Bang* par Jean-Pierre Luminet, textes choisis, traduits du russe et de l'anglais et annotés par J.-P. Luminet et A. Grib, Paris, Seuil, Coll. Sources du savoir, 1997.

II.2. Travaux sur la cosmologie de Lemaître

(181) Engel, Vincent. *Le prêtre et le Big Bang*. JC Lattès, 2013.
(182) Godart, O., "Monseigneur Lemaître, sa vie, son œuvre", avec des notes d'André Deprit, in *Revue des questions scientifiques*, vol. 155, 1984, pp. 155-182.
(183) Lambert, D., *Un atome d'univers. La vie et l'œuvre de Georges Lemaître*, Éditions Lessius, Bruxelles, et Editions Racine, Bruxelles, 2000.
(184) Luminet, *L'invention du Big Bang*, avant texte à Friedmann, A., Lemaître, G., *Essais de cosmologie*, textes choisis, traduits du russe et de l'anglais et annotés par J.-P. Luminet et A. Grib, Paris, Seuil, Coll. Sources du savoir, 1997.
(185) Robredo, J.-F., *Les idées cosmologiques de Lemaître entre science et religion*, Séminaire à l'observatoire de Meudon, janvier 1993.

III. Approches epistemologiques

(186) Abibon, R. (2015). L'impossible: réel de la physique ou Réel de la psychanalyse? *Chimères*, (2), 127-136.
(187) Audureau, E. (2007) "Méthode axiomatique et négation chez Hilbert." *Philosophia Scientiæ. Travaux d'histoire et de philosophie des sciences* 11-2 : 67-96.
(188) Avez, A. (1963) "Essais de géométrie riemannienne hyperbolique globale. Applications à la relativité générale." *Annales de l'institut Fourier*. Vol. 13. No. 2.
Bachelard, G.,
(189) (1960) *Le nouvel esprit scientifique,* 7e édition, Paris, Puf.
(190) (1973) *La philosophie du non, essai d'une philosophie du nouvel esprit scientifique,* Paris, Puf.
(191) Balibar, F. [1984], *Galilée, Newton lus par Einstein. Espace et relativité,* Paris, Puf 6e édition, 2002.
(192) Bastit, M. (2013). *Études de cosmologie philosophique*, L'Harmattan.
(193) Bennequin, D. (1987) "Problèmes elliptiques, surfaces de Riemann et structures symplectiques." *Séminaire Bourbaki* 28 : 111-136.
(194) Berque, A. (2012) "La chôra chez Platon." *Espace et lieu dans la pensée occidentale.* Paris: La Découverte : 13-27.
(195) Biémont, E. (2004) "Astronomes célèbres et astronomes moins connus...(5) Hubble." *Galactée* 43 : 38-43.

(196) Beiser, G. (1975), *La gravitation, de Copernic à Einstein,* traduit de l'anglais par Hugues de La Chesneraye, Paris, Nouveaux horizons.
(197) Bitbol, M. (2000). Physique quantique et cognition. *Revue internationale de philosophie*, 299-328.
(198) Blokhintsev, D. (1981), *Principes de mécanique quantique,* éd. Mir, Moscou. Traduit du russe par S. Medvédev, trad. Française éd. Mir.
(199) Böhr, N. (1964), *Physique contemporaine et connaissance humaine,* Paris, Gonthiers Médiations.
(200) Bouveresse, J. (1999), *Prodiges et vertiges de l'analogie,* Paris, Raisons d'agir.
(201) Brague, R. (1982). *Du temps chez Platon et Aristote: quatre études.* FeniXX.
(202) Brisson, L. (2018) *II.–Pythagore*. Presses Universitaires de France.
(203) Broglie, L. D. (1967), « Les représentations concrètes en microphysique », contribution à *Logique et connaissance scientifique,* sous la direction de J. Piaget, Paris, Gallimard, p.710-713.
(204) Brillouin, L. "L'énigme E=mc^2: Énergie potentielle et renormalisation de la masse." *Journal de Physique* 25.10 (1964): 883-886.
(205) Burdet, G., and M. Perrin (1994). "Spéculation sur la cosmologie quantique primordiale." *letters in mathematical physics* 30.4 : 317-325.
Cassé, M.,
(206) (1994) « De l'impossible accès à la création du monde », in *Pour la science,* n°203, septembre.
(207) (1994) *Du vide et de la création,* préface de Hubert Reeves Paris, éd. Odile Jacob, Paris, éd. Odile Jacob, 3e édition, 2001.
(208) (2014). *Du vide et de l'éternité.* Odile Jacob.
(209) Clavelin, M. (1968), *La philosophie naturelle de Galilée,* Paris.
(210) Charon, J., (1989) *25 Siècles de cosmologie*, Monaco, éditions du Rocher.
(211) Cushing, J.T. (1997), *Philosophical concepts in physics. The historical relation between philosophy and scientifics theories*, edited by Cambridge University.
(212) Cazenave, M. (dir.), (1998) *Dictionnaire de l'ignorance, aux frontières de la science,* Paris, Albin Michel.
(213) Earman, J., and Clark Glymour (1978). "Einstein and Hilbert: Two months in the history of general relativity." *Archive for History of Exact Sciences* 19.3 : 291-308.
(214) Einstein, A. (1969), *La relativité,* trad. M. Salovine, Paris, Payot.
(215) Einstein, A., and Marcel Grossmann (1913). *Entwurf einer verallgemeinerten Relativitätstheorie und einer Theorie der Gravitation.* BG Teubner, 1913 (Einstein, Albert, et Marcel Grossmann. Projet d'une théorie générale de la relativité et d'une théorie de la gravité. BG Teubner, 1913).
(216) Ehrhard, A. (1984) "Symétrisation dans l'espace de Gauss." *Mathematica Scandinavica* 53.2 : 281-301.
Espagnat, B. D',
(217) (1981). À la recherche du réel. *Le Journal de Physique Colloques*, *42*(C2), C2-99.

(218) (1990), *Penser la science ou les enjeux du savoir,* Paris, La Bibliothèque Gauthier-Villars.
(219) (1991). *À la recherche du réel: le regard d'un physicien*. Gauthier-Villars.
(220) (2012). Physique quantique et réalité, la réalité c'est quoi. *Lecture given on May, 22*.
(221) Feynman, R. (1980), *La nature de la physique*, traduit de l'américain par Hélène Isaac, Jean-Marc Levy-Leblond et Françoise Balibar, Paris, Ed. du Seuil.
(222) Foures-Bruhat, Y. (1956) "Sur l'intégration des équations de la relativité générale." *Journal of rational mechanics and analysis* 5.6 : 951-966.
(223) Gnassounou, B. (2013). Causalité, puissance et lois de la nature chez Leibniz. *Revue d'histoire des sciences*, *66*(1), 33-72.
(224) Gourgoulhon, E. (2012). *Relativité restreinte : Des particules à l'astrophysique,* EDP sciences.
(225) Greene, B., *L'univers élégant. Une révolution scientifique de l'infiniment grand à l'infiniment petit, l'unification de toutes les théories de la physique,* traduit de l'américain par Céline Laroche, Préface de Trinh Xuan Thuan, Paris, Gallimard 2005.

Gamow, George
(226) "Expanding universe and the origin of elements." *Physical review* 70.7-8 (1946): 572.
(227) *The creation of the universe*. Courier Corporation, 2004.
(228) (avec Alpher, Ralph A. et Hans Bethe) "The origin of chemical elements." *Physical Review* 73.7 (1948): 803.

Gribbin, J.,
(229) *Le chat de Schrödinger, physique quantique et réalité,* Monaco, Édition du Rocher, coll. Esprit/Matière, 1988.
(230) [1988] *À la poursuite du Big Bang,* traduit de l'anglais et préfacé par Michel Cassé, Monaco, Édition du Rocher, coll. Esprit/Matière, 1991.
(231) Hawking, S. (1992), *Commencement du temps et fin de la physique ?* trad.Cathérine Chevalley, Paris, Flammarion.

Heisenberg, W.,
(232) (1971) *Physique et philosophie, la science moderne en révolution,* traduit de l'anglais par Jacqueline Hadamard, Paris, Albin Michel.
(233) [1962] *La nature dans la physique contemporaine,* traduit de l'allemand par Ugné Karvelis et A.E. Leroy, introduction par Catherine Chevalley, Gallimard 2000.
(234) Hilbert, D. (1915) "Die Grundlagen der Physik (Les Fondements de la Physique) Conférence devant la Société royale des Sciences, Göttingen, le 16 novembre 1915...soit 9 jours avant Einstein." *Publication dans Gesellschaft der Wissenschaften in Göttingen*, 395.
(235) Jeanneret, Y. (1999). *L'affaire Sokal: Ou La querelle des impostures.* FeniXX.
(236) Klein, E., Lachièze-Rey (1996), M., *La quête de l'unité, l'aventure de la physique*, Paris, Albin-Michel.
(237) Koyré, A. (1939), *Études galiléennes,* Paris.

Kuhn, Thomas,

(238) *La structure des révolutions scientifiques* [1962] Paris, Flammarion, 1982.

(239) [1957] *La révolution copernicienne*, Paris, Fayard 1973.

(240) Lachièze-Rey, M. (2020) *Initiation à la Cosmologie-5e éd.* Dunod.

(241) Le Bellac, M. (2015) *Les relativités: espace, temps, gravitation.* Edp sciences.

Lorentz, H-A.

(242) (1905) "La thermodynamique et les théories cinétiques." *Journal de Physique Théorique et Appliquée* 4.1 : 533-560.

(243) (1904). Electromagnetic phenomena in a system moving with any velocity smaller than that of light,Verslagen Konignklijke Akademie van Wetenschapen Amsterdam. Proceedings of the section of science 6, 809-831.

(244) Luminet, J-P. (1994) "Matière, espace, temps." *Le Temps et sa flèche.* Paris: Flammarion.

(245) Merleau-Ponty, J. (1983) *La Science de l'univers à l'âge du positivisme: étude sur les origines de la cosmologie contemporaine.* Vrin.

(246) (1965) *La cosmologie du XX*[e] *siècle, Étude épistémologique et historique de la cosmologie contemporaine*, nrf, Editions Gallimard, Paris.

(247) (1974) *Leçons sur la genèse des théories physiques, Galilée, Ampère, Einstein*, Paris, Vrin.

(248) Nicolescu, B. (2012). *Nous, la particule et le monde.* EME.

(249) Omnes, R., et al. (1983), in *L'espace et le temps aujourd'hui*, Paris, Seuil.

(250) Pais, A. (1982). *Subtle is the Lord. The science and life of Albert Einstein,* Oxford University Press, Oxford.

(251) Parrochia, D. (1991), *Le Réel*, Paris, éd. Bordas, Coll. « Philosophie présente ».

Paty, M.

(252) (2000a), « Einstein et la pensée de la matière », in Françoise Monnoyeur (dir.) *Qu'est-ce que la matière ? Regards scientifiques et philosophiques,* Paris, Librairie générale française, 2000, p. 213-252.

(253) (2000b). Interprétations et significations en physique quantique. *Revue Internationale de philosophie*, 199-242.

(254) (1987) Einstein et la pensée de Newton. *La Pensée*, p. 17-37.

(255) Pauli, W., *Le cas Kepler* [1952], précédé de *Les conceptions philosophiques de Wolfgang Pauli* [1969], par Werner Heisenberg, Bibliothèque Albin Michel, 2002.

(256) Petropoulos, M. (2012). Cordes et théories d'unification. L'éther du 20è siècle ? In *Reflets de la Physique* n°30, pp.12-16.

(257) Redhead, M. (1996), *From physics to metaphysics*, edited by Cambridge University Press.

(258) Robredo, J-F. (2006), *Du cosmos au big bang,. La révolution philosophique,* Paris, P.U.F.

(259) Roux, S. (2007). *Retours sur l'affaire Sokal,* L'harmattan.

(260) Rovelli, C. (2015). *Par-delà le visible: La réalité du monde physique et la gravité quantique*. Odile Jacob.

(261) Runes, D. D. (ed.), (1963) 1963, *Dictionary of philosophy,* 15th edition, revised, Littlefield, Adams & Co, Patterson, New Jersey.

(262) Sauer, T. (2015) "Marcel Grossmann and his contribution to the general theory of relativity." *The Thirteenth Marcel Grossmann Meeting : On Recent Developments in Theoretical and Experimental General Relativity, Astrophysics and Relativistic Field Theories.*
(263) *Science et vie* (2000), Revue mensuelle, n° 993, juin, Dossier "Le Nouveau Big Bang : la carte des origines", p. 78-88.
(264) Semay, C., & Silvestre-Brac, B. (2016). *Relativité restreinte* -3e éd. Dunod.
(265) Smolin, L. (2007). *Rien ne va plus en physique!: l'échec de la théorie des cordes*. Dunod.
(266) Sokal, A. D. (1996). Transgressing the boundaries: Toward a transformative hermeneutics of quantum gravity. *Social text*, (46/47), 217-252.
(267) Sokal, A., Bricmont, J., *Impostures intellectuelles,* Paris, Odile Jacob, deuxième édition, 1999.
(268) Szczeciniarz, J.J. (2003), *La terre immobile. Aristote, Ptolémée, Husserl*, Paris, Puf.
(269) Stachel, J. (1999), « Relativité », in *Dictionnaire d'histoire et philosophie des sciences,* sous la direction de Dominique Lecourt, Paris, Quadrige / Puf, p.828-830.
(270) Ullmo, J. (1936). Le réel et la science. *Revue Philosophique de la France et de l'Étranger*, *122*(11/12), 333-363.
(271) Uzan, J-P., and Patrick Peter (2015). *Cosmologie primordiale*. Belin.
(272) Vieillard-Baron, J-L. (1995) Le problème du temps: huit études. Paris, Vrin.
(273) Weinberg, S. (1977), *Les trois premières minutes de l'univers*, trad. franç. de *The first three minutes* (1977) par Jean-Benoît Yelnik, Paris, Seuil, 1978.
(274) Wetzel, C. K. C. (1978) *The metric of the expanding universe*. Diss. Georgia Institute of Technology.

TABLE DES MATIERES

Structures éditoriales du groupe L'Harmattan

L'Harmattan Italie
Via degli Artisti, 15
10124 Torino
harmattan.italia@gmail.com

L'Harmattan Hongrie
Kossuth l. u. 14-16.
1053 Budapest
harmattan@harmattan.hu

L'Harmattan Sénégal
10 VDN en face Mermoz
BP 45034 Dakar-Fann
senharmattan@gmail.com

L'Harmattan Cameroun
TSINGA/FECAFOOT
BP 11486 Yaoundé
inkoukam@gmail.com

L'Harmattan Burkina Faso
Achille Somé – tengnule@hotmail.fr

L'Harmattan Guinée
Almamya, rue KA 028 OKB Agency
BP 3470 Conakry
harmattanguinee@yahoo.fr

L'Harmattan RDC
185, avenue Nyangwe
Commune de Lingwala – Kinshasa
matangilamusadila@yahoo.fr

L'Harmattan Congo
67, boulevard Denis-Sassou-N'Guesso
BP 2874 Brazzaville
harmattan.congo@yahoo.fr

L'Harmattan Mali
ACI 2000 - Immeuble Mgr Jean Marie Cisse
Bureau 10
BP 145 Bamako-Mali
mali@harmattan.fr

L'Harmattan Togo
Djidjole – Lomé
Maison Amela
face EPP BATOME
ddamela@aol.com

L'Harmattan Côte d'Ivoire
Résidence Karl – Cité des Arts
Abidjan-Cocody
03 BP 1588 Abidjan
espace_harmattan.ci@hotmail.fr

Nos librairies en France

Librairie internationale
16, rue des Écoles
75005 Paris
librairie.internationale@harmattan.fr
01 40 46 79 11
www.librairieharmattan.com

Librairie des savoirs
21, rue des Écoles
75005 Paris
librairie.sh@harmattan.fr
01 46 34 13 71
www.librairieharmattansh.com

Librairie Le Lucernaire
53, rue Notre-Dame-des-Champs
75006 Paris
librairie@lucernaire.fr
01 42 22 67 13

www.ingramcontent.com/pod-product-compliance
Lightning Source LLC
LaVergne TN
LVHW011011061026
849535LV00006B/1825